Streutheorie in der nichtrelativistischen Quantenmechanik

Reiner M. Dreizler · Tom Kirchner
Cora S. Lüdde

Streutheorie in der nichtrelativistischen Quantenmechanik

Eine Einführung

Springer Spektrum

Reiner M. Dreizler
Institut für Theoretische Physik
Goethe Universität
Frankfurt/Main, Deutschland

Cora S. Lüdde
Institut für Theoretische Physik
Goethe Universität
Frankfurt/Main, Deutschland

Tom Kirchner
Department of Physics and
Astronomy
York University
Toronto, Ontario, Kanada

ISBN 978-3-662-57896-4 ISBN 978-3-662-57897-1 (eBook)
https://doi.org/10.1007/978-3-662-57897-1

Die Deutsche Nationalbibliothek verzeichnet diese Publikation in der Deutschen Nationalbibliografie; detaillierte bibliografische Daten sind im Internet über http://dnb.d-nb.de abrufbar.

Springer Spektrum

Verantwortlich im Verlag: Lisa Edelhäuser

Springer Spektrum ist ein Imprint der eingetragenen Gesellschaft Springer-Verlag GmbH, DE und ist ein Teil von Springer Nature
Die Anschrift der Gesellschaft ist: Heidelberger Platz 3, 14197 Berlin, Germany

Vorbemerkungen

Streuexperimente sind Werkzeuge zur Erschließung der Quantenwelt. Unsere Kenntnisse über Moleküle, Atome, Kerne und Elementarteilchen beruhen zum großen Teil auf der Analyse solcher Experimente. Ein klassisches Beispiel ist die Entdeckung des Atomkerns durch die elastische Streuung von α-Teilchen an Goldfolien. Diese Experimente wurden in den Jahren 1908 bis 1913, einem Vorschlag von Rutherford folgend, durch Geiger und Marsden durchgeführt. Die zentralen Ergebnisse wurden in der englischen Zeitschrift ‚Philosophical Magazine' im Jahr 1913 veröffentlicht. Sie enthalten eine Bestätigung der Rutherfordstreuformel, die anhand von klassischen Argumenten hergeleitet wurde und in der Ausgabe des Jahres 1911 in Phil. Mag. zu finden ist[1]. Ein Beispiel für erste Strukturuntersuchungen durch Experimente mit Kernen ist die Kollision von Protonen (p, oder als Wasserstoffkern ${}^{1}_{1}\mathrm{H}$) und Lithiumkernen (z. B. das Isotop ${}^{7}_{3}\mathrm{Li}$). Die folgenden Prozesse sind möglich:

- Die elastische Streuung, bei der die Bewegungsrichtung der Teilchen, nicht aber deren Bewegungsenergie verändert wird

$$\mathrm{p} + {}^{7}_{3}\mathrm{Li} \quad \longrightarrow \quad \mathrm{p} + {}^{7}_{3}\mathrm{Li}.$$

- Bei der inelastischen Streuung wird Energie zur Anregung des Lithiumkerns aufgewandt. Der Li-Kern geht nach der Anregung durch Aussendung eines Photons wieder in den Grundzustand über. Die Anregungsenergie bestimmt die Frequenz des Photons

$$\mathrm{p} + {}^{7}_{3}\mathrm{Li} \quad \longrightarrow \quad \mathrm{p}' + {}^{7}_{3}\mathrm{Li}^{*} \quad \longrightarrow \quad \mathrm{p}' + {}^{7}_{3}\mathrm{Li} + \gamma.$$

  Die kinetische Energie des p-Li -Systems ist nach dem Stoß reduziert.
- Weitere Prozesse, in denen Kernumwandlungen stattfinden, treten auf. Sie werden als Reaktionskanäle bezeichnet. Die Gesamtenergie ist auch bei diesen Prozessen erhalten, doch wird die anfängliche Energie in verschiedener Weise zur Erzeugung der Reaktionsprodukte und deren kinetischer Energie umgesetzt.

[1]Die angesprochenen Veröffentlichungen sind: H. Geiger und E. Marsden, Phil. Mag. **25**, S. 604 (1913) und E. Rutherford, Phil. Mag. **21**, S. 669 (1911).

Man erkennt anhand der Reaktionsgleichungen die Gültigkeit von Ladungserhaltung (unterer Index) und die Erhaltung der Nukleonenzahl (oberer Index)

$$
\begin{aligned}
{}^{1}_{1}\mathrm{p} + {}^{7}_{3}\mathrm{Li} \quad &\longrightarrow \quad {}^{7}_{4}\mathrm{Be} + {}^{1}_{0}\mathrm{n} \\
&\longrightarrow \quad {}^{6}_{3}\mathrm{Li} + {}^{2}_{1}\mathrm{H} \\
&\longrightarrow \quad {}^{4}_{2}\mathrm{He} + {}^{4}_{2}\mathrm{He} \\
&\longrightarrow \quad {}^{6}_{2}\mathrm{He} + {}^{1}_{1}\mathrm{p} + {}^{1}_{1}\mathrm{p} \\
&\longrightarrow \quad \ldots
\end{aligned}
$$

Entsprechende Listen können für die Streuung von ‚Elementarteilchen' angegeben werden. So findet man z. B. für die Kollision von Photonen und Protonen neben der elastische Streuung

$$\gamma + \mathrm{p} \quad \longrightarrow \quad \gamma + \mathrm{p}$$

die Erzeugung von π-Mesonen mit oder ohne Ladung

$$
\begin{aligned}
\gamma + \mathrm{p} \quad &\longrightarrow \quad \pi^0 + \mathrm{p} \\
&\longrightarrow \quad \pi^+ + \mathrm{n}.
\end{aligned}
$$

Die Beispiele vermitteln einen groben Überblick über die bei Stoßprozessen möglichen Reaktionstypen. Sie werden in der folgenden Form notiert: Großbuchstaben kennzeichnen das Target, sowie das durch die Reaktion veränderte Target. Kleinbuchstaben stellen das einlaufende Projektil und das (oder die auslaufenden) Teilchen dar

- Elastische Streuung

$$\mathrm{A(a, a)A}$$

Die Teilchen sind unverändert, es ändert sich nur deren Bewegungsrichtung bei Erhaltung der Gesamtenergie.
- Inelastische Streuung

$$\mathrm{A(a, a')A^*}$$

Die kinetische Energie des Projektils wird verändert, es kann auch angeregt werden, behält jedoch seine Identität. Das Targetsystem wird angeregt und kann durch Aussendung von Photonen wieder in den Grundzustand übergehen oder in Bruchstücke zerfallen.
- Teilchentransfer

$$\mathrm{A(a, b)B}$$

Die Teilchen vor dem Stoß unterscheiden sich von den Teilchen nach dem Stoß. Dabei können

– Teile des Projektils auf das Target übertragen werden (Stripping- oder Abstreifreaktion).
– Teile des Targets auf das Projektil übertragen werden (Pickup- oder Einfangreaktion).
– die Teilchen, die während des Stoßablaufs gebildet wurden, zerfallen (Breakup- oder Aufbruchreaktion).

In jedem Fall besteht der Eingangskanal aus zwei Teilchen, die zunächst weit genug voneinander entfernt sind und frei aufeinander zulaufen. Bei ausreichender Annäherung wechselwirken sie miteinander. Die Aufgabe der Experimente ist die Erfassung der möglichen Ausgangskanäle. Dies beinhaltet die Identifizierung der austretenden Teilchen und die Bestimmung des jeweiligen Impulses und der Energie als Funktion der Anfangsbedingungen. Mit den so gewonnenen Resultaten kann man Hinweise auf die Wechselwirkung zwischen den Teilchen finden, die innere Struktur der Teilchen erkunden und gegebenenfalls noch nicht bekannte Teilchen entdecken. Das Auftreten einer Vielzahl von Reaktionskanälen deutet an, dass man mit einer sehr komplizierten Situation konfrontiert wird. Dies ist abhängig von der Kollisionsenergie und der inneren Struktur der Kollisionspartner, die in dem Stoßprozess angesprochen werden kann. Zur Sortierung dient die Streutheorie auf der Basis der Quantenmechanik. Dieses Buch ist eine Einführung in die Streutheorie nichtrelativistischer Stoßsysteme. Es richtet sich an Studierende, die mit den Grundlagen der Quantenmechanik vertraut sind.

Die Vorstellung, dass die zwei Stoßpartner aufeinander zulaufen (oder einer der Stoßpartner auf ein stationäres Teilchen trifft), bedingt eine zeitabhängige Behandlung der Stoßprozesse. Die Bewegung der Kollisionspartner muss durch Wellenpakete dargestellt werden, deren Zeitentwicklung im nichtrelativistischen Fall durch ein Anfangswertproblem auf der Basis der Schrödingergleichung bestimmt wird. Der Hinweis, dass in der Praxis nicht die Streuung *eines* Teilchens an *einem* anderen beobachtet wird, sondern ein Teilchenstrahl auf ein (stationäres) Target trifft (wie die Goldfolie in dem Rutherfordexperiment), erlaubt eine stationäre Formulierung der Streutheorie. Die Aufgabe ist in diesem Fall die Lösung der stationären Schrödingergleichung mit Randbedingungen, die die Streusituation widerspiegeln. Man kann zeigen, dass die zeitabhängige und die stationäre Formulierung unter geeigneten Bedingungen vergleichbare Ergebnisse liefern. Als Zugang zu der Streutheorie schlagen wir das folgende Programm vor:

- Fundierung und Ausarbeitung der stationären Streutheorie für die elastische Streuung, dem einfachst möglichen Reaktionstyp. Ein direkter Zugang ist die stationäre Behandlung des Problems anhand der Schrödingergleichung mit Randbedingungen, die den einfallenden Teilchenstrahl und die auslaufenden gestreuten Teilchen charakterisieren (Kap. 1).
- Eine alternative Behandlung bietet die Formulierung mithilfe von Integralgleichungen, in denen die Randbedingungen explizit durch den Einsatz von Green'schen Funktionen eingebaut werden (Kap. 2). Zentrale Gleichungen sind hier die Lippman-Schwinger Gleichungen für die Streuzustände und eine Operatorgleichung für die T-Matrix.

- Ein dritter Zugang, der dem zeitlichen Ablauf eines Einzelexperimentes gerecht wird, ist die zeitabhängige Formulierung des Problems (Kap. 3). Es kann gezeigt werden, dass eine mathematisch saubere Behandlung der zeitlich (und somit auch räumlich) asymptotischen Zustände die gleichen experimentell überprüfbaren Resultate (die Wirkungsquerschnitte) liefert wie die stationäre Formulierung. Die Größen, die in diesem Abschnitt eine besondere Rolle spielen, sind die Mølleroperatoren sowie der Operator der S-Matrix, ein eng mit der T-Matrix verwandter Operator.
- Anhand der Betrachtung der S-Matrixelemente ist eine einheitliche Diskussion der Auswahlregeln, die sich aus den speziellen Symmetrien eines Problems ergeben, möglich, so z. B. die Untersuchung der Auswirkungen der Translations- oder der Rotationssymmetrie auf den Ablauf der Stoßprozesse (Kap. 4).
- Die Untersuchung der analytischen Struktur der S-Matrixelemente als Funktion von komplexen Wellenzahlen liefert weitere Einblicke in das Potentialstreuproblem, wie die Verknüpfung der Streulösungen der Schrödingergleichung mit dem gebundenen Anteil des Spektrums (Kap. 5).
- Um einen Bezug zu detaillierteren Experimenten herzustellen, ist es notwendig, partiell spinpolarisierte Strahlen und Targets anhand einer Formulierung mittels Dichtematrizen zu betrachten (Kap. 6).
- In Kap. 7 wird die Vielkanalsituation (elastische Streuung in Konkurrenz mit Reaktionen wie Anregung, Teilchentransfer etc.) skizziert. Beispiele für die Behandlung solcher Probleme sind die Diskussion des Dreikörperproblems anhand der Faddeevgleichungen, sowie der erweiterten Bornschen Näherung (DWBA) für Nukleontransferreaktionen.

In allen Kapiteln wird versucht, die an der Physik orientierten Erläuterungen von rechentechnischen Aspekten zu trennen. So werden, zum Beispiel in dem ersten Kapitel, die Grundlagen der stationären Potentialstreutheorie in vier Unterabschnitten abgehandelt. Das fünfte Unterkapitel enthält zusätzliche Information zu einigen Begriffen sowie längere Rechnungen, die die vorangehenden Unterkapitel ergänzen. Es wird empfohlen, die Rechnungen als Übung zu überprüfen.

Bezüglich der Literaturzitate ist das Folgende zu bemerken: In dem Literaturverzeichnis findet man

- Weiterführende Literatur.
- Eine Liste der in den einzelnen Kapiteln zitierten Literaturstellen.
- Mehrfach zitierte Literaturquellen werden in den einzelnen Kapiteln in Kurzform angegeben. So werden Zitate zu ‚Speziellen Funktionen der mathematischen Physik' aus dem Standardwerk M. Abramovitz und I. Stegun: Handbook of Mathematical Functions. Dover Publications, New York (1974) in der abgekürzten Form Abramovitz/Stegun, S. yyy angegeben. Neben der vollständigen Ausgabe

von 1974 existieren alternative Ausgaben. Eine Diskussion der Eigenschaften dieser Funktionen findet man auch in den mathematischen Ergänzungen zu unserer Buchreihe R. M. Dreizler und C. S. Lüdde: Theoretische Physik, Band 1 bis 4, die auf den beigelegten CDs der Bände 1 bis 3 oder auf dem Server des Springer Verlags verfügbar sind.

- Drei Bände unserer Reihe werden auch benutzt, um an benötigtes, physikalisches Vorwissen zu erinnern. Auf Zitate aus unserer Buchreihe wird in dem laufenden Text in der Form Band xxx, yyy hingewiesen. Das so angesprochene physikalische Material ist natürlich auch in anderen Quellen verfügbar.

Inhaltsverzeichnis

Über die Autoren

Reiner M. Dreizler Studium der Physik in Freiburg/Breisgau (Diplom) und an der Australian National University, Canberra (Ph.D.). Research Associate und Assistant Professor an der University of Pennsylvania in Philadelphia. Professor für Theoretische Physik an der Goethe-Universität, Frankfurt/Main. Bis zur Emeritierung Inhaber der S. Lyson Stiftungsprofessur. Mitglied DPG, EPS, Fellow APS. Arbeitsgebiet: Vielteilchensysteme der Quantenmechanik.

Tom Kirchner Studium der Physik an der Goethe-Universität, Frankfurt/M (Diplom und Promotion). Postdoktorand an der York University, Toronto, Kanada und am Max-Planck-Institut für Kernphysik, Heidelberg. Nach einer Juniorprofessur für Theoretische Physik an der TU Clausthal Rückkehr an die York University, zunächst als Assistant Professor, derzeit als Associate Professor. Mitglied DPG, CAP, Fellow APS. Arbeitsgebiet: Quantendynamik von Mehrteilchen-Coulombsystemen, insbesondere atomare Streuprozesse.

Cora S. Lüdde Studium der Physik an der Goethe-Universität, Frankfurt/Main (Diplom). Nach familiärer Pause Wiedereinstieg in die Physik und Informatik mit Schwerpunkt Computerarithmetik. Erfahrung und Weiterbildung im didaktischen Bereich. Mitglied DPG. Arbeitsgebiet: Anwendungsorientierte Programmierung, Erstellung von physikdidaktischer Software.

Elastische Streuung: Stationäre Formulierung – Differentialgleichungen

1

Die elastische Streuung von zwei Teilchen infolge einer Wechselwirkung entspricht der Streuung eines Teilchens mit der reduzierten Masse des Systems in einem Potentialfeld. Voraussetzungen für diese Aussage sind: Die Energie des Stoßsystems ist so niedrig, dass keine Anregung der Teilchen oder die Erzeugung weiterer Teilchen möglich ist. Die Wechselwirkung muss einfach genug sein, sodass sie in der Form eines Potentialfeldes geschrieben werden kann. Die Diskussion der elastischen Streuung spricht alle relevanten Begriffe der Streutheorie an. Sie ist aus diesem Grund für die Aufbereitung der Grundlagen der Theorie besonders geeignet. Der hier zunächst besprochene Zugang auf der Basis einer Wellengleichung, der Schrödingergleichung, knüpft zudem direkt an den üblichen Einstieg in die Quantenmechanik an.

1.1 Einige Grundbegriffe

1.1.1 Experimente zur elastischen Streuung

Eine typische Anordnung für ein *Experiment* zur elastischen Streuung von zwei Quantenteilchen ist in Abb. 1.1 skizziert. Man benötigt einen dünnen, möglichst monoenergetischen Teilchenstrahl, der durch Kollimation der Teilchen, die aus einer Quelle austreten, gewonnen wird. Die Forderung ‚monoenergetisch' erlaubt die Analyse der Endkanäle in dem Stoßprozess als Funktion der Einschussenergie. Infolge der Unschärferelation sind jedoch den Attributen ‚dünn' versus ‚monoenergetisch' gewisse Grenzen gesetzt.

Zur Analyse des einfallenden Strahls benutzt man einen Monitor, in dem die Anzahl der durchlaufenden Teilchen pro Sekunde registriert wird. Der Strahl trifft auf ein Target, z. B. eine Folie oder einen Gasbehälter. Im Idealfall entspricht das Target einer atomaren Schicht. Im Realfall verwendet man Targets, die dünn genug sind, sodass ein Projektilteilchen höchstens an einem Targetteilchen gestreut wird. Ist dies nicht der Fall, so muss man Vielfachstreukorrekturen einbeziehen.

R. M. Dreizler et al., *Streutheorie in der nichtrelativistischen Quantenmechanik*,
https://doi.org/10.1007/978-3-662-57897-1_1

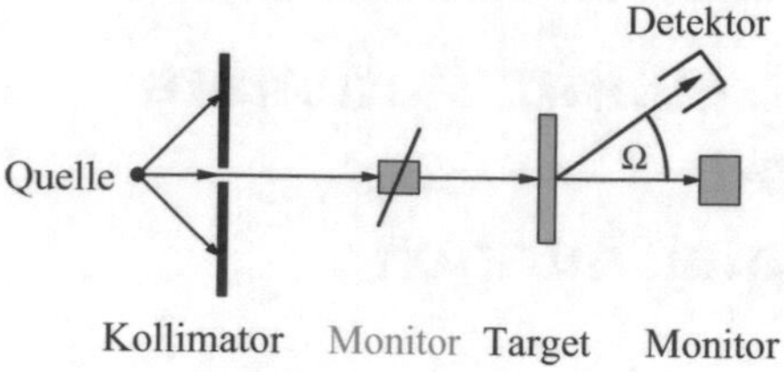

Abb. 1.1 Experimenteller Aufbau für ein einfaches Streuexperiment, schematisch

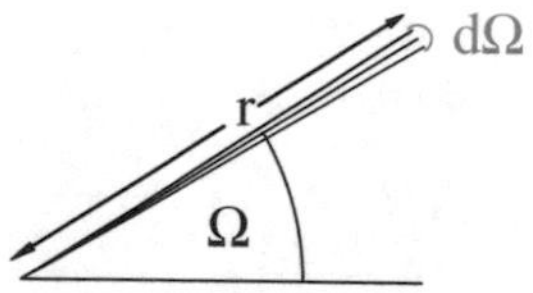

Abb. 1.2 Detektoranordnung: Der Detektor mit dem Öffnungswinkel $\mathrm{d}\Omega$ ist unter dem Raumwinkel Ω aufgestellt

Mittels eines Detektors, der in der Entfernung r von dem Target(punkt) unter dem Raumwinkel Ω zur Strahlachse angebracht ist (Abb. 1.2), zählt man die gestreuten Teilchen pro Sekunde. Der Detektor hat einen möglichst kleinen Öffnungswinkel $\mathrm{d}\Omega$. Da in der Praxis nur ein sehr geringer Bruchteil der einfallenden Teilchen abgelenkt wird (im atomaren Fall von der Größenordnung jedes 10^{16}-te, im Fall der Streuung von Kernen jedes 10^{24}-te Teilchen), ist es ausreichend und einfacher, den Monitor in dem durchlaufenden Strahl hinter dem Target aufzustellen (Abb. 1.1). Gemessen werden also die Größen

- $N \longrightarrow$ die Anzahl der Teilchen in dem einfallenden Strahl pro Sekunde,
- $N(\Omega) \longrightarrow$ die Anzahl der Teilchen in dem Detektor an der Position Ω und dem Abstand r vom Targetpunkt (unter Ausschluss der Richtung des durchlaufenden Strahls) pro Sekunde.

Aus diesen direkten Messgrößen gewinnt man den *differentiellen Wirkungsquerschnitt* mit der Definition

$$\left(\frac{\mathrm{d}\sigma}{\mathrm{d}\Omega}\right)_{\mathrm{exp}} = \frac{r^2 N(\Omega)}{N}. \tag{1.1}$$

Der Faktor r^2 wird eingefügt, um den geometrischen Abfall der Intensität mit der Entfernung des Detektors von dem Target in korrekter Weise zu kompensieren. Der differentielle Wirkungsquerschnitt ist eine Funktion der Einschussenergie und der Winkel θ und φ, die den Raumwinkel Ω festlegen. Führt man die Messung für alle Raumwinkel durch und summiert die gewonnenen Werte, so erhält man den *gesamten* Wirkungsquerschnitt

$$\sigma = \iint \left(\frac{\mathrm{d}\sigma}{\mathrm{d}\Omega}\right)_{\mathrm{exp}} \mathrm{d}\Omega = \iint \left(\frac{\mathrm{d}\sigma}{\mathrm{d}\Omega}\right)_{\mathrm{exp}} \sin\theta \,\mathrm{d}\theta \,\mathrm{d}\varphi. \tag{1.2}$$

1.1.2 Ansatz zur Theorie des Zweiteilchenstreuproblems

Auf der *theoretischen* Seite steht im Rahmen der stationären Behandlung des Zweiteilchenstreupoblems die Lösung der Schrödingergleichung

$$\left(-\frac{\hbar^2}{2\,m_{10}}\Delta_1 - \frac{\hbar^2}{2\,m_{20}}\Delta_2 + w(\boldsymbol{r}_1 - \boldsymbol{r}_2)\right)\Psi(\boldsymbol{r}_1, \boldsymbol{r}_2) = E\;\Psi(\boldsymbol{r}_1, \boldsymbol{r}_2) \qquad (1.3)$$

für die Bewegung von zwei wechselwirkenden (strukturlosen) Teilchen an. Die Wechselwirkung w wird als konservativ und galileiinvariant vorausgesetzt, sodass die Energie E eine Erhaltungsgröße ist. Hat die Wechselwirkung eine endliche Reichweite, sodass sich die Teilchen bei genügend großer Entfernung frei bewegen, so entspricht die Energie E der Summe der (vorgegebenen) kinetischen Energien der beiden Teilchen im Eingangs- oder im Ausgangskanal

$$E = (T_1 + T_2)_{\mathrm{ein}} = \frac{p_1^2}{2m_{10}} + \frac{p_2^2}{2m_{20}} = (T_1 + T_2)_{\mathrm{aus}} > 0.$$

Separation von Relativ- ($\boldsymbol{r}$) und Schwerpunktkoordinaten ($\boldsymbol{R}$) mit dem Ansatz

$$\Psi(\boldsymbol{r}_1, \boldsymbol{r}_2) = \psi(\boldsymbol{r})\psi_{\mathrm{sp}}(\boldsymbol{R})$$

führt auf die Gleichungen für die Schwerpunktbewegung

$$\left(-\frac{\hbar^2}{2\,M}\Delta_R\right)\psi_{\mathrm{sp}}(\boldsymbol{R}) = E_{\mathrm{sp}}\psi_{\mathrm{sp}}(\boldsymbol{R})$$

und die Relativbewegung

$$\left(-\frac{\hbar^2}{2\,\mu}\Delta_r + w(\boldsymbol{r})\right)\psi(\boldsymbol{r}) = E_{\mathrm{rel}}\psi(\boldsymbol{r}).$$

Die auftretenden Massen sind die Gesamtmasse $M = m_{10} + m_{20}$ und die reduzierte Masse $\mu = m_{10}\,m_{20}/M$. Für die Energien gilt

$$\begin{aligned} E_{\mathrm{sp}} &= \frac{1}{2\,M}\left(p_1^2 + 2\boldsymbol{p}_1 \cdot \boldsymbol{p}_2 + p_2^2\right), \\ E_{\mathrm{rel}} &= \frac{1}{2\,M}\left(\frac{m_{20}}{m_{10}}p_1^2 - 2\boldsymbol{p}_1 \cdot \boldsymbol{p}_2 + \frac{m_{10}}{m_{20}}p_2^2\right), \end{aligned} \qquad (1.4)$$

sodass

$$E = E_{\mathrm{sp}} + E_{\mathrm{rel}} = T_1 + T_2$$

ist.

Die Lösung der freien Schrödingergleichung für die Schwerpunktbewegung ist nicht von Interesse. Die Differentialgleichung für die Relativbewegung entspricht der Differentialgleichung für die Streuung eines Teilchens mit der Masse m_0 an einem Potential $v(\boldsymbol{r})$

$$\hat{h}\psi(\boldsymbol{r}) = \left(-\frac{\hbar^2}{2m_0}\Delta + v(\boldsymbol{r})\right)\psi(\boldsymbol{r}) = E\psi(\boldsymbol{r}), \tag{1.5}$$

vorausgesetzt man identifiziert[1]

$$v(\boldsymbol{r}) \text{ mit } w(\boldsymbol{r}), \; E \text{ mit } E_{\text{rel}} \text{ und } m_0 \text{ mit } \mu .$$

Die Schrödingergleichung (1.5) ist unter der Vorgabe von Randbedingungen für das Potentialstreuproblem (am Koordinatenursprung und in dem asymptotischen Raumbereich, $r \longrightarrow \infty$) zu lösen. Die zuständigen Randbedingungen sind:

- Die Wellenfunktion muss am Koordinatenursprung regulär sein

$$\psi(\boldsymbol{r}) \quad \xrightarrow{r\to 0} \quad \text{regulär.}$$

  Diese Forderung ist, wie für die stationären gebundenen Zustände, eine Konsequenz der Struktur des Operators der kinetischen Energie, insbesondere der Form des Zentrifugalterms.
- In dem asymptotischen Raumbereich (asymp) findet man die einlaufende Welle, die das Target passiert, und eine Streuwelle

$$\psi_{\text{asymp}}(\boldsymbol{r}) \xrightarrow{r\to\infty} \psi_{\text{ein}}(\boldsymbol{r}) + \psi_{\text{streu}}(\boldsymbol{r}).$$

Für die Charakterisierung der einlaufenden Welle benutzt man im Fall eines strukturlosen Teilchens[2] eine ebene Welle

$$\psi_{\text{ein}}(\boldsymbol{r}) = \mathrm{e}^{\mathrm{i}\,\boldsymbol{k}\cdot\boldsymbol{r}} \qquad \text{mit } k = \frac{\sqrt{2m_0 E}}{\hbar}.$$

Diese Vorgabe beschreibt einen Teilchenstrahl mit scharfer Energie, doch keineswegs den *dünnen* Strahl, der im Experiment benutzt werden soll. Sie beschreibt vielmehr einen Strahl mit beliebiger Breite, der sowohl auf das Streuzentrum als auch direkt auf den Detektor auftrifft (Abb. 1.3a). Außerdem muss man sich fragen, wie es mit

[1]Die Gl. (1.5) beschreibt somit wahlweise die Streuung eines Teilchens an einem externen Potential oder die Relativbewegung von zwei aneinander streuenden Teilchen im Schwerpunktsystem. In beiden Fällen wird, wie angedeutet, üblicherweise die Notation E, m_0 und $v(\boldsymbol{r})$ benutzt.

[2]Modifikationen infolge des Spinfreiheitsgrades oder weiterer innerer Freiheitsgrade werden in Abschn. 1.4 angesprochen.

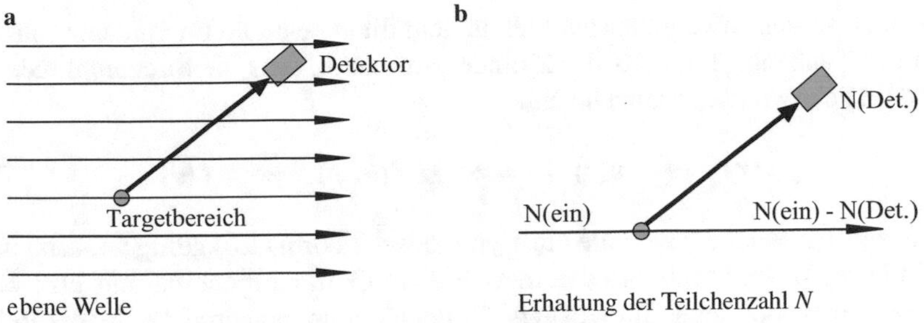

Abb. 1.3 Problematik bei der Beschreibung des einlaufenden Strahls durch eine ebene Welle (**a**) zwecks Erhaltung der Teilchenzahl (**b**)

der Erhaltung der Teilchenzahl bestellt ist. Die Intensität der einlaufenden Welle sollte reduziert sein, nachdem sie das Target passiert hat (Abb. 1.3b). Diese Defekte können jedoch – wie unten gezeigt wird – durch eine geschickte Handhabung des gesamten Ansatzes korrigiert werden.

Für die Vorgabe des Streuanteils beruft man sich auf das Huygens'sche Prinzip, nach dem ein *punktförmiges* Streuzentrum der Ausgangspunkt einer auslaufenden Kugelwelle ist. Da das Teilchen jedoch durch ein Potential (also an den Punkten eines *Raumgebiets*) gestreut wird, muss die Vorgabe entsprechend modifiziert werden. Man benutzt den Ansatz[3]

$$\psi_{\text{streu}}(\boldsymbol{r}) = f(\theta, \varphi)\, \frac{\mathrm{e}^{\mathrm{i}\,k\,r}}{r}.$$

Der zweite Faktor auf der rechten Seite dieser Gleichung stellt die von dem Streuzentrum auslaufende Kugelwelle dar. Der erste Faktor, die *Streuamplitude* $f(\theta, \varphi)$, beschreibt eine von den Streuwinkeln abhängige Modifikation der Kugelwelle, die sich durch Überlagerung der Beiträge aller punktförmigen Streuzentren ergibt. Infolge der Energieerhaltung in einem konservativen Potential gilt

$$k_{\text{ein}} = k_{\text{streu}} = k.$$

Der Impuls- bzw. der Wellenzahlvektor kann bei elastischer Streuung seine Richtung, jedoch nicht seinen Betrag ändern.

In den meisten Fällen ist es möglich, das Koordinatensystem so zu wählen, dass die z-Achse mit der Strahlrichtung übereinstimmt. Die asymptotische Randbedingung kann dann in der Form

$$\psi_{\text{asymp}}(\boldsymbol{r}) \xrightarrow{r\to\infty} \mathrm{e}^{\mathrm{i}\,k\,z} + f(\theta, \varphi)\, \frac{\mathrm{e}^{\mathrm{i}\,k\,r}}{r} \tag{1.6}$$

[3]Die ebene Welle, wie auch der Streuanteil, können normiert werden, z. B. mit dem Faktor $1/(2\pi)^{3/2}$. Die Normierung (vergleiche auch die Anmerkungen in Abschn. 1.1.3) wird hier noch nicht angesprochen.

angesetzt werden. Im einfachsten Fall, in dem die potentielle Energie nur von dem Abstand r abhängt, folgt aus der Zylindersymmetrie, dass die Streuamplitude nur von dem Polarwinkel abhängen kann

$$v(\boldsymbol{r}) \quad \to \quad v(r) \qquad \Longrightarrow \qquad f(\theta, \varphi) \quad \to \quad f(\theta).$$

Die Frage, für welche Potentiale die asymptotische Form (1.6) gültig ist, kann nicht in einfacher Weise beantwortet werden. Für ein Oszillatorpotential mit $v(r) \propto r^2$ existiert überhaupt keine Streulösung, für ein Coulombpotential mit langer Reichweite ($v(r) \propto 1/r$) kann der Ansatz (1.6) nicht realisiert werden.[4] Anstelle einer allgemeinen Analyse der Gültigkeit der asymptotischen Form beschränkt man sich auf die Angabe der folgenden *hinreichenden* Bedingungen:

- Die Form (1.6) ist angemessen, falls das Potential ausreichend kurzreichweitig ist. Dies erfordert ein Verhalten wie

$$|v(\boldsymbol{r})| < \frac{c}{r^3} \quad \text{für} \quad r \longrightarrow \infty.$$

  Diese Bedingung ist somit auch für jeden exponentiellen Abfall erfüllt.
- Am Koordinatenursprung soll sich die Funktion $v(\boldsymbol{r})$ wie

$$|v(\boldsymbol{r})| < \frac{c'}{r^{3/2}} \quad \text{für} \quad r \longrightarrow 0$$

  verhalten. Diese Bedingung lässt nur Lösungen zu, die für $r \to 0$ regulär sind. Es sind jedoch auch Potentiale zulässig, die am Ursprung repulsiv und singulär sind, falls die Strahlteilchen mit der Energie $E < v(0)$ an der Stelle r reflektiert werden, bevor sie den Ursprung erreichen (Abb. 1.4). Solche Potentiale (hard core potentials) bereiten aus diesem Grund keine prinzipiellen (wenn auch möglicherweise technische) Schwierigkeiten.
- Außerdem ist zu fordern, dass das Potential über den gesamten Raumbereich bis auf endlich viele Stellen stetig, also verhältnismäßig ‚glatt' ist.

1.1.3 Verknüpfung von Theorie und Experiment

Zur Anknüpfung der Theorie an das Experiment ersetzt man die Teilchenzahl pro Sekunde durch den Betrag der *Stromdichte* $\boldsymbol{j}$. Damit ergibt sich als Definition des differentiellen Wirkungsquerschnitts aus der Sicht der theoretischen Betrachtung

$$\left(\frac{\mathrm{d}\sigma}{\mathrm{d}\Omega}\right)_{\text{theor}} = \frac{r^2 j_{\text{streu}}}{j_{\text{ein}}}. \tag{1.7}$$

[4] Vergleiche Abschn. 1.3.

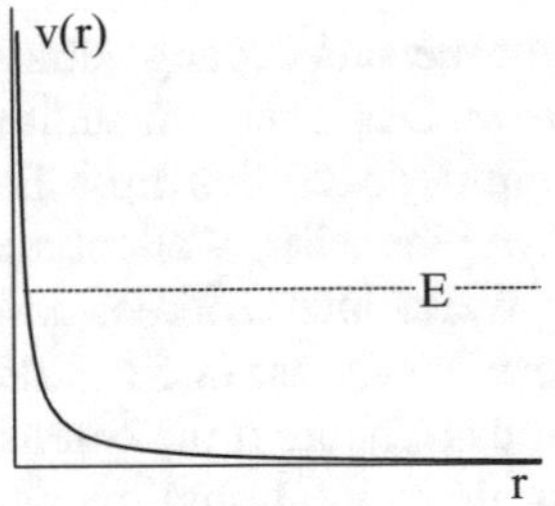

Abb. 1.4 Beispiel für ein Hard-core Potential

Berechnet man die Stromdichte j_{streu} mit dem Streuanteil der asymptotischen Wellenfunktion, so spielt die übermäßige Breite des einfallenden Strahls in der Form einer ebenen Welle keine Rolle. Ungestreute Teilchen tragen zu dem differentiellen Wirkungsquerschnitt nicht bei. Außerdem ist die in (1.7) definierte Größe unabhängig von der Gesamtnormierung der asymptotischen Wellenfunktion, also unabhängig von der Stärke des einfallenden Strahls, und stimmt bezüglich der Dimension mit (1.1) überein. Für den differentiellen Wirkungsquerschnitt erhält man (Details in Abschn. 1.5.1) mit (1.6)

$$\left(\frac{\mathrm{d}\sigma}{\mathrm{d}\Omega}\right)_{\text{theor}} = |f(\theta, \varphi)|^2. \tag{1.8}$$

Der gesamte Wirkungsquerschnitt ist dann

$$\sigma = \iint |f(\theta, \varphi)|^2 \, \mathrm{d}\Omega. \tag{1.9}$$

Die Streuamplitude f stellt sich als die zentrale Größe der Potentialstreutheorie heraus.

Dem Einwand, dass der asymptotische Ansatz die Abschwächung des einfallenden Strahls nicht wiedergibt, begegnet man im Fall der elastischen Streuung durch Betrachtung der Teilchenzahlerhaltung. Jedes Teilchen, das in eine genügend große Kugel um das Streuzentrum eintritt, muss diese Kugel auch wieder verlassen. Diese Forderung entspricht der Aussage

$$\iint_{\text{große Kugel}} \boldsymbol{j} \cdot \mathrm{d}\boldsymbol{f} = 0.$$

Wertet man diese Forderung mit der asymptotischen Wellenfunktion (1.6) aus, so findet man (Details in Abschn. 1.5.2) in führender Ordnung in $1/r$

$$\sigma = \frac{4\pi}{k} \operatorname{Im} f(0, \varphi) \quad \longrightarrow \quad \frac{4\pi}{k} \operatorname{Im} f(0). \tag{1.10}$$

Da die Streuamplitude in Vorwärtsrichtung ($\theta = 0$) nicht von dem Polarwinkel φ abhängt, wird diese Relation zwischen dem Gesamtwirkungsquerschnitt und dem

Imaginärteil der Streuamplitude meist in der abgekürzten Form zitiert. Man bezeichnet sie als das *optische Theorem*. Das Theorem stellt eine Bedingung dar, die jede physikalisch sinnvolle Streuamplitude erfüllen muss. Es garantiert, dass der Strahlanteil und der Streuanteil der asymptotischen Wellenfunktion in der Vorwärtsrichtung (hinter dem Target) in einer Weise interferieren, dass Teilchenzahlerhaltung und somit auch der erwartete Intensitätsverlust in der Strahlrichtung beschrieben wird. Aus theoretischer Sicht weist das Theorem die Streuamplitude als eine notwendigerweise komplexe Größe aus, deren Real- und Imaginärteil durch (1.10) verknüpft sind. Aus praktischer Sicht ist unter Umständen eine Berechnung des gesamten Wirkungsquerschnitts durch (1.10) einfacher als mit (1.9).

In den nächsten Abschnitten ist die Frage zu beantworten, wie man die Streuamplitude für die Potentialstreuung berechnet. Verlegt man sich auf die Diskussion der Differentialgleichung (1.5)

$$\hat{h}\psi(\boldsymbol{r}) = \left(-\frac{\hbar^2}{2m_0}\Delta + v(\boldsymbol{r})\right)\psi(\boldsymbol{r}) = E\psi(\boldsymbol{r}),$$

so ist für ausreichend kurzreichweitige Potentiale die Partialwellenentwicklung die Standardmethode. Als Alternative kommt die Umschreibung der Differentialgleichung (1.5) einschließlich der Randbedingung (1.6) in eine Integralgleichung infrage. Es stellt sich heraus, dass die Formulierung des Problems mittels einer Integralgleichung sowohl für die Gewinnung von Näherungen als auch für die Erweiterung der Betrachtungen auf den Mehrkanalfall geeigneter ist. Im Fall eines Coulombpotentials ist eine exakte Lösung der Differentialgleichung (1.5) mit expliziter Diskussion der Asymptotik notwendig, da die Randbedingung (1.6) nicht erfüllt werden kann.

1.1.4 Der differentielle Wirkungsquerschnitt im Labor- und im Schwerpunktsystem

Bevor man die Theorie weiterentwickelt, ist ein technischer Punkt zu klären. Der differentielle Wirkungsquerschnitt kann entweder in Bezug auf das Laborsystem (charakterisiert durch Kleinbuchstaben) oder in Bezug auf das Schwerpunktsystem (charakterisiert durch Großbuchstaben) der zwei Stoßpartner berechnet werden. Das Experiment findet im Labor statt. Das Schwerpunktsystem ist das in der Theorie gebräuchliche System. Es ist notwendig, die Streuwinkel in den zwei Systemen, z. B. zwischen den Impulsvektoren vor dem Stoß $\boldsymbol{p}_1$ und nach dem Stoß $\boldsymbol{p_1}'$ im Laborsystem und den entsprechenden Impulsvektoren $\boldsymbol{P}_1$ und $\boldsymbol{P_1}'$ im Schwerpunktsystem sowie die entsprechenden differentiellen Wirkungsquerschnitte ineinander umzurechnen. Diese Umrechnung ist am einfachsten, wenn man voraussetzt, dass eines der Teilchen in dem Target so eingebunden ist, dass es vor dem Stoß (aus praktischer Sicht) ruht. Diese Situation wird in Abb. 1.5 gezeigt. Unter der Voraussetzung $\boldsymbol{p}_2 = \boldsymbol{0}$ sind die Impulsvektoren vor dem Stoß ($\boldsymbol{P}_1$ und $\boldsymbol{p}_1$) parallel. Infolge der Energieerhaltung ist der Betrag des Vektors $\boldsymbol{P_1}'$ genauso groß wie der Betrag von $\boldsymbol{P}_1$

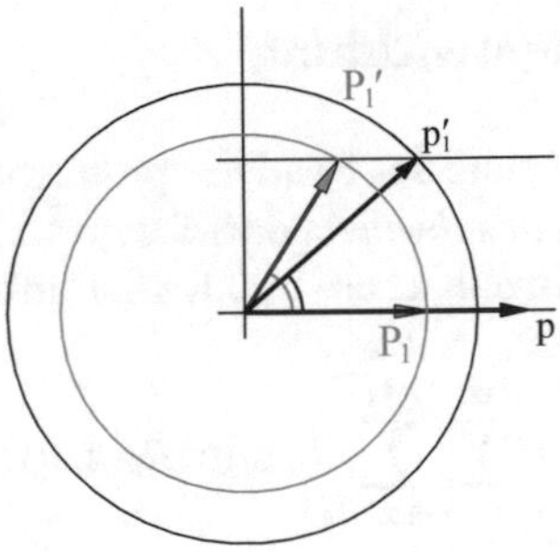

Abb. 1.5 Streuwinkel im Laborsystem (schwarz) und im Schwerpunktsystem (grau)

$$|\boldsymbol{P_1}'| = |\boldsymbol{P}_1|.$$

Die Differenz der Vektoren $\boldsymbol{p_1}'$ und $\boldsymbol{P_1}'$ ist parallel zu $\boldsymbol{p}_1$

$$(\boldsymbol{p_1}' - \boldsymbol{P_1}') \quad || \quad \boldsymbol{p}_1.$$

Mithilfe einer expliziten Diskussion der Stoßkinematik (Details in Abschn. 1.5.3) findet man die Relation

$$\cos\theta_{\text{lab}} = \frac{\dfrac{m_{10}}{m_{20}} + \cos\theta_{\text{sp}}}{\left[\left(\dfrac{m_{10}}{m_{20}}\right)^2 + 2\,\dfrac{m_{10}}{m_{20}}\,\cos\theta_{\text{sp}} + 1\right]^{1/2}}$$

zwischen den Streuwinkeln im Laborsystem θ_{lab} und im Schwerpunktsystem θ_{sp}. Der differentielle Wirkungsquerschnitt in dem Laborsystem

$$\left(\frac{\mathrm{d}\sigma}{\mathrm{d}\Omega}\right)_{\text{lab}} = \left(\frac{\mathrm{d}\sigma}{\mathrm{d}\Omega_{\text{lab}}}\right)$$

ist somit mit dem entsprechenden Wirkungsquerschnitt in dem Schwerpunktsystem durch

$$\begin{aligned}\left(\frac{\mathrm{d}\sigma}{\mathrm{d}\Omega}\right)_{\text{lab}} &= \left(\frac{\mathrm{d}\sigma}{\mathrm{d}\Omega}\right)_{\text{sp}}\left(\frac{\mathrm{d}\Omega_{\text{sp}}}{\mathrm{d}\Omega_{\text{lab}}}\right) = \left(\frac{\mathrm{d}\sigma}{\mathrm{d}\Omega}\right)_{\text{sp}}\left|\left(\frac{\mathrm{d}\cos\theta_{\text{sp}}}{\mathrm{d}\cos\theta_{\text{lab}}}\right)\right| \\ &= \left(\frac{\mathrm{d}\sigma}{\mathrm{d}\Omega}\right)_{\text{sp}}\frac{\left[1 + 2(m_{10}/m_{20})\cos\theta_{\text{sp}} + (m_{10}/m_{20})^2\right]^{3/2}}{\left[1 + (m_{10}/m_{20})\cos\theta_{\text{sp}}\right]} \qquad (1.11)\end{aligned}$$

verknüpft. Es gilt

$$\sigma = \int\!\!\int \left(\frac{\mathrm{d}\sigma}{\mathrm{d}\Omega}\right)_{\text{lab}} \mathrm{d}\Omega_{\text{lab}} = \int\!\!\int \left(\frac{\mathrm{d}\sigma}{\mathrm{d}\Omega}\right)_{\text{sp}} \mathrm{d}\Omega_{\text{sp}}.$$

Der gesamte Wirkungsquerschnitt ist natürlich unabhängig von der Wahl des Koordinatensystems.

1.2 Die Partialwellenentwicklung

Eine direkte Methode zur Lösung des Randwertproblems, das durch (1.5) und (1.6) charakterisiert wird, ist die *Partialwellenentwicklung.*[5] Man entwickelt die gesuchte Streuwellenfunktion nach Kugelflächen- und Radialfunktionen

$$\Psi(k, \boldsymbol{r}) = \sum_{l=0}^{\infty} \sum_{m=-l}^{+l} C_{l,m}(k) R_l(k, r) Y_{lm}(\Omega). \tag{1.12}$$

Die Quantenzahlen für den Winkelanteil markieren den Betrag des Drehimpulses $l = 0,\ 1,\ 2,\ \ldots,\ \infty$ sowie die Projektion des Drehimpulsvektors auf die z-Achse, die Azimutalquantenzahl m

$$m = -l,\ -l+1,\ \ldots,\ 0,\ l-1,\ l.$$

Die Größe k ist der Betrag des Wellenzahlvektors, der durch die Einschussenergie E bestimmt ist

$$k = \frac{\sqrt{2m_0 E}}{\hbar}.$$

Der Operator für die kinetische Energie separiert in Kugel- und Radialkoordinaten ist

$$\begin{aligned}\hat{T} &= \hat{T}_r + \hat{T}_\Omega \\ &= -\frac{\hbar^2}{2m_0}\left(\frac{\partial^2}{\partial r^2} + \frac{2}{r}\frac{\partial}{\partial r}\right) + \frac{\hat{l}^2}{2m_0 r^2}.\end{aligned}$$

Er enthält den Operator für das Betragsquadrat des Drehimpulses

$$\hat{l}^2 = -\hbar^2 \left\{\frac{1}{\sin\theta}\frac{\partial}{\partial\theta}\left(\sin\theta\frac{\partial}{\partial\theta}\right) - \frac{\hbar^2}{\sin^2\theta}\frac{\partial^2}{\partial\varphi^2}\right\}.$$

Die Lösung des Eigenwertproblems für den gesamten Winkelanteil unter der Bedingung einer quadratintegrablen (stetigen, endlichen und eindeutigen) Lösung

$$\hat{l}^2 Y(\Omega) = \lambda Y(\Omega)$$

ergibt die oben zitierten Eigenwerte $\lambda \to \lambda_l = \hbar^2 l(l+1)$ und als Eigenfunktionen die orthonormalen Kugelflächenfunktionen

$$\int\!\!\int \mathrm{d}\Omega Y_{lm}^*(\Omega) Y_{l'm'}(\Omega) = \delta_{ll'}\delta_{mm'}.$$

[5]Eine Aufbereitung dieser Methode findet man zum Beispiel in Band 3, Abschn. 6.4.

Die Separation des Winkelanteils mit dem Ansatz

$$Q(\Omega) = P(\cos\theta)\ S(\varphi)$$

führt auf die Exponentialfunktionen

$$S(\varphi) \to S_m(\varphi) = \mathrm{e}^{\mathrm{i}m\varphi}/\sqrt{2\pi}$$

als Lösungen des Eigenwertproblems

$$\hat{l}_z S_m(\varphi) = -\mathrm{i}\hbar \frac{\partial}{\partial\varphi} S_m(\varphi) = m\hbar S_m(\varphi)$$

sowie die zugeordneten Legendrefunktionen $P_l^m(\cos\theta) \equiv P_l^m(y)$. Diese Funktionen sind die regulären Lösungen der Differentialgleichung

$$(1-y^2)\frac{\mathrm{d}^2 P_l^m(y)}{\mathrm{d}y^2} - 2y\frac{\mathrm{d}P_l^m(y)}{\mathrm{d}y} + \left(l(l+1) - \frac{m^2}{(1-y^2)}\right) P_l^m(y) = 0.$$

Ein Spezialfall der zugeordneten Legendrefunktionen sind die Legendrepolynome $P_l(y)$ mit

$$P_l(y) = P_l^0(y)$$

In diesem Abschnitt wird zunächst der Fall eines Zentralpotentials $v(\boldsymbol{r}) = v(r)$ besprochen. Die Streuung eines Teilchens an Potentialen ohne Zentralsymmetrie wird in Abschn. 3.5.2 aufgegriffen.

1.2.1 Partialwellenentwicklung im Fall von Zylindersymmetrie

Im Fall der Streuung eines Teilchens an einem Zentralpotential kann man die anfängliche Strahlrichtung mit der z-Richtung identifizieren. Infolge der so gewonnenen Symmetrie besteht keine Abhängigkeit von dem Azimutalwinkel φ, sodass eine Entwicklung nach Legendrepolynomen ausreichend ist. Man findet in der Literatur Varianten für die Entwicklung der Streuwellenfunktion

$$\psi(k, \boldsymbol{r}) = \sum_{l=0}^{\infty} F_l(k, r) P_l(\cos\theta) \tag{1.13}$$

und

$$\psi(k, \boldsymbol{r}) = \sum_{l=0}^{\infty} \frac{R_l(k, r)}{kr}\ P_l(\cos\theta). \tag{1.14}$$

Der Winkel θ ist der Winkel zwischen der vorgegebenen Einfallsrichtung

$$\boldsymbol{p}_{\text{ein}} = \hbar \boldsymbol{k}_{\text{ein}} = \hbar k \boldsymbol{e}_z$$

und der (variablen) Richtung, unter der der Detektor aufgestellt ist

$$\boldsymbol{p} = \hbar k \boldsymbol{e}_\theta .$$

Setzt man (1.13) in die Schrödingergleichung (1.5) ein, so folgt aufgrund der Orthogonalität der Legendre'schen Polynome ein Satz von Differentialgleichungen für die Radialwellenfunktionen $F_l(k, r)$

$$\frac{1}{r^2}\frac{\mathrm{d}}{\mathrm{d}r}\left(r^2 \frac{\mathrm{d}F_l(k,r)}{\mathrm{d}r}\right) + \left[k^2 - \frac{l(l+1)}{r^2} - U(r)\right] F_l(k,r) = 0 \qquad (1.15)$$

oder ausgeschrieben

$$\frac{\mathrm{d}^2 F_l(k,r)}{\mathrm{d}r^2} + \frac{2}{r}\frac{\mathrm{d}F_l(k,r)}{\mathrm{d}r} + \left[k^2 - \frac{l(l+1)}{r^2} - U(r)\right] F_l(k,r) = 0,$$

$$U(r) = \frac{2\,m_0}{\hbar^2}\, v(r), \qquad l = 0,\ 1,\ 2, \ldots .$$

Für den Ansatz (1.14) erhält man die etwas einfachere Gleichung

$$\frac{\mathrm{d}^2 R_l(k,r)}{\mathrm{d}r^2} + \left[k^2 - \frac{l(l+1)}{r^2} - U(r)\right] R_l(k,r) = 0, \qquad (1.16)$$

die im Weiteren benutzt wird. Die Lösungen der zwei Differentialgleichungen sind in einfacher Weise verknüpft

$$R_l(k,r) = kr\, F_l(k,r).$$

Falls die potentielle Energie, bzw. das Potential $U(r)$, wie vorausgesetzt schnell genug abfällt, ist es zweckmäßig, den Raum in drei konzentrische sphärische Bereiche um das Streuzentrum bei $r = 0$ zu unterteilen. Man definiert

- (G1): das Streugebiet S, in dem $U(r) \neq 0$ ist,
- (G2): ein Zwischengebiet I, in dem $U(r) = 0$ gilt (zumindest aus praktischer Sicht) aber die Asymptotikbedingung, die nur für $r \to \infty$ gültig ist, noch nicht greift,
- (G3): den asymptotischen Bereich, in dem mit $U(r) = 0$ die Randbedingung (1.6) gelten soll.

Die Radialwellenfunktionen (1.13) oder (1.14) in dem Streugebiet S sind exakte Lösungen der Schrödingergleichungen (1.15) oder (1.16) mit dem vorgegebenen Potential. In dem Zwischengebiet I ist die allgemeine Lösung der freien Schrödingergleichung zuständig.

Im Fall der Differentialgleichung (1.16) sind die radialen Wellenfunktionen und deren erste Ableitung in den zwei inneren Gebieten bei einem geeigneten Radius aneinander anzuschließen. Anstelle des Anschlusses der Wellenfunktion und der ersten Ableitung genügt oft die Betrachtung der logarithmischen Ableitung

$$\frac{1}{R_l^{\mathrm{G1}}(k,r)}\frac{\mathrm{d}R_l^{\mathrm{G1}}(k,r)}{\mathrm{d}r}\bigg|_{r_{\mathrm{G_1,G_2}}} = \frac{1}{R_l^{\mathrm{G2}}(k,r)}\frac{\mathrm{d}R_l^{\mathrm{G2}}(k,r)}{\mathrm{d}r}\bigg|_{r_{\mathrm{G_1,G_2}}}, \qquad (1.17)$$

da die Normierung der Streuwellenfunktionen bei diesem Anschluss keine Rolle spielt. Schließt man noch die Lösung ψ_I an die asymptotische Lösung ψ_{asymp} an, so wird die Lösung in dem Streugebiet an die asymptotische Randbedingung angepasst.

Der erste Schritt ist die Bestimmung der allgemeinen Lösung der freien Schrödingergleichung in dem Zwischengebiet. Diese Lösung kann in der Form einer Partialwellenentwicklung mit den allgemeinen Lösungen der Radialgleichungen, den Differentialgleichungen (1.16) mit $U(r) = 0$, dargestellt werden. Die Substitution $x = kr$ führt auf die Differentialgleichung für die Bessel-Riccati Funktionen (Details in Abschn. 1.5.4)

$$\frac{\mathrm{d}^2 R_l(x)}{\mathrm{d}x^2} + \left(1 - \frac{l(l+1)}{x^2}\right) R_l(x) = 0.$$

Die reguläre Lösung, die sich am Ursprung wie x^{l+1} verhält, wird mit $u_l(x)$ bezeichnet.[6] Die irreguläre Lösung $v_l(x)$ verhält sich in der Nähe des Ursprungs wie $1/x^l$. Die allgemeinen Lösungen der Differentialgleichungen (1.16) in dem Zwischengebiet I lauten somit z. B.

$$\psi_I(\boldsymbol{r}) = \sum_{l=0}^{\infty} \frac{A_l u_l(x) + B_l v_l(x)}{x} P_l(\cos\theta), \qquad (x = kr). \qquad (1.18)$$

In dem asymptotischen Bereich $x \longrightarrow \infty$ gilt für die Lösungen[7] der Radialgleichung (1.16)

$$u_l(x) \longrightarrow \sin(x - l\pi/2), \qquad v_l(x) \longrightarrow \cos(x - l\pi/2).$$

[6] Die entsprechenden Lösungen der Differentialgleichung (1.15) sind die sphärischen Bessel- und Neumannfunktionen

$$j_l(x) = \frac{u_l(x)}{x} \quad \text{und} \quad n_l(x) = \frac{v_l(x)}{x}.$$

[7] Achtung: Alternative Vorzeichen für die regulären oder die irregulären Lösungen der homogenen Differentialgleichungen (1.16) sind möglich.

Der nächste Schritt ist die Darstellung der Randbedingung (1.6) in der Form (1.14). Man benutzt die Entwicklung der ebenen Welle nach Besselfunktionen in der Form

$$e^{ikz} = \sum_{l=0}^{\infty} i^l (2l+1) \frac{u_l(x)}{x} P_l(\cos\theta),$$

bzw. mit der asymptotischen Form der Riccatifunktionen $u_l(kr)$

$$e^{ikz} \xrightarrow{r\to\infty} \frac{1}{kr} \sum_{l=0}^{\infty} i^l (2l+1) \sin(kr - l\pi/2) P_l(\cos\theta),$$

sowie die Entwicklung der Streuamplitude $f(\theta)$ nach partiellen Streuamplituden f_l

$$f(\theta) = \sum_{l=0}^{\infty} f_l \, P_l(\cos\theta). \tag{1.19}$$

Die partiellen Amplituden f_l sind konstante Größen. Sie werden letztlich durch Lösung der Schrödingergleichung im Streugebiet bestimmt. Die der Form (1.14) angepasste Randbedingung lautet somit

$$\psi_{\mathrm{asymp}}(\boldsymbol{r}) \xrightarrow{r\to\infty} \sum_{l=0}^{\infty} \left\{ \frac{i^l}{k}(2l+1)\sin(kr - l\pi/2) + f_l \, e^{ikr} \right\} \times \frac{P_l(\cos\theta)}{r}. \tag{1.20}$$

Die Funktion (1.20) ist die Partialwellenentwicklung der Randbedingung (1.6). Zu bemerken ist jedoch, dass diese Funktion keine Lösung der freien Schrödingergleichung ist.

1.2.2 Die Streuphase

Benutzt man anstelle der Integrationskonstanten A_l und B_l in (1.18) eine Normierung N_l und eine *Streuphase* δ_l

$$A_l = N_l \cos\delta_l, \qquad B_l = N_l \sin\delta_l$$

mit der Umkehrung

$$N_l = [A_l^2 + B_l^2]^{1/2}, \qquad \tan\delta_l = \frac{B_l}{A_l},$$

so kann man die Wellenfunktion (1.18) in dem Zwischengebiet nach Zusammenfassung der trigonometrischen Funktionen mit dem Additionstheorem in der Form

$$\psi_I(\boldsymbol{r}) \xrightarrow{r\to\infty} \frac{1}{r} \sum_{l=0}^{\infty} \frac{N_l}{k} \sin(kr - l\pi/2 + \delta_l) P_l(\cos\theta) \tag{1.21}$$

angeben. Anwendung der Anschlussbedingung (1.16) mit den Radialanteilen der Funktionen (1.20) und (1.21) liefert eine Darstellung der partiellen Streuamplituden durch die Streuphasen (Detailrechnung in Abschn. 1.5.5)

$$f_l = \frac{(2l+1)}{k} \sin\delta_l \, \mathrm{e}^{\mathrm{i}\delta_l} = \frac{(2l+1)}{2\mathrm{i}k} \left(\mathrm{e}^{2\,\mathrm{i}\delta_l} - 1\right). \tag{1.22}$$

Anschluss der Wellenfunktionen selbst liefert zusätzlich die Normierung

$$N_l = (2l+1)\mathrm{i}^l \mathrm{e}^{\mathrm{i}\delta_l}. \tag{1.23}$$

Ein Vergleich von (1.20) und (1.21) zeigt, dass die Streuphasen eine Phasenverschiebung der eigentlichen Lösung in dem asymptotischen Bereich gegenüber dem ebenen Wellenanteil der asymptotischen Wellenfunktion darstellen. Der Relation (1.22) entnimmt man die Aussage, dass eine Partialwelle mit der Quantenzahl l nicht zu der Streuung beiträgt, wenn die korrespondierende Streuphase gleich null ist.

Der gesamte Wirkungsquerschnitt kann durch die partiellen Streuamplituden oder durch die Streuphasen dargestellt werden. Es ist

$$\begin{aligned}\sigma &= \sum_{l,l'=0}^{\infty} f_l^* f_{l'} \int_{-1}^{1} \mathrm{d}(\cos\theta)\; P_l(\cos\theta) P_{l'}(\cos\theta) \int_0^{2\pi} \mathrm{d}\varphi \\ &= 4\pi \sum_{l=0}^{\infty} \frac{|f_l|^2}{(2l+1)} = \frac{4\pi}{k^2} \sum_{l=0}^{\infty} (2l+1)\sin^2\delta_l. \end{aligned} \tag{1.24}$$

Das optische Theorem (1.10) ist erfüllt, denn es gilt

$$\begin{aligned}\frac{4\pi}{k}\mathrm{Im}(f(0)) &= \frac{4\pi}{k}\sum_{l=0}^{\infty}\mathrm{Im}(f_l)P_l(1) = \frac{4\pi}{k^2}\sum_{l=0}^{\infty}\left(\frac{(2l+1)}{2}(1-\cos 2\delta_l)\right) \\ &= \frac{4\pi}{k^2}\sum_{l=0}^{\infty}(2l+1)\sin^2\delta_l. \end{aligned}$$

Die eigentliche Aufgabe, die nach diesen Vorbereitungen ansteht, ist die Lösung der Radialgleichung (z. B. (1.16)) in dem Streugebiet

$$\begin{aligned}\frac{\mathrm{d}^2 R_l(r)}{\mathrm{d}r^2} + \left[k^2 - \frac{l(l+1)}{r^2} - U(r)\right] R_l(r) = 0, \\ U(r) = \frac{2\,m_0}{\hbar^2} v(r), \end{aligned} \tag{1.25}$$

mit der inneren Randbedingung $R_l(r) \xrightarrow{r\to 0} r^{l+1}$ sowie dem Anschluss der partiellen Lösungen an die Lösungen in dem Zwischengebiet.

Mithilfe der Partialwellenzerlegung wird das Raumgebiet, in dem die eigentliche Lösung gewonnen werden muss, stark eingeschränkt. Zusätzlich erwartet man (siehe Band 3, Abschn. 6.4), dass für ein kurzreichweitiges Potential (Reichweite $R = R_U$) nur Partialwellen mit $l < kR$ beitragen. Es steht dann nur eine endliche Anzahl von gewöhnlichen Differentialgleichungen zur Diskussion. Es sind jedoch nur wenige Beispiele bekannt, für die eine analytische Bestimmung der Lösung in dem Streugebiet möglich ist. Im Allgemeinen ist man auf den Einsatz von numerischen Methoden angewiesen.

1.2.3 Beispiel: Streuung am sphärischen Potentialtopf

Eines der Beispiele, für das eine analytische Lösung angegeben werden kann, ist der sphärische Potentialtopf bzw. die sphärische Potentialbarriere

$$v(r) = \begin{cases} \pm v_0 & \text{für} \quad r \leq R, \\ 0 & \text{für} \quad r > R, \end{cases} \quad \text{mit} \quad v_0 > 0.$$

Setzt man voraus, dass $v_0 > 0$ ist, so beschreibt $-v_0$ einen Potentialopf. Dieses einfache Beispiel kann benutzt werden, um einige Einblicke in die Struktur des quantenmechanischen Streuproblems zu gewinnen. Definiert man die effektive Wellenzahl K in dem Streubereich durch

$$k^2 - U(r) = k^2 \mp \frac{2\,m_0}{\hbar^2} v_0 = K^2,$$

wobei das obere Vorzeichen für die Barriere zuständig ist, so erkennt man in (1.25) die Bessel-Riccati'sche Differentialgleichung

$$R_l''(r) + \left(K^2 - \frac{l(l+1)}{r^2}\right) R_l(r) = 0$$

für die Funktionen $R_l(r) = u_l(Kr)$ und $v_l(Kr)$. Infolge der Randbedingung am Koordinatenursprung sind nur die regulären Lösungen, die Bessel-Riccati Funktionen $u_l(Kr)$, zulässig. Auswertung der logarithmischen Anschlussbedingung an der Stelle $r = R_{SI} = R$ für den Übergang von dem Streugebiet (Wellenzahl K) in das intermediäre Gebiet (Wellenzahl k)

$$\left.\frac{u_l'(Kr)}{u_l(Kr)}\right|_R = \left.\frac{A_l u_l'(kr) + B_l v_l'(kr)}{A_l u_l(kr) + B_l v_l(kr)}\right|_R$$

ergibt nach Auflösung

$$\tan \delta_l = \frac{B_l}{A_l} = \frac{u_l'(KR)u_l(kR) - u_l(KR)u_l'(kR)}{u_l(KR)v_l'(kR) - u_l'(KR)v_l(kR)}. \tag{1.26}$$

Damit ist dieses Streuproblem gelöst. Für eine vorgegebene Einschussenergie (charakterisiert durch die Wellenzahl k) und ein vorgegebenes Potential (charakterisiert durch die Parameter $\pm v_0$ und R) kann man mit (1.26) die Streuphasen und mit (1.22) die partiellen Streuamplituden berechnen. So findet man z. B. für die Partialwelle mit $l = 0$ und den Funktionen

$$u_0(kr) = \sin kr, \qquad v_0(kr) = \cos kr$$

das Resultat

$$\tan \delta_0 = \frac{k \sin KR \cos kR - K \cos KR \sin kR}{k \sin KR \sin kR + K \cos KR \cos kR}. \tag{1.27}$$

Den Ergebnissen (1.26) bzw. (1.27) kann man einige Eigenschaften der Streulösungen, die mit Einschänkungen auch für andere kurzreichweitige Potentiale gültig sind, entnehmen:

- Für niedrige Stoßenergien gilt $k^2 < |2m_0 v_0/\hbar^2|$, sodass die Wellenfunktion und deren Ableitung in dem Streugebiet in guter Näherung unabhängig von der Wellenzahl k sind. Schreibt man zur Abkürzung

$$\frac{u_l'(KR)}{u_l(KR)} \xrightarrow{k \to 0} \beta_l$$

und benutzt die Grenzwerte[8]

$$u_l(kR) \xrightarrow{kR \to 0} \frac{(kR)^{(l+1)}}{(2l+1)!!} \quad \text{und} \quad v_l(kR) \xrightarrow{kR \to 0} \frac{(2l-1)!!}{(kR)^l},$$

so findet man

$$\tan \delta_l(k) \approx \delta_l(k) = \left[\frac{l + 1 - \beta_l R}{l + \beta_l R}\right] \frac{(kR)^{(2l+1)}}{(2l-1)!!(2l+1)!!}.$$

Die Streuphasen verhalten sich für niedrige Einschussenergien (im Vergleich zu der potentiellen Energie im Innenbereich) somit wie

$$\delta_l(k) \propto k^{2l+1} \propto E^{l+1/2}.$$

Dieses Resultat zeigt, dass für niedrige Energien (genauer für $kR < 1$) die Beiträge der Partialwellen mit niedrigen Drehimpulswerten dominieren. Der Grund ist die Wirkung der Zentrifugalbarriere.

---

[8] $(2l+1)!! = 1 \cdot 3 \cdot \ldots \cdot (2l+1)$.

- Betrachtet man den differentiellen Wirkungsquerschnitt

$$\frac{d\sigma}{d\Omega} = \sum_{l,l'=0}^{\infty} f_l^* f_{l'} P_l(\cos\theta) P_{l'}(\cos\theta)$$

für eine vorgegebene Energie als Funktion des Streuwinkels, so kann man die folgenden Bemerkungen notieren: Bei genügend niedrigen Energien tragen nur die S-Wellen ($l = 0$) bei, und es ist

$$\delta_0 \neq 0, \quad \delta_l \approx 0 \quad \text{für } l \geq 1 \longrightarrow \frac{d\sigma}{d\Omega} \approx |f_0|^2.$$

Der differentielle Wirkungsquerschnitt ist für solche Energiewerte unabhängig von dem Streuwinkel, die Streuung ist isotrop. Erhöht man die Energie, so kommen die P-Wellen ($l = 1$) ins Spiel. Der differentielle Wirkungsquerschnitt

$$\frac{d\sigma}{d\Omega} \approx |f_0|^2 + (f_0^* f_1 + f_0 f_1^*) \cos\theta + |f_1|^2 \cos^2\theta$$

weist nun eine charakteristische Interferenzstruktur auf. Diese kann entweder in der anschaulichen Form einer Polardarstellung (Abb. 1.6a) oder direkter als Funktion von θ (Abb. 1.6b) dargestellt werden. In der Polardarstellung wird der Anteil der S-Wellen durch einen Kreis um den Koordinatenursprung beschrieben. Kommen P-Wellen hinzu, so ist die Streuung in der Strahlrichtung ($\theta = 0$) etwas stärker. In dem rechten Bild wird das gleiche Verhalten illustriert. Infolge der Symmetrie in Bezug auf die Stelle $\theta = \pi$, ist die Funktion $f(\theta)$ nur in dem Bereich $0 \leq \theta \leq \pi$ abgebildet. Der konstante S-Wellenanteil wird durch den P-Wellenanteil modifiziert. Aus der Interferenzstruktur kann man Rückschlüsse auf die Form der potentiellen Energie in dem Streugebiet ziehen.

Für S-Wellen kann man, ebenso wie für andere Partialwellen mit niedrigen Drehimpulswerten $l > 0$, die Variation der Streuphasen über den gesamten Energie- oder Wellenzahlbereich im Detail verfolgen.

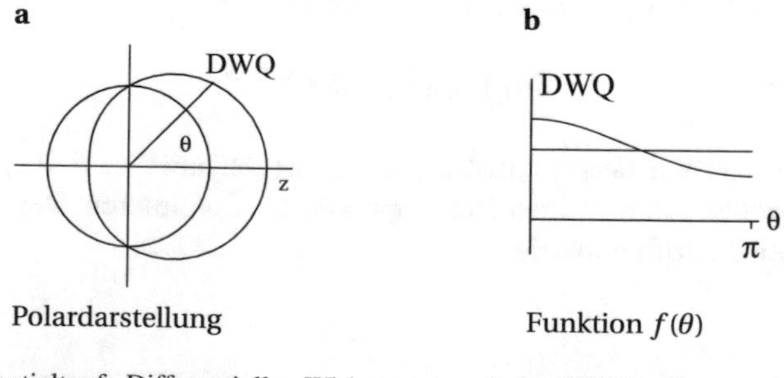

Funktion $f(\theta)$

Abb. 1.6 Potentialtopf: Differentieller Wirkungsquerschnitt (DWQ), Summe der Beiträge mit $l = 0$ und $l = 1$ (S- und P-Wellen)

Detailbetrachtung der S-Wellenstreuung
Für hohe Stoßenergien ist $k^2 > |2m_0 v_0/\hbar^2|$ und somit $K \approx k$. In diesem Fall kann man die trigonometrischen Funktionen in guter Näherung zusammenfassen

$$\tan\delta_0 \approx \frac{\sin(K-k)R}{\cos(K-k)R} = \tan(K-k)R.$$

Die Streuphase selbst ergibt sich wegen der Vieldeutigkeit der Arcustangensfunktion zu

$$\delta_0 \approx (K-k)R + n\pi.$$

Für hohe Energien kann man wegen $k,\, K \longrightarrow \infty$ für jede Partialwelle die asymptotische Form der Bessel-Riccati Funktionen

$$u_l(x) \xrightarrow{x\to\infty} \sin\left(x - \frac{l\pi}{2}\right), \qquad v_l(x) \xrightarrow{x\to\infty} \cos\left(x - \frac{l\pi}{2}\right)$$

benutzen und Zähler und Nenner in (1.26) wegen $K \approx k$ mit dem Additionstheorem zusammenfassen, sodass man in diesem Grenzfall für jedes l

$$\tan\delta_l \longrightarrow \tan(K-k)R$$

erhält.

Es ist üblich, die Vieldeutigkeit des Arcustangens für die Streuphasen bei hohen Energien mit $n = 0$ festzulegen. Entwickelt man die Wurzel in

$$\delta_0 \approx kR\left\{\left[1 \mp \frac{2m_0 v_0}{\hbar^2 k^2}\right]^{1/2} - 1\right\},$$

so erhält man

$$\delta_0 \xrightarrow{kR\to\infty} \mp\frac{m_0}{\hbar^2}\frac{v_0 R}{k}.$$

Das obere Vorzeichen gilt für die Barriere. Sowohl für den Topf als auch für die Barriere fällt die Streuphase der S-Welle gemäß $1/k$ (bzw. $1/\sqrt{E}$) ab. Vergleich der Funktionen $\sin kr$ und $\sin(kr + \delta_0)$ zeigt, dass die Wellenfunktion für einen Potentialtopf in den Topf hineingezogen wird. Die Wellenfunktion für die Barriere wird aus dem Potentialbereich geschoben. Diese Aussagen deuten in einfacher Form an, dass man anhand der Streuphasen Informationen über die Wechselwirkung von zwei Teilchen gewinnen kann.

Im Fall der **Barriere** findet man die folgenden Bereiche für die Wellenzahlen k und K

$$\begin{aligned} k^2 &> \frac{2m_0 v_0}{\hbar^2} = U_0 && \to K = [k^2 - U_0]^{1/2} > 0 \text{ reell},\\ k^2 &= U_0 && \to K = 0,\\ k^2 &< U_0 && \to K = [k^2 - U_0]^{1/2} \qquad \text{imaginär}. \end{aligned}$$

Die Berechnung der Streuphasen erfordert somit die folgenden Fallunterscheidungen:

- In dem Bereich von hohen Wellenzahlen kann man die Formel (1.27) direkt anwenden. Für den Wert $K = 0$ erhält man durch Entwicklung

$$\tan\delta_0(k^2 = U_0) = \frac{kR\cos kR - \sin kR}{kR\sin kR + \cos kR}.$$

- Für niedrige Wellenzahlen benutzt man die Ersetzung der trigonometrischen Funktionen durch Hyperbelfunktionen

$$\cos \mathrm{i}\,x = \cosh x, \;\; \sin \mathrm{i}\,x = \mathrm{i}\,\sinh x, \;\; (x \text{ reell})$$

  und erhält

$$\tan\delta_0 = \frac{k\sinh(|K|R)\cos kR - |K|\cosh(|K|R)\sin kR}{k\sinh(|K|R)\sin kR + |K|\cosh(|K|R)\cos kR}.$$

Die Energieabhängigkeit der Funktion $\delta_0(E)$ (anstelle der Abhängigkeit von der Wellenzahl) in dem Bereich

$$0 \le E \le 30\left[\frac{2m_0}{\hbar^2}\right]$$

ist in Abb. 1.7 dargestellt. Das Verhalten für $E \to 0$ und $E \to \infty$ entspricht, wie in den Abb. 1.8a und b explizit gezeigt wird, den Aussagen der vorherigen, allgemeineren Diskussion. Die Funktion $\delta_0(E)$ ist für alle Energie- bzw. k-Werte negativ und endlich. Sie ist auf den Wertebereich $0 \le \delta_0 \le -\pi/2$ beschränkt.

Für einen **Potentialtopf** ist $K = [k^2 + U_0]^{1/2}$ und somit positiv definit und reell. Die Formel (1.27) oder die äquivalente Form

$$\tan\delta_0 = \frac{k\tan KR - K\tan kR}{K + k\tan KR\tan kR} \tag{1.28}$$

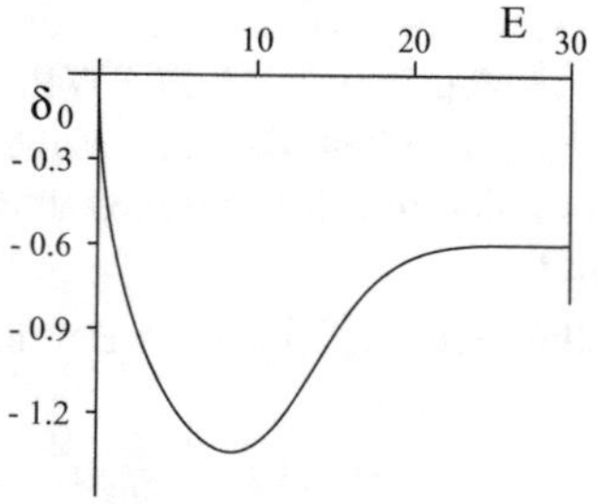

Abb. 1.7 Die S-Wellen-Streuphase für eine Potentialbarriere in dem Energiebereich $0 \le E \le 30$ in Einheiten von $(2m_0/\hbar^2)$

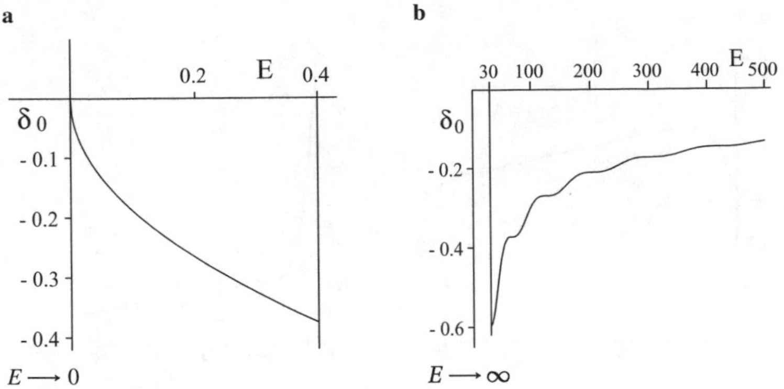

Abb. 1.8 S-Wellen Streuphase für eine Potentialbarriere bei kleinen (**a**) und großen (**b**) Einschussenergien (Energieskala wie in Abb. 1.7)

kann direkt tabelliert werden. Man findet in diesem Fall die folgenden Resultate:

1. Erfüllen die Potentialparameter die Relation

   - $$[2m_0v_0]^{1/2}\frac{R}{\hbar} < \frac{\pi}{2},$$

   so kann es, wie in Band 3, Abschn. 6.3 gezeigt, in dem Topf keinen gebundenen Zustand geben. Für solche Parameterwerte findet man für die Streuphase $\delta_0(E)$ die in Abb. 1.9a (niedrige Energie) und 1.9b (größerer Energiebereich) skizzierte Situation. Die Streuphase ist in dem gesamten Energiebereich positiv, wächst zunächst von 0 auf einen Maximalwert und fällt danach langsam wieder auf den Wert 0 ab. Abb. 1.10 zeigt den analogen Verlauf der Funktion $\tan\delta_0$ für den gleichen Energiebereich wie in Abb. 1.9b.
2. Für ein Potential, das durch

   - $$\frac{\pi}{2} \leq [2m_0v_0]^{1/2}\frac{R}{\hbar} < \frac{3\pi}{2}$$

   charakterisiert ist, existiert ein gebundener Zustand in dem Potentialtopf, und man erhält das in Abb. 1.11a dargestellte Bild für den Tangens der Streuphase als Funktion der Einschussenergie. Die Funktion $\tan\delta_0$ ist für Energien unterhalb eines bestimmten Wertes E_S, der durch die Potentialparameter bestimmt ist, negativ. Nach einem Sprung von $-\infty$ nach $+\infty$ fällt die Funktion mit wachsender Energie wieder auf den Wert null ab. Um die Variation der entsprechenden Streuphase mit der Energie zu extrahieren, bemerkt man (Abb. 1.11b), dass dieser Verlauf dem Verlauf der Funktion $\tan x$ in dem Intervall von $x = 0$ bis $x = -\pi$ entspricht. Die zugehörigen Energiewerte sind $x = 0 \longrightarrow E = 0$ über $x = -\pi/2 \longrightarrow E = E_S$ bis $x = -\pi \longrightarrow E = \infty$. Die Festlegung der Vieldeutigkeit des Arkustangens auf $\delta_0(\infty) = 0$ erfordert somit den in Abb. 1.12 gezeigten Verlauf der positiven Streuphase. Sie erreicht für $E = 0$ den Wert π.

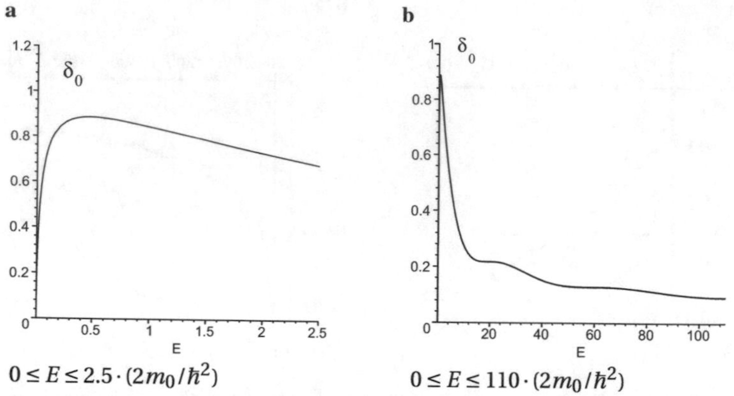

Abb. 1.9 S-Wellen Streuphase für einen Potentialtopf mit $[2m_0v_0]^{1/2}R/\hbar < \pi/2$ bei kleinen (**a**) und großen (**b**) Einschussenergien

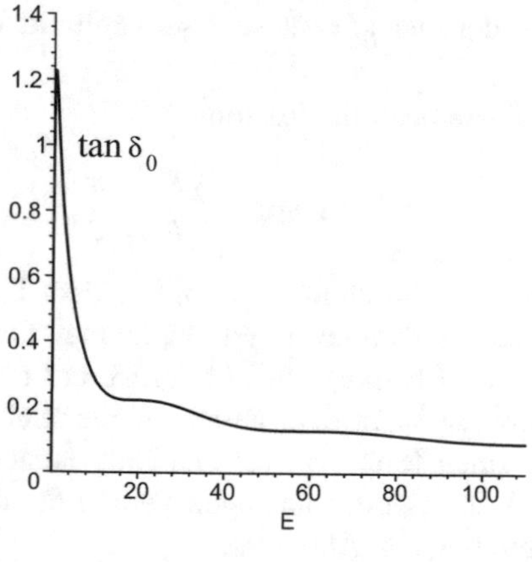

Abb. 1.10 Die der Abb. 1.9b entsprechende Funktion tan $\delta_0(E)$

3. Das aufgezeigte Muster setzt sich fort. Sind die Potentialparameter so beschaffen, dass zwei gebundene Zustände existieren

   - $$\frac{3\pi}{2} \leq [2m_0v_0]^{1/2}\frac{R}{\hbar} < \frac{5\pi}{2},$$

   so erhält man das in Abb. 1.13 angedeutete Verhalten für die Funktion tan $\delta_0(E)$. Der Definitionsbereich dieser Funktion ist $0 \geq \delta_0(E) \geq -2\pi$. Die Festlegung der Streuphase für hohe Energien auf den Wert null bedingt, dass der Wert $\delta_0(0) = 2\pi$ für sehr kleine Energien erreicht wird. Die Variation der entsprechenden Streuphase mit der Energie zeigt Abb. 1.14.

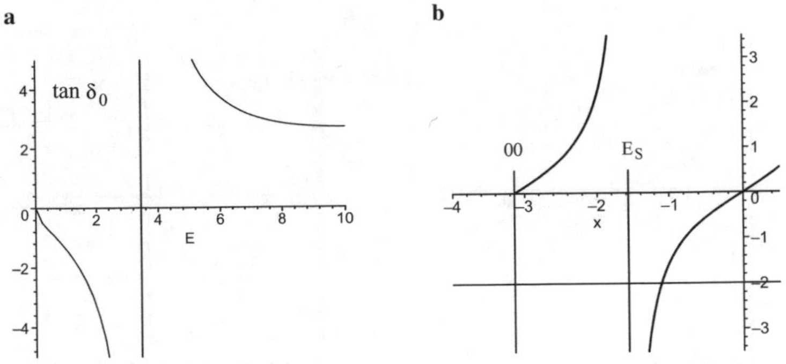

tan $\delta_0(E)$ tan x

Abb. 1.11 S-Wellenstreuung an einem Potentialtopf mit einem gebundenen Zustand (Energieskala wie in Abb. 1.9): Die Funktion tan $\delta_0(E)$ (**a**) im Vergleich mit tan x (**b**)

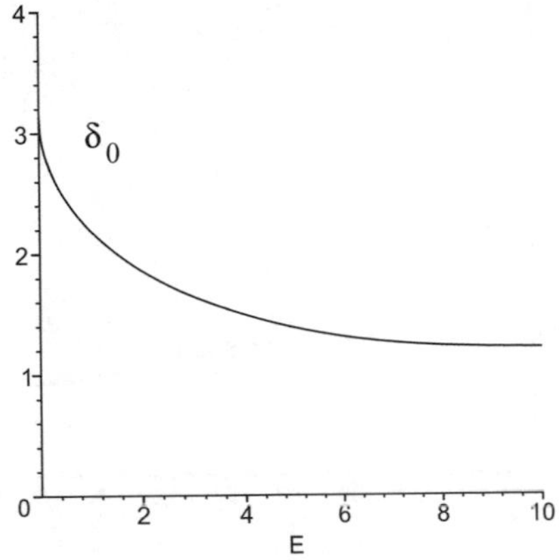

Abb. 1.12 Die der Abb. 1.11a entsprechende Funktion $\delta_0(E)$

Das in diesen Beispielen explizit illustrierte Verhalten der Streuphasen mit der Energie ist allgemeiner gültig. Für kurzreichweitige attraktive Potentiale gilt das *Theorem von Levinson*[9]

$$\delta_l(0) - \delta_l(\infty) = n_l \pi. \tag{1.29}$$

Es besagt, dass für eine gegebene Drehimpulsquantenzahl l die Differenz der Streuphasen bei hohen und tiefen Energien mit der Anzahl n_l der möglichen, in dem Potentialtopf gebundenen Zustände verknüpft ist. Hier zeigt sich in einer anderen Weise, dass man aus Streudaten Information über bestimmte Aspekte des Streupotentials gewinnen kann.[10]

[9] N. Levinson, Danske Videnskab. Selskab, Mat.-fys. Medd. **25**, No 9 (1949).

[10] Der Beweis des Theorems von Levinson wird in Abschn. 5.3.3 diskutiert.

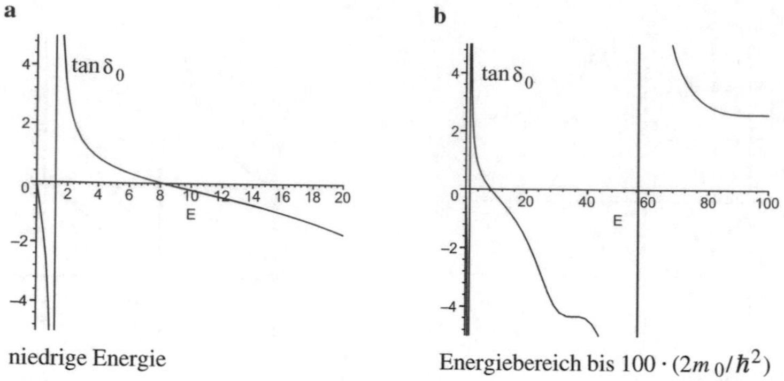

Abb. 1.13 Die Funktion $\tan\delta_0$ für S-Wellenstreuung an einem Potentialtopf mit zwei gebundenen Zuständen für niedrige (**a**) und hohe (**b**) Energiewerte

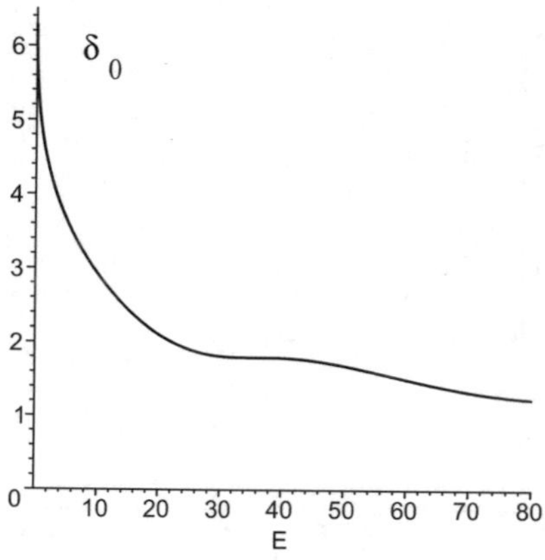

Abb. 1.14 Die zu Abb. 1.13 entsprechende Funktion $\delta_0(E)$

Von Interesse ist auch der Grenzfall einer undurchdringlichen Kugel

$$v(r) \longrightarrow \infty \qquad \text{für} \qquad r \leq R.$$

In diesem Fall gilt für die effektive Wellenzahl $K \to \mathrm{i}\infty$ und es folgt, z. B. aus der Formel (1.27)

$$\tan\delta_0 = -\tan kR \quad \longrightarrow \quad \delta_0 = -kR.$$

Der entsprechende partielle Wirkungsquerschnitt

$$\sigma_0 = \frac{4\pi}{k^2}\,(\sin kR)^2$$

hat für niedrige Energien den Grenzwert $\sigma_0 \to 4\pi R^2$. Die Vergrößerung gegenüber dem geometrischen Querschnitt der Kugel ist auf Interferenzeffekte der Wellenfunktionen zurückzuführen.

Weitere zentralsymmetrische Potentiale, für die eine analytische Lösung der S-Wellenstreuung gewonnen werden kann,[11] sind z. B. das Exponentialpotential

$$v(r) = -v_0 \mathrm{e}^{-\mu r}$$

und das Hulthenpotential

$$v(r) = \frac{v_0 \mathrm{e}^{-\mu r}}{1 - \mathrm{e}^{\mu r}}.$$

1.3 Streuung durch ein Coulombpotential

Für die Streuung durch das Coulombpotential

$$v(r) = \pm \frac{Z_1 Z_2 e^2}{r}$$

ist, infolge der langen Reichweite, die in (1.6) geforderte Randbedingung nicht erfüllbar, sodass eine gesonderte Diskussion notwendig ist. Die Schrödingergleichung

$$\left(-\frac{\hbar^2}{2m_0} \Delta \pm \frac{Z_1 Z_2 e^2}{r} \right) \psi(\boldsymbol{r}) = E \psi(\boldsymbol{r})$$

wird meist in der Form

$$\left(\Delta + k^2 - \frac{2\eta k}{r} \right) \psi(\boldsymbol{r}) = 0 \tag{1.30}$$

mit dem *geschwindigkeitsabhängigen* Coulombparameter η, dem *Sommerfeldparameter*

$$\eta = \pm \frac{m_0 Z_1 Z_2 e^2}{\hbar^2 k}$$

geschrieben, beziehungsweise mit der Geschwindigkeit $v = \hbar k / m_0$ als

$$\eta = \pm \frac{Z_1 Z_2 e^2}{\hbar v}.$$

Zur Lösung des Coulombstreuproblems stehen zwei Methoden zur Verfügung:

- Die Partialwellenentwicklung kann wie in Abschn. 1.2, jedoch ohne die Forderung der Randbedingung (1.6), eingesetzt werden.
- Durch Übergang zu parabolischen Koordinaten ist es möglich, eine geschlossene Lösung zu gewinnen (siehe auch Band 3, Aufg. 6.4).

[11] Siehe zum Beispiel S. Flügge: Practical Quantum Mechanics. SpringerVerlag, Heidelberg (1974).

1.3.1 Partialwellenentwicklung

Der Ansatz

$$\psi(\boldsymbol{r}) = \sum_{l=0}^{\infty} \frac{w_l(r)}{r} P_l(\cos\theta)$$

führt auf die Differentialgleichung für den Radialanteil

$$\frac{\mathrm{d}^2 w_l(r)}{\mathrm{d}r^2} + \left[k^2 - \frac{2\eta k}{r} - \frac{l(l+1)}{r^2}\right] w_l(r) = 0. \tag{1.31}$$

Zur expliziten Lösung dieser Differentialgleichung substituiert man $x = kr$ und spaltet das Verhalten der Funktion $w_l(x)$ für $x \longrightarrow 0$ (dominiert durch die Zentrifugalbarriere) und für $x \longrightarrow \infty$ (für den Fall von positiver Energie) ab

$$w_l(x) = (x)^{l+1} \mathrm{e}^{\mathrm{i}x} F_l(x).$$

Für die Restfunktion $F_l(x)$ ergibt sich die Differentialgleichung

$$x \frac{\mathrm{d}^2 F_l(x)}{\mathrm{d}x^2} + [2(l+1) + 2\mathrm{i}x] \frac{\mathrm{d}F_l(x)}{\mathrm{d}x} + [2\mathrm{i}(l+1) - 2\eta] F_l(x) = 0,$$

die nach Einführung der Variablen $z = -2\mathrm{i}x$ in die übersichtlichere Form

$$z \frac{\mathrm{d}^2 F_l(z)}{\mathrm{d}z^2} + [2(l+1) - z] \frac{\mathrm{d}F_l(z)}{\mathrm{d}z} - [(l+1) + \mathrm{i}\eta] F_l(z) = 0$$

übergeht. Diese Differentialgleichung definiert eine konfluente hypergeometrische Funktion $F(a, c, z)$ mit den Parametern $a = l + 1 + \mathrm{i}\eta$ und $c = 2l + 2$ sowie der Variablen $z = -2\mathrm{i}kr$. Einige Eigenschaften dieser Funktion, die auch als Kummer'sche Funktion bezeichnet wird, sind in Abschn. 1.5.6 zusammengestellt. Infolge der Randbedingung am Koordinatenursprung wird nur die reguläre Lösung der Differentialgleichung (1.31), die reguläre Coulombfunktion

$$F_l(\eta, kr) = C_l \; (kr)^{l+1} \; \mathrm{e}^{\mathrm{i}kr} F(l + 1 + \mathrm{i}\eta, 2l + 2, -2\mathrm{i}kr), \tag{1.32}$$

benötigt. Der Normierungsfaktor C_l wird üblicherweise so gewählt, dass für $\eta = 0$ die Funktion $F_l(\eta, kr)$ in die reguläre Lösung des freien Problems $u_l(kr)$ mit der Randbedingung (1.6) übergeht.

Anstatt die Lösung von (1.31) in zwei Schritten zu gewinnen, kann man auch direkt $z = -2\mathrm{i}kr$ substituieren. Die resultierende Differentialgleichung ist die Whittaker'sche Differentialgleichung[12]

$$\frac{\mathrm{d}^2 w_l(z)}{\mathrm{d}z^2} + \left[-\frac{1}{4} - \frac{\mathrm{i}\eta}{z} - \frac{l(l+1)}{z^2}\right] w_l(z) = 0.$$

[12]Vgl. Abramovitz/Stegun, S. 505.

Die reguläre Coulombfunktion ist (bis auf einen möglichen Normierungfaktor) identisch mit der regulären Whittaker'schen Funktion

$$w_l(z) = z^{l+1}\, \mathrm{e}^{-z/2} F(l+1+\mathrm{i}\eta, 2l+2, z).$$

Der erste Schritt bei der weiteren Diskussion der Lösung (1.32) ist die Untersuchung des asymptotischen Verhaltens, vor allem im Vergleich mit der Randbedingung (1.6) für kurzreichweitige Potentiale. Unter Benutzung der in Abschn. 1.5.6 angegebenen asymptotischen Form der Kummer'schen Funktion und einigen Umformungen mittels einfacher Formeln der Analysis im Komplexen erhält man[13]

$$F_l(\eta, kr) \xrightarrow{kr\to\infty} C_l\, \frac{\mathrm{e}^{\pi\eta/2}\mathrm{e}^{\mathrm{i}\gamma_l}\Gamma(2l+2)}{2^l\Gamma(l+1+\mathrm{i}\eta)} \cdot \sin(kr - \pi l/2 + \gamma_l - \eta\ln(2kr)). \tag{1.33}$$

Die ersten zwei Terme des Arguments der Sinusfunktion in (1.33) entsprechen der asymptotischen Form einer ebenen Welle. Zusätzlich treten eine Streuphase γ_l und ein logarithmischer Term in der Variablen kr auf. Dieser Term ist eine Konsequenz der langen Reichweite des Potentials, die für das klassische Coulombproblem auch im asymptotischen Bereich eine gekrümmte Bahn erfordert. Für die Coulombstreuphasen γ_l ergibt sich die Relation

$$\mathrm{e}^{2\mathrm{i}\gamma_l} = \frac{\Gamma(l+1+\mathrm{i}\eta)}{\Gamma(l+1-\mathrm{i}\eta)} \tag{1.34}$$

oder alternativ

$$\gamma_l = \arg\Gamma(l+1+\mathrm{i}\eta). \tag{1.35}$$

Wie zu erwarten, ist $\gamma_l = 0$, falls sich die Strahlteilchen frei bewegen ($\eta = 0$).

Da in dem asymptotischen Bereich $kr \gg \ln(2kr)$ ist, kann man bei der weiteren Verwertung des Resultats (1.32) den logarithmischen Beitrag in guter Näherung unterdrücken. In diesem Fall entspricht die gesamte asymptotische Funktion für die l-te Coulombpartialwelle mit (1.32) und der üblichen Normierung genau der asymptotischen Wellenfunktion (1.21), sodass man die partielle Coulombstreuamplitude $f_{l,\mathrm{coul}}$ in der Form

$$f_{l,\mathrm{coul}} = \frac{(2l+1)}{2\mathrm{i}k}\left(\mathrm{e}^{2\,\mathrm{i}\gamma_l} - 1\right) \tag{1.36}$$

[13] Die explizite Berechnung wird in Abschn. 1.5.7 durchgeführt. Die Rechnung zu der üblichen Festlegung der Normierung C_l und die entsprechende normierte Lösung findet man ebenenfalls in Abschn. 1.5.7.

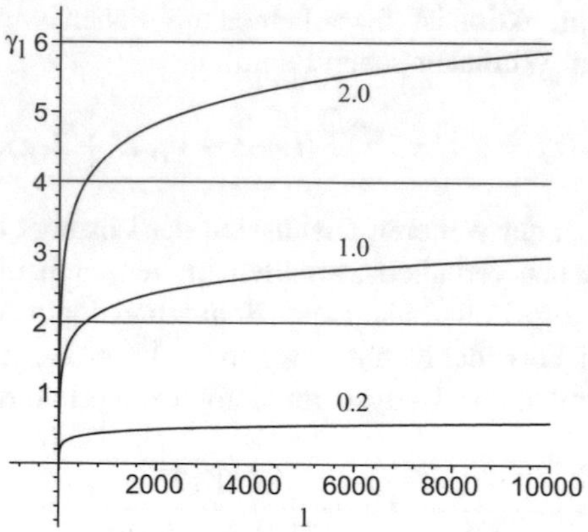

Abb. 1.15 Coulombstreuphasen γ_l als Funktion der Drehimpulsquantenzahl l für die Parameter $\eta = 0.2,\ 1.0,\ 2.0$

und den differentiellen Coulombwirkungsquerschnitt als

$$\left.\frac{\mathrm{d}\sigma}{\mathrm{d}\Omega}\right|_{\mathrm{coul}} = \sum_{l,l'=0}^{\infty} (f_{l',\mathrm{coul}})^* f_{l,\mathrm{coul}} P_l(\cos\theta) P_{l'}(\cos\theta)$$

angeben kann. Die Abb. 1.15 zeigt jedoch, dass sich die Coulombstreuphasen mit wachsendem Drehimpulswert nur sehr langsam einem Grenzwert nähern, die Partialwellenentwicklung also nur langsam konvergiert.[14]

Aus diesem Grund ist es ratsam, eine geschlossene Form für die Coulombwellenfunktion $\psi_{\mathrm{coul}}(\boldsymbol{r})$ und den differentiellen Wirkungsquerschnitt anzustreben. Diese Größen erhält man, wenn man das Coulomproblem in parabolischen Koordinaten löst.

1.3.2 Lösung in parabolischen Koordinaten

Parabolische Koordinaten können in der Form

$$t = r - z = r(1 - \cos\theta), \quad s = r + z = r(1 + \cos\theta), \quad \varphi = \varphi$$

definiert werden. Die Umkehrung dieser Transformation lautet

$$r = \frac{1}{2}(s + t), \qquad z = \frac{1}{2}(s - t).$$

[14] Man beachte, dass kleinere Werte des Parameter η einer höheren Einschussenergie entsprechen.

Die Schrödingergleichung für das Coulombproblem lautet in diesen Koordinaten[15]

$$\left[-\frac{4}{(s+t)}\left\{\frac{\partial}{\partial t}\left(t\frac{\partial}{\partial t}\right)+\frac{\partial}{\partial s}\left(s\frac{\partial}{\partial s}\right)\right\}\right.$$
$$\left.-\frac{1}{st}\frac{\partial^2}{\partial^2\varphi}+\frac{4\eta k}{(s+t)}\right]\psi(s,t,\varphi)=k^2\psi(s,t,\varphi). \quad (1.37)$$

Ein Separationsansatz $\psi = f_1(s,t)f_2(\varphi)$ zeigt, dass die Diskussion der Abhängigkeit von dem Winkel φ infolge der Zylindersymmetrie nicht notwendig ist. Es ist ausreichend, die Lösung mit der Azimutalquantenzahl $m = 0$ zu betrachten. Der Ansatz

$$f_1(s,t) = \mathrm{e}^{\mathrm{i}kz} f(t) = \mathrm{e}^{\mathrm{i}k(s-t)/2} f(t)$$

für die verbleibende Funktion führt auf die Differentialgleichung (zur Übung bitte nachrechnen!)

$$t\frac{\mathrm{d}^2 f(t)}{\mathrm{d}t^2} + (1-\mathrm{i}kt)\frac{\mathrm{d}f(t)}{\mathrm{d}t} - \eta k f(t) = 0.$$

Übergang zu der Variablen $x = \mathrm{i}kt$ ergibt die Differentialgleichung

$$x\frac{\mathrm{d}^2 f(x)}{\mathrm{d}x^2} + (1-x)\frac{\mathrm{d}f(x)}{\mathrm{d}x} + \mathrm{i}\eta f(x) = 0.$$

Dies ist eine Differentialgleichung für eine Kummer'sche Funktion mit den Parametern $a = -\mathrm{i}\eta,\ c = 1$ und der Variablen $\mathrm{i}kt$

$$f(t) = C\ F(-\mathrm{i}\eta, 1; \mathrm{i}kt).$$

Das Verhalten der Lösung

$$f_1(r,z) = C\ \mathrm{e}^{\mathrm{i}kz} F(-\mathrm{i}\eta, 1; \mathrm{i}k(r-z)) \quad (1.38)$$

im asymptotischen Bereich kann wie zuvor anhand der asymptotischen Form der Kummer'schen Funktion extrahiert werden. Dieser Schritt wird in Abschn. 1.5.6 explizit ausgeführt. Wählt man

$$C = \mathrm{e}^{\eta\pi/2}\Gamma(1+\mathrm{i}\eta),$$

so kann das Resultat in der folgenden (suggestiven) Form

$$f_1(r,z) \xrightarrow{kr\to\infty} \left\{\mathrm{e}^{\mathrm{i}(kz+\eta\ln kr(1-\cos\theta))}\right.$$
$$\left.+\frac{1}{r}\left[-\frac{\eta\,\mathrm{e}^{\mathrm{i}(2\gamma_0-\eta\ln(1-\cos\theta))}}{k(1-\cos\theta)}\right]\mathrm{e}^{\mathrm{i}(kr-\eta\ln kr)}\right\} \quad (1.39)$$

[15]Siehe P. Moon, D. Eberle: Field Theory Handbook. Springer Verlag, Heidelberg (1961).

angegeben werden. Gegenüber dem Fall eines kurzreichweitigen Potentials wird sowohl die einlaufende ebene Welle auch als die auslaufende Kugelwelle durch einen logarithmischen Term modifiziert. Dies beschreibt, wie bei der Partialwellenform der Streulösung, die Tatsache, dass sich (klassische) Teilchen in einem Coulombpotential nicht auf einer geraden Bahn bewegen, selbst wenn sie weit von dem Quellpunkt des Potentials entfernt sind. Den Ausdruck in der großen eckigen Klammer interpretiert man als die Coulombstreuamplitude

$$f_{\text{coul}}(\theta) = \left[-\frac{\eta \exp[2\mathrm{i}\gamma_0 - \mathrm{i}\eta \ln(1 - \cos\theta)]}{2k \sin^2(\theta/2)} \right], \tag{1.40}$$

da die logarithmischen Terme in (1.39) bei der Berechnung des differentiellen Wirkungsquerschnitts gemäß (1.7) erst in höherer Ordnung in $1/r$ beitragen. Der differentielle Wirkungsquerschnitt des Coulombproblems ist

$$\left.\frac{\mathrm{d}\sigma}{\mathrm{d}\Omega}\right|_{\text{coul}} = |f_{\text{coul}}(\theta)|^2 = \frac{\eta^2}{4k^2 \sin^4(\theta/2)}. \tag{1.41}$$

Dieses Resultat wurde 1911 von Rutherford für eine klassische Kometenbahn hergeleitet. Der Rutherfordstreuquerschnitt ist praktisch das einzige Beispiel, für das klassische Mechanik (siehe Band 1, Abschn. 4.1.3.2) und Quantenmechanik das gleiche Resultat liefern.

Zwei Eigenschaften von (1.41) fallen sofort auf

- Der differentielle Wirkungsquerschnitt hängt nur von dem Quadrat des Sommerfeldparameters ab. Er ist somit unabhängig davon, ob die Ladungen sich anziehen oder abstoßen. Die Streuung von Elektronen an Protonen und von Positronen an Protonen ergibt bei gleicher Einschussenergie den gleichen Wirkungsquerschnitt.
- Der differentielle Wirkungsquerschnitt divergiert für $\theta \to 0$. Der Grund wird ersichtlich, wenn man nicht nur den asymptotischen Grenzfall, sondern auch die asymptotische Entwicklung der Kummer'schen Funktion betrachtet. Die Entwicklung entspricht einer Potenzreihe in[16]

$$\frac{1}{\mathrm{i}kr(1 - \cos\theta)} \quad \text{mit der Bedingung} \quad \left| \frac{1}{kr(1 - \cos\theta)} \right|^2 \ll 1,$$

  die für $\theta = 0$ nicht erfüllt werden kann.

Man kann drei Optionen anführen – die hier jedoch nicht weiter verfolgt werden sollen – wie diese mathematisch bedingte Schwierigkeit umgangen werden könnte:

- Die Größe kr ist in einem Experiment im Allgemeinen sehr groß, sodass der entsprechende kritische Winkelbereich (in Vorwärtsrichtung) so klein ist, dass er im Experiment nicht erfasst werden kann.

[16]siehe z. B. Abramovitz/Stegun, S. 503.

- Benutzt man eine endliche Ladungsverteilung anstelle einer Punktladung, so tritt keine Divergenz auf. Ein Beispiel ist die Streuung eines Punktelektrons an einem Proton oder an einem Kern mit endlicher Ausdehnung.
- Das Targetteilchen ist im Experiment z. B. in einer Folie eingebunden, stellt also keine isolierte Puntladung, sondern eine Ladungsverteilung dar. Die Einbeziehung einer Abschirmung der Targetladung verhindert eine Divergenz.[17]

1.4 Potentialstreuung von Teilchen mit Spin

Die Betrachtungen beginnen auch für die Streuung von zwei Teilchen mit Spin s_1 und s_2 (von besonderem Interesse ist $s_1 = s_2 = 1/2$) durch ein (zentralsymmetrisches) kurzreichweitiges Potential mit der Vorgabe der asymptotischen Randbedingungen. Der Anfangszustand soll die Streuung eines Strahls von polarisierten Teilchen an einem polarisierten Target beschreiben. Bezeichnet man die Projektionen des Spins der Teilchen auf die Strahlachse, die z-Richtung, mit μ_1 und μ_2, so wird der Anfangszustand bei großer Entfernung durch

$$\psi^{\text{ein}}_{s_1\mu_1,s_2\mu_2}(\boldsymbol{r}) = \mathrm{e}^{ikz}\chi_{s_1\mu_1}(1)\chi_{s_2\mu_2}(2) \tag{1.42}$$

beschrieben. Eine ebene Welle für die Relativbewegung wird mit den Spinfunktionen der beiden Teilchen multipliziert. Dieser Ansatz wird als die *μ-Darstellung* (oder gegebenenfalls als m-Darstellung) bezeichnet. Eine äquivalente Darstellung des Anfangszustands, die für viele theoretische Betrachtungen nützlich ist, ist die *Kanalspindarstellung*. Der Faktor der asymptotischen Welle ist dann eine gekoppelte Spinwellenfunktion χ, die durch den Gesamtspin S, dessen Projektion auf die z-Achse M_S und die Beträge der Einzelspins charakterisiert ist

$$\tilde{\psi}^{\text{ein}}_{SM_S,s_1s_2}(\boldsymbol{r}) = \mathrm{e}^{ikz}\chi_{SM_S,s_1s_2}(1,2). \tag{1.43}$$

Die (Clebsch-Gordan-) gekoppelte Spinwellenfunktion χ_{SM_S,s_1s_2} wird z. B. in Band 3, Abschn. 14.1 eingeführt und erläutert

$$\chi_{SM_S,s_1s_2}(1,2) = \sum_{\mu_1} \begin{bmatrix} s_1 & s_2 & S \\ \mu_1 & M_S-\mu_1 & M_S \end{bmatrix} \chi_{s_1\mu_1}(1)\chi_{s_2M_S-\mu_1}(2). \tag{1.44}$$

Die Kanalspindarstellung hat den Vorteil, dass die Spinfunktion im Fall identischer Teilchen mit $s_1 = s_2$ eine definierte Permutationssymmetrie besitzt, die die Beantwortung von Spin-Statistikfragen vereinfacht.

[17] Dieser Punkt wird z. B. in dem Buch von J.R. Taylor: Scattering Theory. John Wiley, New York (1972), Kap. 14-a näher ausgeführt.

Der Ansatz für die Streuwelle muss die Möglichkeit berücksichtigen, dass sich die Spinorientierung aufgrund der Wechselwirkung verändern kann. Aus diesem Grund schreibt man in der μ-Darstellung

$$\psi^{\text{streu}}_{s_1\mu_1,s_2\mu_2}(\boldsymbol{r}) \xrightarrow{r\to\infty} \sum_{\mu_1',\mu_2'} f^{s_1,s_2}_{\mu_1\mu_2,\mu_1'\mu_2'}(\theta,\varphi)\frac{\mathrm{e}^{ikr}}{r}\chi_{s_1\mu_1'}(1)\chi_{s_2\mu_2'}(2). \tag{1.45}$$

Der Betrag des Spins – eine intrinsische Eigenschaft der Teilchen – ändert sich nicht. Jedoch ist ein statistisch gewichteter Übergang in jede Kombination der Spinorientierungen möglich, so z. B. für $s_1 = s_2 = 1/2$

$$\uparrow\uparrow \;\longrightarrow\; \uparrow\uparrow,\;\; \uparrow\downarrow,\;\; \downarrow\uparrow,\;\; \downarrow\downarrow.$$

Es treten in diesem Beispiel vier (insgesamt 16 Kombinationen für die vier möglichen Eingangskanäle) spinindizierte Streuamplituden auf.

In der Kanalspindarstellung lautet der Ansatz für den asymptotischen Streuzustand

$$\tilde{\psi}^{\text{streu}}_{SM_S,s_1s_2}(\boldsymbol{r}) \xrightarrow{r\to\infty} \sum_{M_S'} \tilde{f}^{S,s_1s_2}_{M_S,M_S'}(\theta,\varphi)\,\frac{\mathrm{e}^{ikr}}{r}\chi_{SM_S',s_1s_2}(1,2). \tag{1.46}$$

Eine Änderung des Kanalspins $S \to S'$ tritt bei den gebräuchlichen Wechselwirkungen nicht auf, sodass sich eine ökonomischere Form ergibt. Der Zusammenhang zwischen den Streuamplituden in den zwei Darstellungen folgt aufgrund der Eigenschaften der Clebsch-Gordan Koeffizienten zu

$$f^{s_1,s_2}_{\mu_1\mu_2,\mu_1'\mu_2'} = \sum_S \begin{bmatrix} s_1 & s_2 & S \\ \mu_1 & \mu_2 & M_S \end{bmatrix} \begin{bmatrix} s_1 & s_2 & S \\ \mu_1' & \mu_2' & M_S' \end{bmatrix} \tilde{f}^{S,s_1,s_2}_{M_S,M_S'}, \tag{1.47}$$

entsprechend deren Umkehrung.

1.4.1 Differentielle Wirkungsquerschnitte

Die eigentliche Messgröße ist der differentielle Wirkungsquerschnitt, für den sich – je nach der Analyse der Spinprojektionen in Bezug auf die Richtung des einfallenden Strahls – die folgenden Möglichkeiten ergeben:

- Werden die Spinorientierungen der zwei Teilchen vor und nach dem Stoß registriert, so findet man in Erweiterung der Definition für spinlose Teilchen[18]

$$\left.\frac{\mathrm{d}\sigma}{\mathrm{d}\Omega}\right|_{\mu_1\mu_2\to\mu_1'\mu_2'} = \left| f^{s_1,s_2}_{\mu_1\mu_2,\mu_1'\mu_2'}(\theta,\varphi)\right|^2. \tag{1.48}$$

[18] Es wird vorausgesetzt, dass die Spinausrichtung (Polarisation) jeweils 100 % ist. Dies ist im Experiment praktisch nicht erreichbar. Zur Beschreibung von partieller Polarisation (z. B. ein Strahl mit 80 % spin up und 20 % spin down) dient der Spindichteformalismus, siehe Kap. 5.

- Analysiert man die Spinprojektionen in dem Endzustand nicht, sondern beobachtet nur, dass die Teilchen in dem Detektor ankommen, so misst man

$$\left.\frac{d\sigma}{d\Omega}\right|_{\mu_1\mu_2\to \text{all}} = \sum_{\mu_1'\mu_2'} \left| f^{s_1,s_2}_{\mu_1\mu_2,\mu_1'\mu_2'}(\theta,\varphi)\right|^2 .$$

- Streut ein unpolarisiertes Strahlteilchen an einem unpolarisierten Targetteilchen, so wird, mit der Annahme dass alle anfänglichen Spineinstellungen gleich wahrscheinlich sind, über die anfänglichen Einstellungen gemittelt. Dabei könnten die Spinprojektionen im Endzustand registriert werden oder auch nicht. In dem letzteren Fall ist die Messgröße

$$\left.\frac{d\sigma}{d\Omega}\right|_{\text{unpol}} = \frac{1}{(2s_1+1)}\frac{1}{(2s_2+1)} \sum_{\mu_1\mu_2\mu_1'\mu_2'} \left| f^{s_1,s_2}_{\mu_1\mu_2,\mu_1'\mu_2'}(\theta,\varphi)\right|^2 .$$

Setzt man auf der rechten Seite die Transformation zwischen den zwei Darstellungen der Streuamplitude ein, so folgt

$$\left.\frac{d\sigma}{d\Omega}\right|_{\text{unpol}} = \frac{1}{(2s_1+1)}\frac{1}{(2s_2+1)} \sum_{SM_SM_S'} \left| \tilde{f}^{S,s_1s_2}_{M_S,M_S'}(\theta,\varphi)\right|^2 .$$

Der unpolarisierte differentielle Wirkungsquerschnitt kann direkt mit der Kanalspinstreuamplitude berechnet werden.

- Weitere Kombinationen, wie z. B. Strahlteilchen mit bestimmter anfänglicher Spinprojektion stoßen auf ein unpolarisiertes Target, sind möglich.

1.4.2 Auswahlregeln

Die Wechselwirkung bestimmt die Details der möglichen Übergänge in Endkanäle beziehungsweise die Form der entsprechenden Partialwellenentwicklung. Für ein reines Zentralpotential

$$\hat{V}_c \longrightarrow v(r)$$

gelten die Vertauschungsrelationen

$$[\hat{V}_c, \hat{\boldsymbol{l}}] = \boldsymbol{0}. \qquad [\hat{V}_c, \hat{\boldsymbol{S}}] = \boldsymbol{0}.$$

Dabei bezeichnet $\hat{\boldsymbol{l}}$ die Komponenten des Relativdrehimpulses der zwei Teilchen und $\hat{\boldsymbol{S}} = \hat{\boldsymbol{s_1}} + \hat{\boldsymbol{s_2}}$ die Komponenten des Gesamtspins. Diese Vertauschungrelationen bedingen, dass sich weder die Drehimpulsquantenzahlen l und m noch die Spinquantenzahlen S und M_S bei einer Streuung in einem Zentralpotential ändern können. Das Potential greift an dem Spin der Teilchen nicht an, sodass

$$\tilde{f}^{S,s_1s_2}_{M_S,M_S'}(\theta,\varphi) = \delta_{M_S,M_S'} f(\theta,\varphi)$$

ist. Daraus folgt sofort mit (1.47)

$$f^{s_1,s_2}_{\mu_1\mu_2,\mu_1'\mu_2'}(\theta,\varphi) = \delta_{\mu_1,\mu_1'}\delta_{\mu_2,\mu_2'} f(\theta,\varphi).$$

Es besteht de facto kein Unterschied zu der Streuung von spinlosen Teilchen. Der Spinanteil der Wellenfunktion ist der Gleiche im Eingangs- und im Endzustand (und ändert sich während des gesamten Streuprozesses nicht).

Für ein Zentralpotential mit Spin-Spin Wechselwirkung, das z. B. in der Kernphysik eine Rolle spielt,

$$\hat{V}_{\mathrm{ss}} \longrightarrow v(r) + v_{\mathrm{s}}(\hat{s_1}\cdot\hat{s_2})$$

gilt immer noch

$$[\hat{V}_{\mathrm{ss}}, \hat{\boldsymbol{l}}] = \mathbf{0}. \qquad [\hat{V}_{\mathrm{ss}}, \hat{\boldsymbol{S}}] = \mathbf{0},$$

sodass die Auswahlregeln die Gleichen sind wie im Fall eines reinen Zentralpotentials. Da jedoch der Erwartungswert des Spin-Spinoperators den Wert

$$\langle SM_S, s_1s_2|\hat{s_1}\cdot\hat{s_2}|SM_S, s_1s_2\rangle = \frac{\hbar^2}{2}\left(S(S+1) - s_1(s_1+1) - s_2(s_2+1)\right)$$

hat, muss die Streuamplitude von der Quantenzahl S abhängen

$$\tilde{f}^{S,s_1s_2}_{M_S,M_S'}(\theta,\varphi) = \delta_{M_S,M_S'} f^S(\theta,\varphi).$$

Dies bedeutet, dass z. B. die Singulett- ($S = 0$) und die Triplettstreuung ($S = 1$) von Spin-1/2 Teilchen unterschiedlich sind. Die partiellen Streuamplituden und die Streuphasen werden auch mit der Spinquantenzahl S indiziert

$$f_l^S = \frac{(2l+1)}{k}\,\mathrm{e}^{\mathrm{i}\delta_{lS}(k)}\sin\delta_{lS}(k).$$

Die Situation wird deutlich komplizierter für die Streuung durch ein Spin-Bahnpotential der Form[19]

$$\hat{V}_{\mathrm{sl}} \longrightarrow v(r) + v_{\mathrm{sl}}(\hat{\boldsymbol{S}}\cdot\hat{\boldsymbol{l}}).$$

Hier gelten die Vertauschungsrelationen

$$[\hat{V}_{\mathrm{sl}}, \hat{\boldsymbol{l}}] \neq \mathbf{0}, \qquad [\hat{V}_{\mathrm{sl}}, \hat{\boldsymbol{S}}] \neq \mathbf{0},$$

[19] Im Fall der Streuung zweier Teilchen aneinander sind hier der Gesamtspin und der Relativbahndrehimpuls einzusetzen.

jedoch auf der anderen Seite auch

$$[\hat{V}_{\mathrm{sl}}, \hat{\boldsymbol{l}}^2] = [\hat{V}_{\mathrm{sl}}, \hat{\boldsymbol{S}}^2] = [\hat{V}_{\mathrm{sl}}, \hat{\boldsymbol{J}}^2] = [\hat{V}_{\mathrm{sl}}, \hat{\boldsymbol{J}}_z] = 0,$$

wobei $\hat{\boldsymbol{J}} = \hat{\boldsymbol{l}} + \hat{\boldsymbol{S}}$ der Gesamtdrehimpulses des Zweiteilchensystems ist. Die Partialwellenzerlegung muss in diesem Fall in anderer Weise angesetzt werden, nämlich als Entwicklung nach Eigenfunktionen des Gesamtdrehimpules und seiner Projektion auf die Strahlachse. Für den einfachen Fall mit $s_1 = 1/2$ und $s_2 = 0$ tritt z. B. Streuung mit Spinflip auf

$$\left.\begin{array}{l}(\uparrow, 0)\\ (\downarrow, 0)\end{array}\right\} \longrightarrow \qquad a^{(+)}(\uparrow, 0) \quad + \quad a^{(-)}(\downarrow, 0).$$

1.4.3 Rolle der Teilchenstatistik

Das Pauliprinzip spielt eine Rolle bei der Streuung von identischen Teilchen. Die Gesamtwellenfunktion muss für zwei Bosonen symmetrisch und für zwei Fermionen antisymmetrisch sein. Betrachtet man $s = 0$ Bosonen und $s = 1/2$ Fermionen, so muss man folgende Möglichkeiten in Betracht ziehen:

- Ein symmetrischer Raumanteil tritt für zwei Bosonen oder zwei Fermionen mit Gesamtspin 0 auf.
- Ein antisymmetrischer Raumanteil tritt für zwei Fermionen mit Gesamtspin 1 auf.

Der Raumanteil kann in der Form

$$\psi_{\mathrm{sym/anti}}(\boldsymbol{r}) = \frac{1}{\sqrt{2}}\left[1 \pm \hat{P}_{12}\right]\psi(\boldsymbol{r}) \tag{1.49}$$

notiert werden. Der Permutationsoperator $\hat{P}_{12}$ bewirkt einen Vorzeichenwechsel der Relativkoordinate

$$\boldsymbol{r} \Longrightarrow -\boldsymbol{r} \quad \text{oder} \quad r, \theta, \varphi \Longrightarrow r, \pi - \theta, \varphi + \pi.$$

Der differentielle Wirkungsquerschnitt, den man aus der asymptotischen Form einer symmetrischen beziehungsweise einer antisymmetrischen Wellenfunktion gewinnt, ist

$$\left.\frac{\mathrm{d}\sigma}{\mathrm{d}\Omega}\right|_{\mathrm{sym/anti}} = \left|f(\theta, \varphi) \pm f(\pi - \theta, \varphi + \pi)\right|^2. \tag{1.50}$$

Die Teilchenstatistik bedingt eine typisch quantenmechanische Interferenz von zwei Streuamplituden.

Als Beispiele kann man die folgenden Situationen betrachten:

- Der differentielle Wirkungsquerschnitt für die Streuung von zwei identischen Teilchen mit Spin s_1 in einem Experiment ohne Polarisationsmessung ist allgemein

$$\left.\frac{d\sigma}{d\Omega}\right|_{\text{unpol}} = \frac{1}{(2s_1+1)^2}\sum_{SM_S}\left|f^S(\theta)+(-1)^S f^S(\pi-\theta)\right|^2$$
$$= \frac{1}{(2s_1+1)^2}\sum_{S}(2S+1)\left|f^S(\theta)+(-1)^S f^S(\pi-\theta)\right|^2.$$

Insbesondere für den Fall von zwei Spin-1/2 Fermionen findet man

$$\left.\frac{d\sigma}{d\Omega}\right|_{\text{unpol}} = \frac{1}{4}\left|f^0(\theta)+f^0(\pi-\theta)\right|^2+\frac{3}{4}\left|f^1(\theta)-f^1(\pi-\theta)\right|^2.$$

- Für die Streuung von zwei Teilchen mit einer Wechselwirkung, die nur von dem Abstand der Teilchen abhängt, ist

$$f(\theta) = \sum_l f_l(k) P_l(\cos\theta).$$

Es folgt wegen

$$\cos(\pi-\theta) = -\cos\theta \quad \text{und} \quad P_l(-\cos\theta) = (-1)^l P_l(\cos\theta)$$

die Aussage

$$\left.\frac{d\sigma}{d\Omega}\right|_{\text{s/a}} = \sum_{ll'}\left(1\pm(-1)^l\right)\left(1\pm(-1)^{l'}\right) f_l^*(k) f_{l'}(k) P_l(\cos\theta) P_{l'}(\cos\theta).$$

Gerade l- und l'-Werte tragen für symmetrische Raumanteile, ungerade Werte für antisymmetrische Raumanteile bei. Dies ergibt deutlich verschiedene Winkelverteilungen.

- Im Fall der Coulombstreuung folgen aus dem Resultat (1.40) eine symmetrische und eine antisymmetrische Form des differentiellen Wirkungsquerschnitts

$$\left.\frac{d\sigma}{d\Omega}\right|_{\text{s/a}} = \frac{\eta^2}{4k^2}\left\{\frac{1}{\sin^4\frac{\theta}{2}}+\frac{1}{\cos^4\frac{\theta}{2}}\pm\frac{8}{\sin^2\theta}\cos(\eta\ln\tan^2\theta/2)\right\}, \qquad (1.51)$$

die unter der Bezeichnung *Mottquerschnitt* bekannt sind. Zu dem Interferenz- (oder Austausch-) Term ist das Folgende zu bemerken:

– Ist der Sommerfeldparameter η groß (die Relativenergie klein), so ist der Interferenzterm eine schnell oszillierende Funktion des Winkels θ, die im

Experiment im Allgemeinen nicht aufgelöst werden kann (Abb. 1.16a und b). Gemessen wird in diesem Fall

$$\left.\frac{\mathrm{d}\sigma}{\mathrm{d}\Omega}\right|_{\mathrm{s/a}} \xrightarrow{k\to 0} \frac{\eta^2}{4k^2}\left\{\frac{1}{\sin^4\theta}+\frac{1}{\cos^4\theta}\right\},$$

ein durchaus klassisches Resultat in der Form der Summe von zwei Intensitäten (Abb. 1.16).

– Bei hohen Einschussenergien (kleinem Sommerfeldparameter) ist, wie in Abb. 1.17b illustriert, der Interferenzterm eine glatte Funktion von $t = \cos\theta$. Er ist jedoch deutlich kleiner als der klassische Beitrag in Abb. 1.17a.

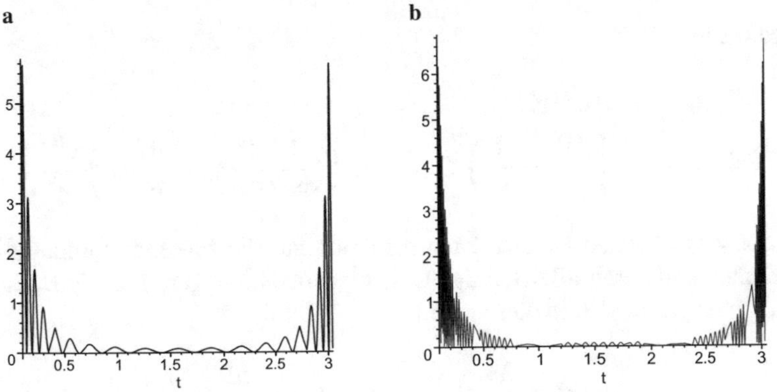

$\eta = 5$ $\eta = 20$

Abb. 1.16 Interferenzterm in dem Mottquerschnitt in dem Bereich $0.1 \le t = \cos\theta \le \pi - 0.1$ (in Einheiten von k^2/η^2, skaliert mit 10^{-2}) für zwei Werte des Sommerfeldparameters η

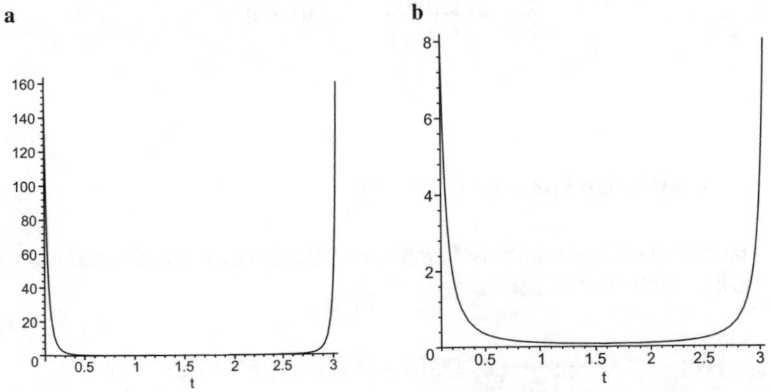

Klassischer Anteil ($\eta = 0.001$) Interferenzterm ($\eta = 0.001$)

Abb. 1.17 Der klassische Anteil (**a**) und der Interferenzterm (**b**) des Mottquerschnitts in dem Bereich $0.2 \le t = \cos\theta \le \pi - 0.2$ für $\eta = 0.001$ (in Einheiten von k^2/η^2, skaliert mit 10^{-2})

1.5 Detailrechnungen zu Kap. 1

1.5.1 Der differentielle Wirkungsquerschnitt

Zur Auswertung der Definition der Stromdichte

$$j = -\frac{\mathrm{i}\hbar}{2m_0}\Big(\psi^*(\boldsymbol{r})\,[\nabla\psi(\boldsymbol{r})] - \big[\nabla\psi^*(\boldsymbol{r})\big]\,\psi(\boldsymbol{r})\Big)$$

berechnet man mit der asymptotischen Streulösung

$$\psi(\boldsymbol{r}) \longrightarrow \mathrm{e}^{\mathrm{i}kz} + f(\theta,\varphi)\frac{\mathrm{e}^{\mathrm{i}kr}}{r}$$

die Gradienten

$$\nabla\psi_{\mathrm{ein}}(\boldsymbol{r}) = \mathrm{i}k\mathrm{e}^{\mathrm{i}kz}\boldsymbol{e}_z,$$
$$\nabla\psi_{\mathrm{streu}}(\boldsymbol{r}) = \left\{\left(\frac{\mathrm{i}k}{r} - \frac{1}{r^2}\right) f\mathrm{e}^{\mathrm{i}kr}\boldsymbol{e}_r + \left(\frac{1}{\sin\theta}\frac{\partial f}{\partial\varphi}\boldsymbol{e}_\varphi + \frac{\partial f}{\partial\theta}\boldsymbol{e}_\theta\right)\frac{\mathrm{e}^{\mathrm{i}kr}}{r^2}\right\}.$$

In dem asymptotischen Bereich kann man sich auf die führende Ordnung in $1/r$ beschränken und somit alle Beiträge in $1/r^2$ vernachlässigen. Für die Beträge der Stromdichten ergibt sich in diesem Fall

$$j_{\mathrm{ein}}(\boldsymbol{r}) = \frac{\hbar k}{m_0}, \qquad j_{\mathrm{streu}}(\boldsymbol{r}) = \frac{\hbar k}{m_0}\frac{f^* f}{r^2},$$

sodass man für den differentiellen Wirkungsquerschnitt

$$\frac{\mathrm{d}\sigma}{\mathrm{d}\Omega} = \frac{r^2 j_{\mathrm{streu}}}{j_{\mathrm{ein}}} = |f(\theta,\varphi)|^2$$

erhält.

1.5.2 Das optische Theorem

Das Skalarprodukt des asymptotischen Stromdichtevektors mit dem infinitesimalen Flächenvektor auf einer Kugel ist

$$\boldsymbol{j}(\boldsymbol{r})\cdot\mathbf{d}\boldsymbol{f} = -\frac{\mathrm{i}\hbar}{2m_0}\Big(\psi^*(\boldsymbol{r})[\partial_r\psi(\boldsymbol{r})] - [\partial_r\psi^*(\boldsymbol{r})]\psi(\boldsymbol{r})\Big)r^2\mathrm{d}\Omega.$$

Die partiellen Ableitungen der asymptotischen Wellenfunktion nach dem Radius entnimmt man dem Abschn. 1.5.1. Beschränkt man sich auf die Terme in führender Ordnung in $1/r$ und substituiert $x = \cos\theta$, so ist das Integral

$$\iint \boldsymbol{j} \cdot \mathbf{d}\boldsymbol{f} = -\frac{\hbar k}{m_0} \lim_{r\to\infty} \iint \mathrm{d}x\, \mathrm{d}\varphi\, \left\{ r^2 x + r(1+x)\{(\mathrm{Re}\, f)\cos[kr(1-x)] \right.$$
$$\left. (\mathrm{Im}\, f)\sin[kr(1-x)]\}\} + |f|^2 \right\}$$

auszuwerten. Die verschiedenen Terme entsprechen dem Beitrag der ebenen Welle, Interferenztermen zwischen den zwei Anteilen der Wellenfunktion und dem Beitrag der Streuwelle. Das Ergebnis für den ersten und den letzten Term kann man direkt angeben. Es ist

$$\int \mathrm{d}\varphi \int_{-1}^{1} \mathrm{d}x\, x = 0,$$
$$\iint |f(\theta,\varphi)|^2 \mathrm{d}\Omega = \sigma.$$

Zur Auswertung der Interferenzterme betrachtet man die Integrale

$$I_1(r,\varphi) = \int_{-1}^{1} \mathrm{d}x\, (1+x) F_1(x,\varphi) \cos[kr(1-x)],$$
$$I_2(r,\varphi) = \int_{-1}^{1} \mathrm{d}x\, (1+x) F_2(x,\varphi) \sin[kr(1-x)].$$

Mit der Substitution $y = 1 - x$ und anschließender partieller Integration gewinnt man

$$\begin{aligned} I_1(r,\varphi) &= \int_0^2 \mathrm{d}y\, (2-y) F_1(1-y,\varphi) \cos[kry] \\ &= 0 - \frac{1}{kr} \int_0^2 \mathrm{d}y\, \frac{\partial[(2-y)F_1(1-y,\varphi)]}{\partial y} \sin[kry], \\ I_2(r,\varphi) &= \int_0^2 \mathrm{d}y\, (2-y) F_2(1-y,\varphi) \sin[kry] \\ &= \frac{2}{kr} F_2(1,\varphi) + \frac{1}{kr} \int_0^2 \mathrm{d}y\, \frac{\partial[(2-y)F_2(1-y,\varphi)]}{\partial y} \cos[kry]. \end{aligned}$$

Da jede weitere partielle Integration eine höhere Potenz von $1/r$ erzeugt, kann man im asymptotischen Bereich die verbleibenden Integrale vernachlässigen und

$$I_1(r,\varphi) \to 0 + \mathcal{O}\left(\frac{1}{r^2}\right) \quad \text{sowie} \quad I_2(r,\varphi) \to \frac{2}{kr} F_2(1,\varphi) + \mathcal{O}\left(\frac{1}{r^2}\right)$$

notieren. Mit diesen Resultaten erhält man das optische Theorem in der Form

$$\frac{\hbar k}{m_0}\left\{\frac{2}{k}\int \mathrm{d}\varphi \ \mathrm{Im} f(0,\varphi) - \iint \mathrm{d}\Omega \ |f(\theta,\varphi)|^2\right\} = 0,$$

bzw., da die Streuamplitude als eine eindeutige Funktion der zwei Variablen in Vorwärtsrichtung nicht von dem Winkel φ abhängt

$$\frac{4\pi}{k}\mathrm{Im} f(0,\varphi) - \sigma \equiv \frac{4\pi}{k}\mathrm{Im} f(0) - \sigma = 0.$$

1.5.3 Schwerpunkt- und Laborsystem

Die Position der Stoßpartner (mit den Massen m_{10} und m_{20}) aus der Sicht des Laborsystems (charakterisiert durch Kleinbuchstaben) und aus der Sicht des Schwerpunktsystems (charakterisiert durch Großbuchstaben) sind in Abb. 1.18 angedeutet. Die Position des Schwerpunkts ist (benutze die Bezeichnung r_{sp} anstelle der üblichen Bezeichnung R. M ist die Gesamtmasse $M = m_{10} + m_{20}$)

$$\boldsymbol{r}_{sp} = \frac{1}{M}\,(m_{10}\boldsymbol{r}_1 + m_{20}\boldsymbol{r}_2).$$

Der Schwerpunkt bewegt sich kräftefrei. Der Schwerpunktimpuls ist somit eine Erhaltungsgröße

$$\boldsymbol{p}_{\mathrm{sp}} = \boldsymbol{p}_1 + \boldsymbol{p}_2 = \boldsymbol{p'}_1 + \boldsymbol{p'}_2 = \boldsymbol{p'}_{\mathrm{sp}}.$$

Die gestrichenen Größen bezeichnen die Situation nach dem Stoß. Elastische Streuung ist durch Erhaltung der kinetischen Energie (außerhalb des als endlich angenommenen Wechselwirkungsbereiches) charakterisiert

$$E = \frac{\boldsymbol{p}_1{}^2}{2m_{10}} + \frac{\boldsymbol{p}_2{}^2}{2m_{20}} = \frac{\boldsymbol{p'}_1{}^2}{2m_{10}} + \frac{\boldsymbol{p'}_2{}^2}{2m_{20}} = E'. \tag{1.52}$$

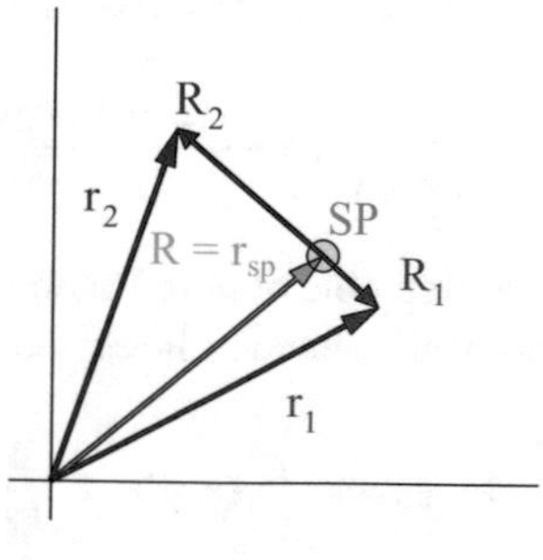

Abb. 1.18 Positionsvektoren

Das Schwerpunktsystem ist durch die Aussage

$$\boldsymbol{P}_{\rm sp} = \boldsymbol{0}$$

definiert. Die Relation zwischen den Koordinaten und Impulsen in den beiden Systemen ist ($i = 1,\ 2$)

$$\begin{aligned} \boldsymbol{R}_i &= \boldsymbol{r}_i - \boldsymbol{r}_{sp}, \\ \boldsymbol{P}_i &= \boldsymbol{p}_i - \frac{m_{i0}}{M}\boldsymbol{p}_{sp}. \end{aligned} \tag{1.53}$$

Erhaltung des Schwerpunktimpulses beinhaltet aus der Sicht dieses Systems

$$\boldsymbol{P}_1 + \boldsymbol{P}_2 = \boldsymbol{P'}_1 + \boldsymbol{P'}_2 = \boldsymbol{0}. \tag{1.54}$$

Die Impulsvektoren der beiden Teilchen, vor (ungestrichene Größen) als auch nach dem Stoß (gestrichene Größen), sind entgegengerichtet (Abb. 1.19).

Umschreibung der gesamten kinetischen Energie des Systems (1.52) mit der Transformation (1.53) ergibt

$$E = \frac{\boldsymbol{p}_{sp}^2}{2M} + \frac{\boldsymbol{P}_1^2}{2m_{10}} + \frac{\boldsymbol{P}_2^2}{2m_{20}}.$$

In dem Schwerpunktsystem wird nur der zweite Term, die kinetische Energie der Relativbewegung, registriert. Infolge der Impulserhaltung (1.54) gilt somit

$$E_{\rm rel} = \frac{\boldsymbol{P}_1^2}{2\mu} = E'_{\rm rel} = \frac{\boldsymbol{P}'^2_1}{2\mu}.$$

Die Größe $\mu = m_{10}\, m_{20}/M$ ist die reduzierte Masse.

Der Betrag der Impulsvektoren vor und nach dem Stoß ist unverändert. Für den Relativimpuls vor dem Stoß

$$\boldsymbol{p}_{\rm rel} = \mu(\dot{\boldsymbol{r}}_1 - \dot{\boldsymbol{r}}_2)$$

Abb. 1.19 Teilchenimpulse im Schwerpunktsystem, **a** vor dem Stoß und **b** nach dem Stoß

ergibt die Umschreibung mit (1.53) und Verwendung von (1.54)

$$\boldsymbol{p}_{\text{rel}} = \boldsymbol{P}_{\text{rel}} = \frac{(m_{20}\boldsymbol{P}_1 - m_{10}\boldsymbol{P}_2)}{M} = \boldsymbol{P}_1 .$$

Nach dem Stoß findet man für den Relativimpuls aus der Sicht des Schwerpunkts

$$\boldsymbol{P'}_{\text{rel}} = \boldsymbol{P'}_1 \neq \boldsymbol{P}_1 .$$

Der Relativimpuls kann seine Richtung, nicht aber seinen Betrag ändern.

Der Streuwinkel θ_{sp} in dem Schwerpunktsystem ist der Winkel zwischen den Impulsvektoren des Teilchens 1 (bzw. den Relativimpulsvektoren) vor und nach dem Stoß

$$\cos\theta_{\text{sp}} = \frac{\boldsymbol{P'}_1 \cdot \boldsymbol{P}_1}{P_1^2} ,$$

der differentielle Wirkungsquerschnitt aus der Sicht des Schwerpunktsystems ist

$$\left(\frac{\mathrm{d}\sigma}{\mathrm{d}\Omega}\right)_{\text{sp}} = \left(\frac{\mathrm{d}\sigma}{\mathrm{d}\cos\theta_{\text{sp}}\mathrm{d}\varphi}\right)_{\text{sp}} .$$

In dem Experiment, das in dem Laborsystem stattfindet, wird entsprechend der Winkel zwischen den Vektoren $\boldsymbol{p}_1$ und $\boldsymbol{p'}_1$ gemessen

$$\cos\theta_{\text{lab}} = \frac{\boldsymbol{p}_1 \cdot \boldsymbol{p'}_1}{|\boldsymbol{p}_1||\boldsymbol{p'}_1|} .$$

Zum Vergleich mit dem Schwerpunktsystem ist eine Umrechnung vorzunehmen. Diese Umrechnung ist am einfachsten für den Fall, dass das Targetteilchen (m_{20}) vor dem Stoß ruht[20]

$$\boldsymbol{p}_2 = \boldsymbol{0} .$$

Mit dieser Annahme folgen die Relationen

$$\begin{aligned}
\boldsymbol{p}_{\text{sp}} &= \boldsymbol{p}_1 + \boldsymbol{p}_2 &\longrightarrow\quad& \boldsymbol{p}_{\text{sp}} = \boldsymbol{p}_1 ,\\
\boldsymbol{p}_1 &= \boldsymbol{P}_1 + \frac{m_{10}}{M}\boldsymbol{p}_{\text{sp}} &\longrightarrow\quad& \boldsymbol{p}_1 = \frac{M}{m_{20}}\boldsymbol{P}_1 ,\\
\boldsymbol{p'}_1 &= \boldsymbol{P'}_1 + \frac{m_{10}}{M}\boldsymbol{p}_{\text{sp}} &\longrightarrow\quad& \boldsymbol{p'}_1 = \frac{m_{10}}{m_{20}}\boldsymbol{P}_1 + \boldsymbol{P'}_1 .
\end{aligned}$$

In Abb. 1.20 sind die Impulsvektoren des Teilchens 1 und die Streuwinkel aus der Sicht der beiden Bezugssysteme für diesen Fall illustriert. Die Vektoren $\boldsymbol{p}_1$ und $\boldsymbol{P}_1$

[20] Als nützliche Übung könnte man die Rechnung für den Fall einer Kopf-an-Kopf-Kollision von zwei Teilchenstrahlen durchführen.

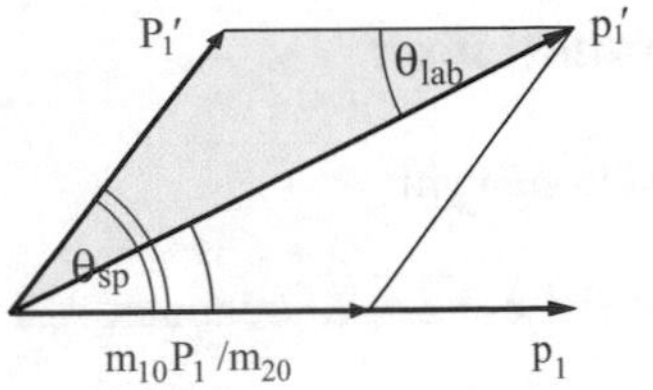

Abb. 1.20 Relation der Streuwinkel

sind kolinear. Die Differenz der Vektoren $\boldsymbol{p'}_1$ und $\boldsymbol{P'}_1$ entspricht einem Vektor, der kolinear zu $\boldsymbol{p}_1$ bzw. $\boldsymbol{P}_1$ ist

$$\boldsymbol{P'}_1 - \boldsymbol{p'}_1 = \frac{m_{10}}{m_{20}} \boldsymbol{P}_1 = \frac{m_{10}}{M} \boldsymbol{p}_1 .$$

Dem markierten Dreieck in dieser Abbildung entnimmt man mit dem Sinussatz die Aussage

$$\frac{\sin(\theta_{\text{sp}} - \theta_{\text{lab}})}{\sin\theta_{\text{lab}}} = \frac{m_{10} P_1}{m_{20} P'_1} = \frac{m_{10}}{m_{20}} .$$

Auflösung ergibt die Relation zwischen den Streuwinkeln

$$\tan\theta_{\text{lab}} = \frac{\sin\theta_{\text{sp}}}{m_{10}/m_{20} + \cos\theta_{\text{sp}}}$$

bzw.

$$\cos\theta_{\text{lab}} = \frac{\dfrac{m_{10}}{m_{20}} + \cos\theta_{\text{sp}}}{\left[\left(\dfrac{m_{10}}{m_{20}}\right)^2 + 2\,\dfrac{m_{10}}{m_{20}}\cos\theta_{\text{sp}} + 1\right]^{1/2}} .$$

Der differentielle Wirkungsquerschnitt in dem Laborsystem ist somit mit dem entsprechenden Wirkungsquerschnitt in dem Schwerpunktsystem durch die Relation

$$\begin{aligned}\left(\frac{\mathrm{d}\sigma}{\mathrm{d}\Omega}\right)_{\text{lab}} &= \left(\frac{\mathrm{d}\sigma}{\mathrm{d}\Omega}\right)_{\text{sp}} \left(\frac{\mathrm{d}\Omega_{\text{sp}}}{\mathrm{d}\Omega_{\text{lab}}}\right) = \left(\frac{\mathrm{d}\sigma}{\mathrm{d}\Omega}\right)_{\text{sp}} \left|\left(\frac{\mathrm{d}\cos\theta_{\text{sp}}}{\mathrm{d}\cos\theta_{\text{lab}}}\right)\right| \\ &= \left(\frac{\mathrm{d}\sigma}{\mathrm{d}\Omega}\right)_{\text{sp}} \frac{\left[1 + 2(m_{10}/m_{20})\cos\theta_{\text{sp}} + (m_{10}/m_{20})^2\right]^{3/2}}{\left|1 + (m_{10}/m_{20})\cos\theta_{\text{sp}}\right|}\end{aligned} \tag{1.55}$$

verknüpft.

1.5.4 Diverse Besselfunktionen

Für die Bessel-Riccati Funktionen gilt:

- Differentialgleichung (meist $x = kr$, R' bedeutet Ableitung nach x)

$$R_l''(x) + \left[1 - \frac{l(l+1)}{x^2}\right] R_l(x) = 0.$$

- Rekursionsformeln, zum Beispiel

$$R_{l+1}(x) = \frac{(l+1)}{x} R_l(x) - R_l'(x).$$

- Funktionen mit $l = 0,\ 1,\ 2$

$$\begin{aligned}
u_0(x) &= \sin x,\ v_0(x) = -\cos x,\\
u_1(x) &= \frac{1}{x}\sin x - \cos x,\ v_1(x) = -\frac{1}{x}\cos x - \sin x,\\
u_2(x) &= \left(\frac{3}{x^2} - 1\right)\sin x - \frac{3}{x}\cos x,\ v_2(x)\left(1 - \frac{3}{x^2}\right)\cos x - \frac{3}{x}\sin x.
\end{aligned}$$

- Verhalten für $x \longrightarrow 0$
  Die reguläre Lösung bleibt am Koordinatenursprung endlich

$$u_l(x) \longrightarrow \frac{x^{l+1}}{(2l+1)!!},$$

  die singuläre Lösung divergiert

$$v_l(x) \longrightarrow \frac{(2l-1)!!}{x^l}$$

- Verhalten für $x \longrightarrow \infty$

$$\begin{aligned}
u_l(x) &\longrightarrow \sin\left(x - l\frac{\pi}{2}\right),\\
v_l(x) &\longrightarrow -\cos\left(x - l\frac{\pi}{2}\right).
\end{aligned}$$

Für die sphärischen Besselfunktionen gilt:

- Diese Funktionen sind mit den Bessel-Riccati Funktionen in einfacher Weise verknüpft

$$\begin{aligned}
&\text{sphärische Besselfunktion} \quad j_l(x) = \frac{u_l(x)}{x},\\
&\text{sphärische Neumannfunktion} \quad n_l(x) = \frac{v_l(x)}{x},
\end{aligned}$$

  sodass die Eigenschaften dieser Funktionen direkt angegeben werden können.

- z. B. Differentialgleichung

$$f_l''(x) + \frac{2}{x} f_l'(x) + \left[1 - \frac{l(l+1)}{x^2}\right] f_l(x) = 0.$$

- z. B. Rekursionsformel

$$f_l'(x) = \frac{l}{x} f_l(x) - f_{l+1}(x).$$

1.5.5 Partialwellen

Die Anschlussbedingung

$$\frac{1}{R_l^{\text{G1}}(r)} \frac{\mathrm{d}R_l^{\text{G1}}(r)}{\mathrm{d}r}\bigg|_{r_s} = \frac{1}{R_l^{\text{G2}}(r)} \frac{\mathrm{d}R_l^{\text{G2}}(r)}{\mathrm{d}r}\bigg|_{r_s}$$

hat für eine Funktion $R_l(r) = r u_l(r)$ die Form

$$\frac{1}{u_l^{\text{G1}}(r)} \frac{\mathrm{d}u_l^{\text{G1}}(r)}{\mathrm{d}r}\bigg|_{r_s} = \frac{1}{u_l^{\text{G2}}(r)} \frac{\mathrm{d}u_l^{\text{G2}}(r)}{\mathrm{d}r}\bigg|_{r_s}.$$

Für den Anschluss der Funktionen in dem asymptotischen Gebiet

$$u_l^{\text{asymp}}(r) = \frac{\mathrm{i}^l(2l+1)}{k} \sin(kr - l\pi/2) + f_l \mathrm{e}^{\mathrm{i}kr}$$

und dem Zwischengebiet

$$u_l^I(r) = \frac{N_l}{k} \sin(kr - l\pi/2 + \delta_l)$$

ist folglich die Bedingung ($r_s \to r$)

$$\frac{k\cos(kr - l\pi/2 + \delta_l)}{\sin(kr - l\pi/2 + \delta_l)} = \frac{k(\mathrm{i}^l(2l+1)\cos(kr - l\pi/2) + \mathrm{i}kf_l\mathrm{e}^{\mathrm{i}kr})}{(\mathrm{i}^l(2l+1)\sin(kr - l\pi/2) + kf_l\mathrm{e}^{\mathrm{i}kr})}$$

auszuwerten. Auflösung nach f_l ergibt zunächst

$$\begin{aligned} kf_l\mathrm{e}^{\mathrm{i}kr} &\cdot (\cos(kr - l\pi/2 + \delta_l) - \mathrm{i}\sin(kr - l\pi/2 + \delta_l)) \\ &= \mathrm{i}^l(2l+1)\,[\cos(kr - l\pi/2)\sin(kr - l\pi/2 + \delta_l) \\ &- \sin(kr - l\pi/2)\cos(kr - l\pi/2 + \delta_l)]\,. \end{aligned}$$

Die trigonometrischen Funktionen auf den zwei Seiten dieser Gleichung können zusammengefasst werden

$$\cos(kr - l\pi/2)\sin(kr - l\pi/2 + \delta_l) - \sin(kr - l\pi/2)\cos(kr - l\pi/2 + \delta_l) \\ = \sin\delta_l$$

und

$$\cos(kr - l\pi/2 + \delta_l) - \mathrm{i}\sin(kr - l\pi/2 + \delta_l) = \mathrm{e}^{-\mathrm{i}(kr - l\pi/2 + \delta_l)} \\ = \mathrm{i}^l \mathrm{e}^{-ikr}\mathrm{e}^{-\mathrm{i}\delta_l}.$$

Es folgt eine Relation zwischen der partiellen Streuamplitude und der zugehörigen Streuphase

$$f_l = \frac{(2l+1)}{k}\sin\delta_l \mathrm{e}^{\mathrm{i}\delta_l} = \frac{(2l+1)}{2\mathrm{i}k}\left(\mathrm{e}^{2\mathrm{i}\delta_l} - 1\right).$$

Alternativ kann man den Anschluss der Wellenfunktionen selbst betrachten

$$\frac{N_l}{k}\sin(kr - l\pi/2 + \delta_l) = \frac{\mathrm{i}^l(2l+1)}{k}\sin(kr - l\pi/2) + f_l \mathrm{e}^{ikr}.$$

Unter Benutzung von

$$\sin(kr - l\pi/2) = \frac{1}{2\mathrm{i}}\left((-\mathrm{i})^l \mathrm{e}^{ikr} - (\mathrm{i})^l \mathrm{e}^{-ikr}\right)$$

und

$$\sin(kr - l\pi/2 + \delta_l) = \frac{1}{2\mathrm{i}}\left((-\mathrm{i})^l \mathrm{e}^{\mathrm{i}\delta_l}\mathrm{e}^{ikr} - (\mathrm{i})^l \mathrm{e}^{-\mathrm{i}\delta_l}\mathrm{e}^{-ikr}\right)$$

sortiert man diese Bedingung in der Form

$$\mathrm{e}^{ikr}\left(f_l - \frac{1}{2\mathrm{i}}\left[\frac{(2l+1)}{k} - (-\mathrm{i})^l \mathrm{e}^{\mathrm{i}\delta_l}\frac{N_l}{k}\right]\right) \\ + \mathrm{e}^{-ikr}\left(\frac{(\mathrm{i})^{l-1}}{2}\left[\frac{N_l}{k}\mathrm{e}^{-\mathrm{i}\delta_l} - \frac{(2l+1)}{k}(\mathrm{i})^l\right]\right) = 0.$$

Da die zwei Funktionen $\mathrm{e}^{\pm ikr}$ linear unabhängig sind, müssen die jeweiligen Koeffizienten verschwinden. Aus diesem Grund liest man an der obigen Gleichung die folgenden Aussagen ab

$$N_l = (2l+1)\mathrm{i}^l \mathrm{e}^{\mathrm{i}\delta_l}, \\ f_l = \frac{(2l+1)}{2\mathrm{i}k}\left[\mathrm{e}^{2\mathrm{i}\delta_l} - 1\right].$$

Der Ausdruck für die partielle Streuamplitude stimmt mit dem vorherigen Ergebnis überein.

1.5.6 Die konfluente hypergeometrische Funktion

Die konfluente hypergeometrische Reihe, auch Kummer'sche Funktion genannt (Variable z komplex, beliebig),

$$F(a,c\,;z) = \frac{\Gamma(c)}{\Gamma(a)}\sum_{0}^{\infty}\frac{\Gamma(a+n)}{\Gamma(c+n)}\frac{z^n}{n!} = 1 + \frac{a}{c}z + \frac{a(a+1)}{c(c+1)}\frac{z^2}{2!} + \ldots \quad (1.56)$$

ist die für $z \longrightarrow 0$ reguläre Lösung der Differentialgleichung

$$zy''(z) + (c-z)y'(z) - ay(z) = 0. \quad (1.57)$$

Eine linear unabhängige Lösung der Kummer'schen Differentialgleichung ist

$$y_2(z) = z^{1-c}F(a-c+1, 2-c; z),$$

vorausgesetzt c ist keine ganze, positive Zahl.

Von der langen Liste der Eigenschaften der Funktion $F(a,c;z)$ (Ableitungen, Integrale, Rekursionsformeln, Integraldarstellungen), die in Band 3, Math. Abschn. 2.1 näher besprochen werden, werden hier nur drei Ausagen benötigt.

- Die asymptotische Entwicklung erhält man durch Auswertung der Darstellung der Funktion durch das komplexe Barnes'sche Konturintegral in dem Grenzfall $|z| \longrightarrow \infty$ zu

$$\lim_{|z|\to\infty} F(a,c;z) \longrightarrow \frac{\Gamma(c)}{\Gamma(c-a)}\mathrm{e}^{\mathrm{i}\pi a\epsilon}z^{-a} + \frac{\Gamma(c)}{\Gamma(a)}\mathrm{e}^{z}(z)^{a-c}. \quad (1.58)$$

Der Parameter ϵ hat den Wert 1 bzw. -1, falls die komplexe Zahl z in der oberen Halbebene bzw. der unteren Halbebene dem Betrag nach gegen ∞ strebt. Die präzisere Aussage ist

$$\epsilon = 1 \quad \text{falls} \quad 0 < \arg z < \pi,$$
$$\epsilon = -1 \quad \text{falls} \quad -\pi < \arg z \leq 0.$$

- Die Besselfunktion $j_l(x)$ ist ein Spezialfall der Kummer'schen Funktion

$$j_l(x) = x^l\mathrm{e}^{-ix}\frac{\Gamma(1/2)}{2^{l+1}\Gamma(l+3/2)}F(l+1, 2l+2; 2\mathrm{i}x). \quad (1.59)$$

- Von Nutzen ist auch Kummers Theorem

$$\mathrm{e}^{-z/2}F(a,c;z) = \mathrm{e}^{z/2}F(c-a,c;-z). \quad (1.60)$$

(Weitere Information bezüglich $F(a,c\,;z)$ findet man in Abramovitz, Stegun oder auch in Band 2, Math. Abschn. 4.5).

1.5.7 Eigenschaften der Coulombwellenfunktion

Asymptotische Form: Der asymptotische Grenzfall (1.58) der Kummer'schen Funktion ergibt für die Asymptotik der Coulombfunktion

$$F(\eta, kr) = C_l\ (kr)^{l+1} e^{ikr} F(l+1+i\eta, 2l+2, -2ikr)$$

zunächst die Aussage

$$F(\eta, kr) \longrightarrow C_l\ (kr)^{l+1} e^{ikr} \left\{ \frac{\Gamma(2l+2)}{\Gamma(l+1-i\eta)} e^{-i\pi(l+1+i\eta)} (-2ikr)^{-(l+1+i\eta)} + \frac{\Gamma(2l+2)}{\Gamma(l+1+i\eta)} e^{-2ikr} (-2ikr)^{-(l+1-i\eta)} \right\}.$$

Da das Argument der Kummer'schen Funktion $(-2ikr)$ ist, findet der Grenzübergang in der unteren komplexen Halbebene statt. Um diesen Ausdruck umzuformen, benutzt man

$$i = e^{i\pi/2},$$

schreibt

$$\begin{aligned}(-2ikr)^{-(l+1\pm i\eta)} &= [(-i)(2kr)]^{-(l+1\pm i\eta)} \\ &= (2kr)^{-(l+1)} e^{\mp i\eta \ln(2kr)} e^{i\pi(l+1)/2} e^{\mp\pi\eta/2}\end{aligned}$$

und klammert einen Teil der Terme in der geschweiften Klammer aus. Das Zwischenresultat ist

$$F(\eta, kr) \longrightarrow C_l \frac{e^{\pi\eta/2}}{2^{l+1}} \frac{\Gamma(2l+2)}{\Gamma(l+1+i\eta)} \left\{ \frac{\Gamma(l+1+i\eta)}{\Gamma(l+1-i\eta)} \times e^{i(kr-\eta\ln(2kr)-\pi(l+1)/2)} + e^{-i(kr-\eta\ln(2kr)-\pi(l+1)/2)} \right\}.$$

Der nächste Schritt beinhaltet die Definition der Coulombstreuphase γ_l durch

$$e^{2i\gamma_l} = \frac{\Gamma(l+1+i\eta)}{\Gamma(l+1-i\eta)}, \tag{1.61}$$

sowie Ausklammern von $e^{i\gamma_l}$ und Zusammenfassung des Resultats in der Form

$$F(\eta, kr) \longrightarrow C_l \frac{e^{\pi\eta/2} e^{i\gamma_l}}{2^l} \frac{\Gamma(2l+2)}{\Gamma(l+1+i\eta)} \sin(kr - \pi l/2 + \gamma_l - \eta \ln(2kr)). \tag{1.62}$$

Normierung: Es ist üblich, die Normierung C_l des Radialanteils der Partialwellenentwicklung des Coulombproblems so zu wählen, dass die reguläre Coulombfunktion

$$F_l(\eta, kr) = C_l\ (kr)^{l+1} e^{-ikr} F(l+1+i\eta, 2l+2, 2ikr)$$

für $\eta = 0$ in die reguläre Lösung $R_l(kr)$ der freien Radialgleichung übergeht. Gemäß Abschn. 1.2 gilt also

$$F_l(0, kr) = R_l(kr) = \frac{\mathrm{i}^l(2l+1)}{k} u_l(kr). \tag{1.63}$$

Die Lösung des Coulombproblems mit $\eta = 0$

$$F_l(0, kr) = C_l\ (kr)^{l+1} \mathrm{e}^{-\mathrm{i}kr} F(l+1, 2l+2, 2\mathrm{i}kr)$$

geht wegen

$$F(l+1, 2l+2, 2\mathrm{i}kr) = \frac{2^{l+1}\Gamma(l+3/2)}{\Gamma(1/2)(kr)^{l+1}} \mathrm{e}^{\mathrm{i}kr} u_l(kr)$$

in

$$F_l(0, kr) = C_l\ \frac{2^{l+1}\Gamma(l+3/2)}{\Gamma(1/2)} u_l(kr)$$

über. Vergleich mit (1.63) liefert

$$C_l = \frac{\mathrm{i}^l(2l+1)\Gamma(1/2)}{2^{l+1}\Gamma(l+3/2)k}. \tag{1.64}$$

Alternative Form der Coulombstreuphase: Der Logarithmus von (1.61)

$$2\mathrm{i}\gamma_l = \ln\Gamma(l+1+\mathrm{i}\eta) - \ln\Gamma(l+1-\mathrm{i}\eta)$$

wird mithilfe der Relationen

$$\Gamma(z^*) = \Gamma(z)^*,$$
$$\ln z = \ln|z| + \mathrm{i}\arg z$$

umgeschrieben und ergibt

$$\gamma_l = \arg\Gamma(l+1+\mathrm{i}\eta). \tag{1.65}$$

1.5.8 Das Coulombproblem in parabolischen Koordinaten: asymptotischer Grenzfall

Die Kummer'sche Funktion F in $(x = k(r-z))$

$$f_1(r, z) = C\ \mathrm{e}^{\mathrm{i}kz} F(-\mathrm{i}\eta, 1; \mathrm{i}x)$$

geht für $kr \to \infty$ in

$$F(-\mathrm{i}\eta, 1; \mathrm{i}x) \longrightarrow \frac{\Gamma(1)}{\Gamma(1+\mathrm{i}\eta)} \mathrm{e}^{\mathrm{i}\pi(-\mathrm{i}\eta)}(\mathrm{i}x)^{\mathrm{i}\eta} + \frac{\Gamma(1)}{\Gamma(-\mathrm{i}\eta)} \mathrm{e}^{\mathrm{i}x}(\mathrm{i}x)^{-\mathrm{i}\eta-1}$$

über. Man benutzt die Aussagen:

Direkte Umformung von

$$(\mathrm{i}x)^{\mathrm{i}\eta} = (\mathrm{e}^{\mathrm{i}\pi/2})^{\mathrm{i}\eta}(\mathrm{e}^{lnx})^{\mathrm{i}\eta} = \mathrm{e}^{-\eta\pi/2}\mathrm{e}^{\mathrm{i}\eta\ln kr(1-\cos\theta)}$$

und die Formel (Siehe Abramovitz/Stegun, S. 256)

$$\Gamma(-\mathrm{i}\eta) = -\frac{\Gamma(1-\mathrm{i}\eta)}{\mathrm{i}\eta},$$

sowie

$$(\mathrm{i}x)^{-\mathrm{i}\eta-1} = \frac{1}{r}\frac{1}{ikr(1-\cos\theta)}\mathrm{e}^{\eta\pi/2}\mathrm{e}^{-\mathrm{i}\eta\ln k(r-z)},$$

$$\mathrm{e}^{-\mathrm{i}\eta\ln k(r-z)} = \mathrm{e}^{-\mathrm{i}\eta\ln kr}\mathrm{e}^{-\mathrm{i}\eta(\ln k(r-z)-\ln kr)} = \mathrm{e}^{-\mathrm{i}\eta\ln kr}\mathrm{e}^{-\mathrm{i}\eta\ln(1-\cos\theta)}$$

ergibt

$$f_1(r,z) \longrightarrow \frac{C\,\mathrm{e}^{\eta\pi/2}}{\Gamma(1+\mathrm{i}\eta)}\left\{\mathrm{e}^{\mathrm{i}(kz+\eta\ln k(r-z))}\right. \\ \left. -\frac{\mathrm{e}^{\mathrm{i}(kr-\eta\ln kr)}}{r}\frac{\Gamma(1+\mathrm{i}\eta)}{\Gamma(1-\mathrm{i}\eta)}\frac{\eta\mathrm{e}^{-\mathrm{i}\eta\ln(1-\cos\theta)}}{k(1-\cos\theta)}\right\}.$$

Setzt man hier die Definition der Streuphase γ_0 ein und benutzt die Normierung

$$C = \mathrm{e}^{-\eta\pi/2}\Gamma(1+\mathrm{i}\eta),$$

so findet man

$$f_1(r,z) \longrightarrow \left\{\mathrm{e}^{\mathrm{i}(kz+\eta\ln k(r-z))}\right. \\ \left. +\frac{\mathrm{e}^{\mathrm{i}(kr-\eta\ln kr)}}{r}\left[\frac{-\eta\,\mathrm{e}^{\mathrm{i}(2\gamma_0-\eta\ln(1-\cos\theta))}}{k(1-\cos\theta)}\right]\right\}.$$

1.6 Literatur in den Vorbemerkungen und in Kap. 1

1. H. Geiger und E. Marsden, Phil. Mag. **25**, S. 604 (1913)
2. E. Rutherford, Phil. Mag. **21**, S.669 (1911).

1. R.M. Dreizler, C.S. Lüdde: Theoretische Physik 1, Theoretische Mechanik. Springer Verlag, Heidelberg (2002 und 2008)

2. R.M. Dreizler, C.S. Lüdde: Theoretische Physik 2, Elektrodynamik und Spezielle Relativitätstheorie. Springer Verlag, Heidelberg (2005)
3. R.M. Dreizler, C.S. Lüdde: Theoretische Physik 3, Quantenmechanik 1. Springer Verlag, Heidelberg (2007)
4. N. Levinson, Danske Videnskab. Selskab, Mat.-fys. Medd. **25**, No 9 (1949)
5. S. Flügge: Practical Quantum Mechanics. SpringerVerlag, Heidelberg (1974)
6. M. Abramovitz, I. Stegun: Handbook of Mathematical Functions. Dover Publications, New York (1974)
7. P. Moon, D. Eberle: Field Theory Handbook. Springer Verlag, Heidelberg (1961)
8. J.R. Taylor: Scattering Theory, the Quantum Theory of Nonrelativistic Collisions. John Wiley, New York (1972)

Elastische Streuung: Stationäre Formulierung – Integralgleichungen

2

Statt das Potentialstreuproblem anhand einer Differentialgleichung zu diskutieren, bietet es sich an, zu einer entsprechenden Integralgleichung überzugehen. Ein Vorteil ist dabei die Tatsache, dass man Randbedingungen in eine Integralgleichung explizit einbauen kann. Es stellt sich heraus, dass auf diese Weise sowohl eine kompakte formale Diskussion des Potentialstreuproblems als auch ein Ansatzpunkt für die Beschreibung von komplexeren Stoßprozessen ermöglicht wird. Die einfachste Form dieser Integralgleichung, die Lippmann-Schwinger Gleichung[1] für das Potentialstreuproblem, wird in den nächsten Abschnitten in verschiedenen Varianten vorgestellt. Das formale Mittel, das für diese Diskussion benutzt wird, ist die Diracschreibweise[2].

Der Übergang von einer Differentialgleichung für die Streuwellenfunktion zu einer Integralgleichung erfordert die Einführung von Green'schen Funktionen. Diese *Funktionen* sind eigentlich Distributionen, die in der komplexen Wellenzahlebene durch Konturintegrationen definiert werden. Verschiedene Randbedingungen für das Problem von Interesse kann man durch eine unterschiedliche Wahl der Konturen einbringen. Die aus dieser Diskussion resultierenden Integralgleichungen werden als Lippmann-Schwinger Gleichungen bezeichnet. Von besonderem Interesse sind jedoch nicht die Streuwellenfunktionen, sondern die Streuamplituden. Um diese in direkter Weise zu diskutieren, definiert man den T-Matrixoperator oder die zugehörigen T-Matrixelemente[3]. Integralgleichungen für die T-Matrixelemente können aus den Integralgleichungen für die Wellenfunktionen gewonnen werden. Da die Lösung dieser Integralgleichungen nicht leicht zugänglich ist, werden sie vorzugsweise als Ausgangspunkt für die Formulierung von Näherungen genutzt. Diese können sowohl

[1] B. A. Lippmann, Phys. Rev. Lett. **79**, S. 461 (1950).
[2] Siehe z. B. Band 3, Abschn. 8.4.
[3] T steht für transition (Übergang).

R. M. Dreizler et al., *Streutheorie in der nichtrelativistischen Quantenmechanik*,
https://doi.org/10.1007/978-3-662-57897-1_2

in analytischer Form als auch mittels graphischer Methoden diskutiert und ausgewertet werden. Das Kapitel schließt mit einer Betrachtung des optischen Theorems aus der Sicht der T-Matrix.

2.1 Die Lippmann-Schwinger Gleichung für die Streuwellenfunktion

Ausgangspunkt ist die Schrödingergleichung in der Form

$$(E_0 - \hat{H}_0)|\psi\rangle = \hat{V}|\psi\rangle, \tag{2.1}$$

wobei $\hat{H}_0$ in den meisten Fällen für die kinetische Energie steht

$$\hat{H}_0 \equiv \hat{T}.$$

Die Energie E_0 ist vorgegeben $E_0 = (\hbar k_0)^2/2m_0$. Der Übergang zu einer äquivalenten Integralgleichung umfasst folgende Schritte:

Um zu einer äquivalenten Integralgleichung zu gelangen, interpretiert man die rechte Seite von (2.1) als den inhomogenen Term einer inhomogenen Differentialgleichung. Die Lösung der homogenen Differentialgleichung ist eine ebene Welle

$$|\psi_{\text{hom}}\rangle = |\boldsymbol{k}_0\rangle$$

mit der Ortsdarstellung (in Standardnormierung)

$$\langle \boldsymbol{r}|\boldsymbol{k}_0\rangle = \psi_{k_0}(\boldsymbol{r}) = \frac{1}{(2\pi)^{3/2}} \mathrm{e}^{\mathrm{i}\boldsymbol{k}_0\cdot\boldsymbol{r}}.$$

Zur Darstellung einer Partikulärlösung benutzt man die Resolvente oder Green'sche Funktion (vergleiche Band 2, Abschn. 4.3), die durch

$$(E_0 - \hat{H}_0)\,\hat{G}_0(E_0) = 1 \qquad \text{oder} \qquad \hat{G}_0(E_0) = \frac{1}{(E_0 - \hat{H}_0)} \tag{2.2}$$

gegeben ist. Ein Partikulärintegral von (2.1) ist dann

$$|\psi_{\text{part}}\rangle = \hat{G}_0(E_0)\hat{V}|\psi\rangle.$$

Die formale Lösung von (2.1)

$$|\psi\rangle = |\boldsymbol{k}_0\rangle + \hat{G}_0(E_0)\hat{V}|\psi\rangle \tag{2.3}$$

entspricht einer Integralgleichung, der *Lippmann-Schwinger Gleichung* für den Zustand $|\psi\rangle$. In der Ortsdarstellung ist es eine Integralgleichung für die Wellenfunktion

$$\langle \boldsymbol{r}|\psi\rangle = \langle \boldsymbol{r}|\boldsymbol{k}_0\rangle + \int \mathrm{d}^3r' \int \mathrm{d}^3r'' \langle \boldsymbol{r}|\hat{G}_0(E_0)|\boldsymbol{r}'\rangle\langle \boldsymbol{r}'|\hat{V}|\boldsymbol{r}''\rangle\langle \boldsymbol{r}''|\psi\rangle, \tag{2.4}$$

die sich für ein *lokales* Potential mit

$$\langle \boldsymbol{r}'|\hat{V}|\boldsymbol{r}''\rangle = \delta(\boldsymbol{r}' - \boldsymbol{r}'')v(\boldsymbol{r}')$$

vereinfacht

$$\psi(\boldsymbol{r}) = \psi_{\boldsymbol{k}_0}(\boldsymbol{r}) + \int \mathrm{d}^3r' G_0(\boldsymbol{r}, \boldsymbol{r}'; E_0) v(\boldsymbol{r}')\psi(\boldsymbol{r}'). \tag{2.5}$$

2.1.1 Green'sche Funktionen

Der *Kern* der Integralgleichung (2.4) ist eine Green'sche Funktion, die jedoch durch (2.2) nicht vollständig definiert ist. Man erkennt dies direkt anhand der expliziten Darstellung im Ortsraum. Es ist (setze $\hat{H}_0 = \hat{T}$)

$$\begin{aligned} G_0(\boldsymbol{r}, \boldsymbol{r}'; E_0) \equiv G_0(\boldsymbol{r}, \boldsymbol{r}') &= \left\langle \boldsymbol{r}|\frac{1}{(E_0 - \hat{T})}|\boldsymbol{r}'\right\rangle \\ &= \int \mathrm{d}^3k \int \mathrm{d}^3k' \, \langle \boldsymbol{r}|\boldsymbol{k}\rangle \left\langle \boldsymbol{k}|\frac{1}{(E_0 - \hat{T})}|\boldsymbol{k}'\right\rangle \langle \boldsymbol{k}'|\boldsymbol{r}'\rangle \\ &= \frac{2m_0}{(2\pi)^3\hbar^2} \int \mathrm{d}^3k \, \frac{\mathrm{e}^{\mathrm{i}\boldsymbol{k}\cdot(\boldsymbol{r}-\boldsymbol{r}')}}{(k_0^2 - k^2)} \\ &= \frac{m_0}{2\pi^2\hbar^2 \, |\boldsymbol{r} - \boldsymbol{r}'|} \int_{-\infty}^{+\infty} k\mathrm{d}k \, \frac{\sin k\,|\boldsymbol{r} - \boldsymbol{r}'|}{(k_0^2 - k^2)}. \end{aligned} \tag{2.6}$$

Der Integrand zeigt, dass die Green'sche Funktion in (2.4) an den Stellen $k = \pm k_0$ singulär ist. Es ist jedoch möglich, die Definition so zu ergänzen, dass man eine reguläre Green'sche Funktion erhält und dass die Lösung der Integralgleichung mit der erweiterten Green'schen Funktion die geforderte Randbedingung (1.6)

$$\psi_{\text{asymp}}(\boldsymbol{r}) \xrightarrow{r\to\infty} N\left\{\mathrm{e}^{\mathrm{i}\,\boldsymbol{k}_0\cdot\boldsymbol{r}} + f(\theta, \varphi)\,\frac{\mathrm{e}^{\mathrm{i}\,k_0\,r}}{r}\right\}$$

erfüllt. Die Erweiterung besteht darin, dass man die Polstellen in geeigneter Weise von der rellen Achse in die komplexe k-Ebene verschiebt und von der Integration entlang der reellen Achse zu einer Cauchykonturintegration über eine geschlossene Kurve in der komplexen k-Ebene übergeht. Dazu benutzt man die Definitionen[4]

$$\hat{G}_0^{(\pm)}(E_0) \equiv \hat{G}_0^{(\pm)} = \lim_{\epsilon\to 0} \frac{1}{(E_0 - \hat{T} \pm \mathrm{i}\epsilon)} \tag{2.7}$$

[4]Die Abhängigkeit von der Energie E_0 wird nicht immer angezeigt.

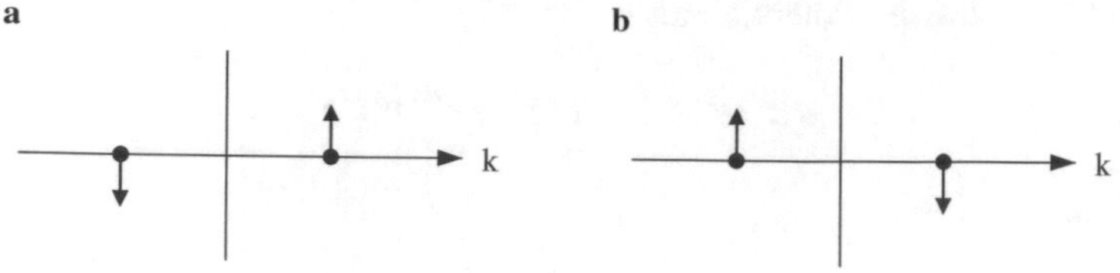

Abb. 2.1 Polverschiebungen für **a** $\hat{G}_0^{(+)}$ und **b** $\hat{G}_0^{(-)}$

und eine geeignete Wahl der Integrationskonturen. Die entsprechende Green'schen Funktionen[5] sollen asymptotisch auslaufende (+) sowie einlaufende (−) Kugelwellen beschreiben. Die Erweiterung der Green'schen Funktion in (2.4) erfordert, dass man die Polstellen, wie in den Abb. 2.1a und b angedeutet, verschiebt und die Integration entlang der reellen k-Achse durch eine geeignete Kontur in der gesamten komplexen k-Ebene ergänzt. Mit dem Ergebnis der Integration wird dann der Grenzwert $\epsilon \to 0$ gebildet.

Zur Überprüfung dieser Vorschrift berechnet man noch einmal die Ortsdarstellung der Green'schen Funktion $G_0^{(\pm)}(\boldsymbol{r}, \boldsymbol{r}')$. Die ersten Rechenschritte folgen dem Rechengang in (2.4) und ergeben[6]

$$
\begin{aligned}
G_0^{(\pm)}(\boldsymbol{r}, \boldsymbol{r}') &= \lim_{\epsilon \to 0} \left\langle \boldsymbol{r} | \frac{1}{(E_0 - \hat{T} \pm \mathrm{i}\epsilon)} | \boldsymbol{r}' \right\rangle \\
&= \lim_{\epsilon \to 0} \left[\frac{m_0}{4\mathrm{i}\pi^2 \hbar^2 \, |\boldsymbol{r} - \boldsymbol{r}'|} \int_{-\infty}^{+\infty} k \, \mathrm{d}k \, \frac{(\mathrm{e}^{\mathrm{i}k\,|\boldsymbol{r}-\boldsymbol{r}'|} - \mathrm{e}^{-\mathrm{i}k\,|\boldsymbol{r}-\boldsymbol{r}'|})}{(k_0^2 - k^2 \pm \mathrm{i}\epsilon)} \right]. \qquad (2.8)
\end{aligned}
$$

Das Argument der Exponentialfunktion in dem ersten Integral erlaubt eine Ergänzung des Integrals entlang der reellen Achse zu einem Konturintegral durch einen (unendlich großen) Halbkreis in der oberen Halbebene. In dem zweiten Integral ist die Ergänzung ein entsprechender Kreis in der unteren Halbebene. Die Ergänzungen erweitern die Integrale entlang der reellen Achse zu Integralen über eine geschlossene Kontur *ohne* den Wert der Integrale zu ändern. Bei dem ersten Integral in (2.8) liegt der rechte verschobene Pol innerhalb der Kontur, bei dem zweiten der linke (Abb. 2.2a und b). Mit der Cauchyformel

$$
\oint \mathrm{d}z \, \frac{f(z)}{(z - z_0)} = 2\pi \mathrm{i} f(z_0)
$$

[5] Die offiziellen Bezeichnungen sind: retardierte (+) und avanzierte Green'schen Funktion (−).
[6] In der zweiten Zeile wurde $\epsilon' = 2m_0\epsilon/\hbar^2$ gleich ϵ gesetzt, da im Endeffekt nur der Grenzwert $\epsilon \to 0$ eine Rolle spielt. Im Hinblick auf die weitere Diskussion wurde das Integral über k auf das Interval von $-\infty$ bis $+\infty$ umgeschrieben.

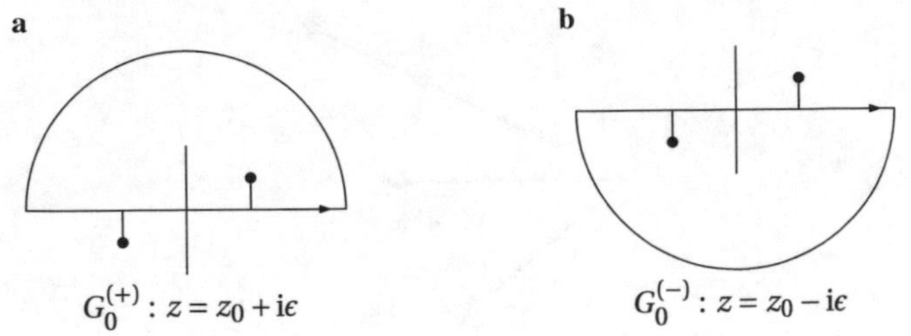

Abb. 2.2 Konturintegration anstelle der Polverschiebung zur Berechnung von $G_0^{(\pm)}(\boldsymbol{r}, \boldsymbol{r}')$

folgt (Details in Abschn. 2.4.1) nach Identifizierung der Polstellen, Berücksichtigung des Umlaufsinns, der Ausführung des Grenzübergangs und Zusammenfassung für die retardierte Greensfunktion

$$G_0^{(+)}(\boldsymbol{r}, \boldsymbol{r}') = -\frac{m_0}{2\pi\hbar^2} \frac{\mathrm{e}^{\mathrm{i}k_0 |\boldsymbol{r}-\boldsymbol{r}'|}}{|\boldsymbol{r}-\boldsymbol{r}'|}. \tag{2.9}$$

Ein letzter Schritt der Überprüfung ist die Extraktion des asymptotischen Grenzfalls. Man entwickelt in (2.9)

$$|\boldsymbol{r}-\boldsymbol{r}'| = [r^2 - 2rr' \cos\theta_{r,r'} + r'^2]^{1/2} \quad \text{und} \quad \frac{1}{|\boldsymbol{r}-\boldsymbol{r}'|}$$

in führender Ordnung

$$|\boldsymbol{r}-\boldsymbol{r}'| \xrightarrow{r \gg r'} (r - r' \cos\theta_{r,r'}) + O(1/r),$$

$$\frac{1}{|\boldsymbol{r}-\boldsymbol{r}'|} \xrightarrow{r \gg r'} \frac{1}{r} + O(1/r^2)$$

und benutzt zur weiteren Sortierung einen Wellenzahlvektor $\boldsymbol{k}$ mit den Eigenschaften (Abb. 2.3)

- $|\boldsymbol{k}|^2 = |\boldsymbol{k}_0|^2$ → der Vektor hat die gleiche Länge wie $\boldsymbol{k}_0$,
- $\boldsymbol{k} \cdot \boldsymbol{r} = k_0\, r$ → der Vektor hat die gleiche Richtung wie der Vektor $\boldsymbol{r}$ zu dem Aufpunkt,
- $\boldsymbol{k} \cdot \boldsymbol{k}_0 = k_0^2 \cos\theta$ → Der Vektor markiert den Streuwinkel θ.

Mit diesen Festlegungen folgt für die asymptotische Form der Green'schen Funktion mit der Randbedingung auslaufender Kugelwellen

$$G_0^{(+)}(\boldsymbol{r}, \boldsymbol{r}') \xrightarrow{r\to\infty} -\frac{m_0}{2\pi\hbar^2} \frac{1}{r} \mathrm{e}^{\mathrm{i}k_0 r} \mathrm{e}^{-\mathrm{i}\boldsymbol{k}\cdot\boldsymbol{r}'} \tag{2.10}$$

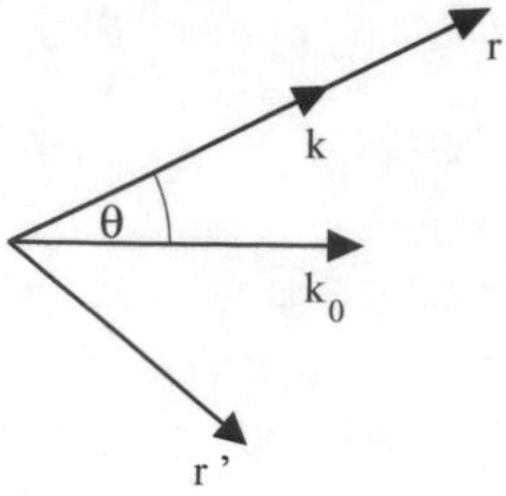

Abb. 2.3 Wellenzahlvektoren

und somit für die entsprechende Wellenfunktion (2.5)

$$\psi_{\boldsymbol{k}_0}^{(+)}(\boldsymbol{r}) \xrightarrow{r\to\infty} \frac{1}{(2\pi)^{3/2}}\Big\{\mathrm{e}^{\mathrm{i}\boldsymbol{k}_0\cdot\boldsymbol{r}} + \Big[-\frac{m_0}{\hbar^2}(2\pi)^{1/2}\int \mathrm{d}^3r'\,\mathrm{e}^{-\mathrm{i}\boldsymbol{k}\cdot\boldsymbol{r}'}\,v(\boldsymbol{r}')\psi_{\boldsymbol{k}_0}^{(+)}(\boldsymbol{r}')\Big]\frac{\mathrm{e}^{\mathrm{i}k_0 r}}{r}\Big\}. \quad (2.11)$$

Die Wellenfunktion hat die erforderliche asymptotische Form, falls man den Ausdruck in den eckigen Klammern mit der Streuamplitude identifiziert

$$f(\theta,\varphi) = \Big[-\frac{m_0}{\hbar^2}(2\pi)^{1/2}\int \mathrm{d}^3r'\,\mathrm{e}^{-\mathrm{i}\boldsymbol{k}\cdot\boldsymbol{r}'}v(\boldsymbol{r}')\psi_{\boldsymbol{k}_0}^{(+)}(\boldsymbol{r}')\Big]. \quad (2.12)$$

Dieses Resultat besagt: Um die Streuamplitude zu berechnen, muss man die Wellenfunktion im gesamten Raum (beziehungsweise in dem Anteil des Raumes, in dem die potentielle Energie nicht den Wert null hat) kennen.

In Zusammenfassung der bisherigen Argumentation kann man die folgenden Aussagen notieren:

- Die Integralgleichung für die Streuwellenfunktion $\psi_{\boldsymbol{k}_0}^{(+)}(\boldsymbol{r})$, die die geforderte Randbedingung erfüllt, hat in der Diracschreibweise die Form

$$|\psi_{\boldsymbol{k}_0}^{(+)}\rangle = |\boldsymbol{k}_0\rangle + \hat{G}_0^{(+)}\hat{V}|\psi_{\boldsymbol{k}_0}^{(+)}\rangle. \quad (2.13)$$

  Vorgegeben sind die Einfallsrichtung $\boldsymbol{k}_0$ mit der Energie $E_0 = (\hbar k_0)^2/(2m_0)$ und die Randbedingungen, die mit dem Index $(+)$ angedeutet werden.
- Der Operator für die Green'schen Funktionen mit freier Propagation eines Teilchens in der Form von auslaufenden *Kugelwellen* ist[7]

$$\hat{G}_0^{(+)} = \frac{1}{(E_0 - \hat{T} + \mathrm{i}\epsilon)}. \quad (2.14)$$

[7] Der Grenzwert $\epsilon \to 0$ wird im Weiteren nicht immer explizit ausgeschrieben, sondern impliziert.

- Die Streuamplitude für ein lokales Potential kann mit

$$f(\theta,\varphi) = -\frac{m_0}{\hbar^2}(2\pi)^2\langle \boldsymbol{k}|\hat{V}|\psi^{(+)}_{\boldsymbol{k}_0}\rangle \tag{2.15}$$

berechnet werden. Dabei markieren die gleich langen Vektoren $\boldsymbol{k}_0$ und $\boldsymbol{k}$ die Streuwinkel θ und φ (beziehungsweise nur θ im Fall von Zylindersymmetrie). Die Gl. (2.15) ist auch für nichtlokale Potentiale gültig.

Die Green'sche Funktion mit der Randbedingung einer einlaufenden Kugelwelle

$$G_0^{(-)}(\boldsymbol{r},\boldsymbol{r}') = \langle \boldsymbol{r}|\hat{G}_0^{(-)}|\boldsymbol{r}'\rangle = -\frac{m_0}{2\pi\hbar^2}\frac{\mathrm{e}^{-\mathrm{i}k_0|\boldsymbol{r}-\boldsymbol{r}'|}}{|\boldsymbol{r}-\boldsymbol{r}'|} \tag{2.16}$$

gewinnt man mit der Kontur in Abb. 2.2b und der formalen Definition

$$\hat{G}_0^{(-)} = \frac{1}{(E_0 - \hat{T} - \mathrm{i}\epsilon)} \tag{2.17}$$

mittels einer analogen Rechnung. Die zugehörige Wellenfunktion wird durch die Integralgleichung

$$|\psi^{(-)}_{\boldsymbol{k}_0}\rangle = |\boldsymbol{k}_0\rangle \ + \ \hat{G}_0^{(-)}\hat{V}|\psi^{(-)}_{\boldsymbol{k}_0}\rangle$$

bestimmt. Die Funktionen $G_0^{(-)}(\boldsymbol{r},\boldsymbol{r}')$ und $G_0^{(+)}(\boldsymbol{r},\boldsymbol{r}')$ können als zueinannder zeitumgekehrte Partner interpretiert werden.

Aus den Green'schen Funktionen für ein- und auslaufende Wellen gewinnt man mit der Definition

$$\hat{G}_0^{(s)}(E_0) = \frac{1}{2}\left\{\hat{G}_0^{(+)}(E_0) + \hat{G}_0^{(-)}(E_0)\right\} \tag{2.18}$$

eine Green'sche Funktion mit der Randbedingung einer stehenden Welle. Die Ortsdarstellung lautet

$$G_0^{(s)}(\boldsymbol{r},\boldsymbol{r}') = -\frac{m_0}{2\pi\hbar^2}\frac{\cos k_0|\boldsymbol{r}-\boldsymbol{r}'|}{|\boldsymbol{r}-\boldsymbol{r}'|}.$$

Neben diesen drei Green'schen Funktionen für die freie Propagation von Teilchen kann man die *exakte Green'sche Funktion* eines allgemeineren Hamiltonoperators $\hat{H} = \hat{H}_0 + \hat{V}$, die die Propagation von Teilchen unter dem Einfluss eines Potentials beschreibt, betrachten. Hier kann der Operator $\hat{H}_0$ für die kinetische Energie stehen oder einen allgemeineren Einteilchenoperator darstellen. Man gewinnt sie durch Auswertung der Operatoridentität

$$\frac{1}{\hat{A}} = \frac{1}{\hat{B}} + \frac{1}{\hat{B}}(\hat{B}-\hat{A})\frac{1}{\hat{A}} = \frac{1}{\hat{B}} + \frac{1}{\hat{A}}(\hat{B}-\hat{A})\frac{1}{\hat{B}} \tag{2.19}$$

mit

$$\hat{A} = (E_0 - \hat{T} - \hat{V} \pm \mathrm{i}\epsilon) \quad \text{und} \quad \hat{B} = (E_0 - \hat{T} \pm \mathrm{i}\epsilon)$$

beziehungsweise für

$$\hat{A} = (E_0 - \hat{H}_0 - \hat{V} \pm \mathrm{i}\epsilon) \quad \text{und} \quad \hat{B} = (E_0 - \hat{H}_0 \pm \mathrm{i}\epsilon).$$

Die Relation

$$\frac{1}{(E_0 - \hat{H}_0 - \hat{V} \pm \mathrm{i}\epsilon)} = \frac{1}{(E_0 - \hat{H}_0 \pm \mathrm{i}\epsilon)} + \frac{1}{(E_0 - \hat{H}_0 - \hat{V} \pm \mathrm{i}\epsilon)} \hat{V} \frac{1}{(E_0 - \hat{H}_0 \pm \mathrm{i}\epsilon)} \tag{2.20}$$

ist die formale Fassung einer Integralgleichung für die exakten Green'schen Funktionen

$$\hat{G}^{(\pm)}(E_0) \equiv \hat{G}^{(\pm)} = \frac{1}{(E_0 - \hat{H}_0 - \hat{V} \pm \mathrm{i}\epsilon)} = \frac{1}{(E_0 - \hat{H} \pm \mathrm{i}\epsilon)}$$

des Hamiltonoperators $\hat{H} = \hat{H}_0 + \hat{V}$. Die Gl. (2.20)

$$\hat{G}^{(\pm)}(E_0) = \hat{G}_0^{(\pm)}(E_0) + \hat{G}^{(\pm)}(E_0)\hat{V}\hat{G}_0^{(\pm)}(E_0)$$

oder alternativ

$$\hat{G}^{(\pm)}(E_0) = \hat{G}_0^{(\pm)}(E_0) + \hat{G}_0^{(\pm)}(E_0)\hat{V}\hat{G}^{(\pm)}(E_0) \tag{2.21}$$

bezeichnet man als die *Dysongleichungen* für die exakten Green'schen Funktionen. Sie erlauben im Prinzip die Berechnung von $\hat{G}^{(\pm)}$ für ein vorgegebenes Potential. Die Tatsache, dass Kenntnis der exakten Green'sche Funktion einer Lösung der Lippmann-Schwinger Gleichung für die Wellenfunktion des Streuproblems entspricht, zeigt das folgende Argument. Man ersetzt in der Gl. (2.13) die Green'sche Funktion $\hat{G}_0^{(+)}$ mithilfe der Dysongleichung (2.21). In dem Zwischenergebnis

$$|\psi_{\boldsymbol{k}_0}^{(+)}\rangle = |\boldsymbol{k}_0\rangle + \hat{G}^{(+)}(E_0)\hat{V}\left\{1 - \hat{G}_0^{(+)}(E_0)\hat{V}\right\}|\psi_{\boldsymbol{k}_0}^{(+)}\rangle$$

erkennt man auf der rechten Seite den ebenen Wellenzustand – in dem Ausdruck in den geschweiften Klammern angewendet auf den Streuzustand –, sodass man das Zwischenergebnis in der Form

$$|\psi_{\boldsymbol{k}_0}^{(+)}\rangle = \left\{1 + \hat{G}^{(+)}(E_0)\hat{V}\right\}|\boldsymbol{k}_0\rangle \tag{2.22}$$

sortieren kann. In der gleichen Weise kann man die Integralgleichung

$$|\psi_{\boldsymbol{k}_0}^{(-)}\rangle = \left\{1 + \hat{G}^{(-)}(E_0)\hat{V}\right\}|\boldsymbol{k}_0\rangle \tag{2.23}$$

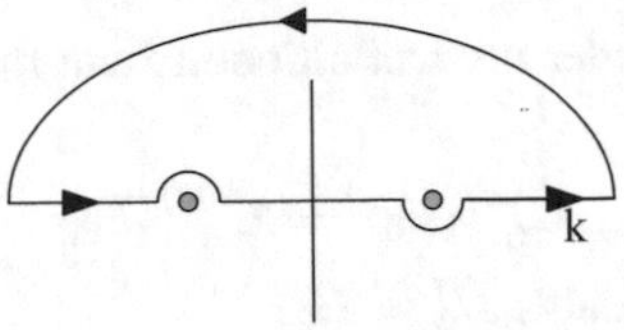

Abb. 2.4 Variante der Konturintegration

gewinnen. Diese formalen Lösungen der Lippmann-Schwinger Gleichung besagen: Bei Kenntnis von $\hat{G}^{(\pm)}$ kann man die zugeordneten Streuwellenfunktionen durch einfache Integration berechnen.

Eine nützliche Form der Gl. (2.22) und (2.23) gewinnt man durch *Erweiterung* des ersten Terms in der Klammer mit den Schritten

$$\begin{aligned} |\psi_{\boldsymbol{k}_0}^{(\pm)}\rangle &= \lim_{\epsilon\to 0} \hat{G}^{(\pm)}(E_0)\left\{E_0 - \hat{H} \pm \mathrm{i}\epsilon + \hat{V}\right\}|\boldsymbol{k}_0\rangle \\ &= \lim_{\epsilon\to 0}\left\{\frac{\pm\mathrm{i}\epsilon}{E_0 - \hat{H} \pm \mathrm{i}\epsilon}\right\}|\boldsymbol{k}_0\rangle . \end{aligned} \tag{2.24}$$

Eine Alternative zu der beschriebenen Erweiterung der Definition der Green'schen Funktionen durch die Verschiebung der Polstellen ist der Ein- beziehungsweise der Ausschluss der singulären Punkte in der komplexen k-Ebene durch kleine Halbkreise (Abb. 2.4). Das Ergebnis ist, infolge der Struktur der analytischen Funktionen im Komplexen, das gleiche wie zuvor. Mit einem explizit vorgegebenen Integrationsweg ist es auch möglich, die Ortsdarstellung der Green'schen Funktion direkt, das heißt ohne Anwendung der Cauchyformel, zu berechnen (Details in Abschn. 2.4.2). Auf diese Weise gewinnt man die vielbenutzte Hauptwertformel

$$\begin{aligned} \hat{G}_0^{(\pm)}(E_0) &= \lim_{\epsilon\to 0}\frac{1}{(E_0 - \hat{H}_0 \pm \mathrm{i}\epsilon)} \\ &= \mathscr{P}\left\{\frac{1}{(E_0 - \hat{H}_0)}\right\} \mp \mathrm{i}\pi\delta(E_0 - \hat{H}_0). \end{aligned} \tag{2.25}$$

Mit der Formel (2.25), die als *Diracidentität* bekannt ist, wird direkt deutlich, dass die Green'schen Funktionen keine Funktionen sondern Distributionen sind. Die formalen Ausdrücke oder die entsprechenden Orts- oder Impulsdarstellungen ergeben nur einen Sinn, wenn sie in einem Integral auftreten, so zum Beispiel in dem Integral

$$\int \mathrm{d}^3k\; G_0^{(\pm)}(\boldsymbol{k}) f(\boldsymbol{k}),$$

wobei ein regulär Integrand $f(\boldsymbol{k})$ und die Impulsdarstellung

$$\langle \boldsymbol{k}|\hat{G}_0^{(\pm)}|\boldsymbol{k}'\rangle = \delta(\boldsymbol{k} - \boldsymbol{k}')G_0^{(\pm)}(\boldsymbol{k})$$

benutzt werden. Anhand jeder der Definitionen kann man noch einmal die Eigenschaft

$$\hat{G}_0^{(\pm)}(E_0)^\dagger = \hat{G}_0^{(\mp)}(E_0)$$

ablesen. Voraussetzung ist dabei $\hat{H}_0^\dagger = \hat{H}_0$.

2.2 Die Lippmann-Schwinger Gleichung für die T-Matrix

Die in dem vorherigen Abschnitt bereitgestellten Begriffe und Definitionen erlauben einen weiteren Ausbau der Streutheorie. Ausgehend von der Formel (2.15) für die Streuamplitude definiert man einen Operator $\hat{\mathsf{T}}$ mit der Eigenschaft[8]

$$\hat{\mathsf{T}}|\boldsymbol{k}_0\rangle = \hat{V}|\psi_{\boldsymbol{k}_0}^{(+)}\rangle. \tag{2.26}$$

Die relevante Information bezüglich der Streuung wird von dem Zustand in den Operator verschoben. Die Streuamplitude kann dann in der Form

$$f(\theta, \varphi) = -\frac{m_0}{\hbar^2}(2\pi)^2\langle\boldsymbol{k}|\hat{\mathsf{T}}|\boldsymbol{k}_0\rangle|_{k=k_0} \tag{2.27}$$

geschrieben werden. Die Streuamplitude ist proportional zu dem Matrixelement des Operators $\hat{\mathsf{T}}$, dem *T-Matrixelement,* mit den ebenen Wellenzuständen $|\boldsymbol{k}_0\rangle$ und $|\boldsymbol{k}\rangle$. Dabei markieren $\boldsymbol{k}_0$ die Richtung des einfallenden Strahls und $\boldsymbol{k}$ die Richtung von dem Target zu dem Detektor. Dies weist die Streuamplitude als ein Wahrscheinlichkeitsmaß für den Übergang von dem Zustand $|\boldsymbol{k}_0\rangle$ nach $|\boldsymbol{k}\rangle$ und den Operator $\hat{\mathsf{T}}$ als den Übergangsoperator (transition operator) aus. Für die elastische Streuung zweier Teilchen ist die Energie erhalten ($k = k_0$). Man spricht dann von einem *On-shell T-Matrixelement,* zu deutsch etwas langatmiger auch von einem *T-Matrixelement auf der Energieschale.*

Da die T-Matrixelemente sozusagen direkter mit dem Experiment verknüpft sind als die Streuwellenfunktion, ist es nützlich zu fragen, ob man diese Größen ohne den Umweg über die Wellenfunktion bestimmen kann. Zur Beantwortung dieser Frage multipliziert man die Lippmann-Schwinger Gleichung (2.13) mit $\hat{V}$ und setzt die Definition (2.26) des T-Operators ein

$$\hat{\mathsf{T}}|\boldsymbol{k}_0\rangle = \hat{V}|\boldsymbol{k}_0\rangle + \hat{V}\hat{G}_0^{(+)}(E_0)\hat{\mathsf{T}}|\boldsymbol{k}_0\rangle.$$

Dies entspricht der Operatorgleichung

$$\hat{\mathsf{T}} = \hat{V} + \hat{V}\hat{G}_0^{(+)}(E_0)\hat{\mathsf{T}} = \hat{V} + \hat{V}\frac{1}{(E_0 - \hat{H}_0 + \mathrm{i}\epsilon)}\hat{\mathsf{T}}. \tag{2.28}$$

[8] Dieser Operator sollte nicht mit dem Operator für die kinetische Energie verwechselt werden. Er wird aus diesem Grund in *sans serif* gesetzt.

Diese Integralgleichung ist die Lippmann-Schwinger Gleichung für den T-Operator. In der Impulsdarstellung findet man eine explizite Integralgleichung für die T-Matrixelemente

$$\langle \boldsymbol{k}_1|\hat{\mathsf{T}}|\boldsymbol{k}_2\rangle = \langle \boldsymbol{k}_1|\hat{V}|\boldsymbol{k}_2\rangle + \frac{2m_0}{\hbar^2} \cdot \lim_{\epsilon\to 0}\int \mathrm{d}^3k' \langle \boldsymbol{k}_1|\hat{V}|\boldsymbol{k}'\rangle \frac{1}{(k_0^2 - k'^2 + \mathrm{i}\epsilon)} \langle \boldsymbol{k}'|\hat{\mathsf{T}}|\boldsymbol{k}_2\rangle. \tag{2.29}$$

Man kann einige Varianten von (2.28) gewinnen, indem man z. B. in die Definition (2.26) die Form (2.22) für den Streuzustand einsetzt und die Operatorgleichung

$$\hat{\mathsf{T}} = \hat{V} + \hat{V}\hat{G}^{(+)}(E_0)\hat{V} \tag{2.30}$$

extrahiert. Multipliziert man nun (2.30) von links mit $\hat{G}_0^{(+)}$, so folgt mit (2.20)

$$\hat{G}_0^{(+)}\hat{\mathsf{T}} = \left(\hat{G}_0^{(+)} + \hat{G}_0^{(+)}\hat{V}\hat{G}^{(+)}\right)\hat{V} = \hat{G}^{(+)}\hat{V}. \tag{2.31}$$

Entsprechend erhält man bei Multiplikation von (2.30) von rechts mit $\hat{G}_0^{(+)}$

$$\hat{\mathsf{T}}\hat{G}_0^{(+)} = \hat{V}(\hat{G}_0^{(+)} + \hat{G}_0^{(+)}\hat{V}\hat{G}^{(+)}) = \hat{V}\hat{G}^{(+)}. \tag{2.32}$$

Ersetzt man $\hat{V}\hat{G}^{(+)}$ in (2.21) durch $\hat{\mathsf{T}}\hat{G}_0^{(+)}$, so ergibt sich

$$\hat{G}^{(+)} = \hat{G}_0^{(+)} + \hat{G}_0^{(+)}\hat{\mathsf{T}}\hat{G}_0^{(+)}. \tag{2.33}$$

Jede dieser Relationen besagt, dass Kenntnis von $\hat{G}^{(+)}$ und von $\hat{\mathsf{T}}$ völlig gleichwertig ist.

Die On- beziehungsweise Off-shell Struktur der T-Matrixelemente ist etwas subtiler als diese knappen Bemerkungen andeuten. In einem Matrixelement

$$\langle \boldsymbol{k}_1|\hat{\mathsf{T}}(E_2)|\boldsymbol{k}_3\rangle$$

treten in der Tat drei Energiewerte auf, wobei E_2 durch die Green'sche Funktion in (2.28) ins Spiel kommt. Man unterscheidet dann die folgenden Fälle:

- Sind alle drei Energiewerte gleich

$$E_1 = \frac{\hbar^2 k_1^2}{2m_0} = E_2 = E_3,$$

so spricht man von einem T-Matrixelement auf der Energieschale. Die *On-shell* Matrixelemente sind für die Beschreibung der elastischen Streuung zuständig.

- Matrixelemente mit

$$E_1 = E_2 \neq E_3, \qquad E_2 = E_3 \neq E_1, \qquad E_1 = E_3 \neq E_2$$

bezeichnet man als *Half-off-shell (Halb-off-shell)* Matrixelemente. Der Lippmann-Schwinger Gleichung (2.28) kann man die Aussage entnehmen, dass diese Matrixelemente zur Berechnung der On-shell Matrixelemente benötigt werden.

- Sind alle Energiewerte verschieden

$$E_1 \neq E_2, \qquad E_1 \neq E_3, \qquad E_2 \neq E_3,$$

so sind die Matrixelemente nicht auf der Energieschale, also *Off-shell.*

Bei Matrixelementen mit $E_1 \neq E_3$ ist die Energie in dem *Übergang* nicht erhalten. Neben der Rolle bei der Lösung der Lippmann-Schwinger Gleichung spielen Off-shell Matrixelemente bei expliziten physikalischen Fragestellungen eine Rolle. Ein Beispiel ist das *inverse Streuproblem,* in dem man den Versuch unternimmt, ein Potential aus den Daten von Streuexperimenten zu rekonstruieren (z. B. ein Kernpotential aus der Nukleon-Nukleon Streuung). Das Proton-Proton System besitzt (wie das Neutron-Neutron System) keine gebundenen Zustände. Bei der Auswertung eines Potentialmatrixelements

$$\text{nichtlokal} \quad \langle \boldsymbol{r}|\hat{V}|\boldsymbol{r}'\rangle \qquad \text{oder auch lokal} \qquad \langle \boldsymbol{r}|\hat{V}|\boldsymbol{r}'\rangle = \delta(\boldsymbol{r}-\boldsymbol{r}')\, v(\boldsymbol{r})$$

mit den Vollständigkeitsrelationen

$$\int \mathrm{d}^3k\ |\psi_{\boldsymbol{k}}^{(+)}\rangle\langle\psi_{\boldsymbol{k}}^{(+)}| = \hat{1} \quad \text{und} \quad \int \mathrm{d}^3k\ |\boldsymbol{k}\rangle\langle\boldsymbol{k}| = \hat{1}$$

erkennt man wegen

$$\begin{aligned}\langle \boldsymbol{r}|\hat{V}|\boldsymbol{r}'\rangle &= \int\!\!\int \mathrm{d}^3k\ \mathrm{d}^3k'\ \langle \boldsymbol{r}|\boldsymbol{k}\rangle\langle\boldsymbol{k}|\hat{V}|\psi_{\boldsymbol{k}'}^{(+)}\rangle\langle\psi_{\boldsymbol{k}'}^{(+)}|\boldsymbol{r}'\rangle \\ &= \int\!\!\int \mathrm{d}^3k\ \mathrm{d}^3k'\ \langle \boldsymbol{r}|\boldsymbol{k}\rangle\langle\boldsymbol{k}|\hat{\mathsf{T}}|\boldsymbol{k}'\rangle\langle\psi_{\boldsymbol{k}'}^{(+)}|\boldsymbol{r}'\rangle,\end{aligned}$$

dass sowohl On-shell als auch Off-shell T-Matrixelemente auftreten. Anhand von elastischen Streudaten kann man Wechselwirkungen mit verschiedenem Off-shell Verhalten nicht unterscheiden.

2.2.1 Näherungsmethoden für die T-Matrixelemente

Die exakte Lösung der Lippmann-Schwinger Gleichung für die T-Matrix ist keine einfache Aufgabe. Aus diesem Grund wurden verschiedene Näherungsmethoden entwickelt, die hier (in Auswahl) vorgestellt werden.

Iteration der Lippmann-Schwinger Gleichung liefert (in der Impulsdarstellung)

$$\begin{aligned}\langle \boldsymbol{k}_1|\hat{\mathrm{T}}|\boldsymbol{k}_2\rangle &= \langle \boldsymbol{k}_1|\hat{V}|\boldsymbol{k}_2\rangle + \langle \boldsymbol{k}_1|\hat{V}\hat{G}_0^{(+)}\hat{V}|\boldsymbol{k}_2\rangle \\ &\quad + \langle \boldsymbol{k}_1|\hat{V}\hat{G}_0^{(+)}\hat{V}\hat{G}_0^{(+)}\hat{V}|\boldsymbol{k}_2\rangle + \cdots \end{aligned} \tag{2.34}$$

Diese Entwicklung in Potenzen von $\hat{V}$ bezeichnet man als die *Born'sche Reihe*. Der erste Term

$$\langle \boldsymbol{k}_1|\hat{\mathrm{T}}|\boldsymbol{k}_2\rangle \approx \langle \boldsymbol{k}_1|\hat{V}|\boldsymbol{k}_2\rangle,$$

der oft zur Abschätzung eingesetzt wird, ist die *Born'sche Näherung*. Zur Auswertung der weiteren Terme bemüht man die Vollständigkeitsrelation, so z. B. für den zweiten Term auf der rechten Seite

$$\langle \boldsymbol{k}_1|\hat{V}\hat{G}_0^{(+)}\hat{V}|\boldsymbol{k}_2\rangle = \int \mathrm{d}^3k_1' \int \mathrm{d}^3k_2' \, \langle \boldsymbol{k}_1|\hat{V}|\boldsymbol{k'}_1\rangle\langle \boldsymbol{k'}_1|\hat{G}_0^{(+)}|\boldsymbol{k'}_2\rangle\langle \boldsymbol{k'}_2|\hat{V}|\boldsymbol{k}_2\rangle.$$

Dieser Ausdruck vereinfacht sich ein wenig, denn man findet für die Impulsdarstellung der Green'schen Funktion

$$\begin{aligned}\langle \boldsymbol{k'}_1|\hat{G}_0^{(+)}|\boldsymbol{k'}_2\rangle &= \lim_{\epsilon\to 0}\left\langle \boldsymbol{k'}_1\Big|\frac{1}{(E_0-\hat{T}+\mathrm{i}\epsilon)}\Big|\boldsymbol{k'}_2\right\rangle \\ &= \frac{2m_0}{\hbar^2}\lim_{\epsilon'\to 0}\frac{1}{(k_0^2-(k_1')^2+\mathrm{i}\epsilon')}\delta(\boldsymbol{k'}_1-\boldsymbol{k'}_2).\end{aligned}$$

Die Doppelintegration in dem zweiten Term von (2.34) wird auf eine Integration reduziert.

Die Born'sche Reihe ist der Ausgangspunkt für eine Vielzahl von Näherungen in der Streutheorie. Ein sehr nützliches Instrument ist die Zweipotentialformel, die auf die *Näherung mit gestörten Wellen* – (Distorted Wave Born Approximation, kurz *DWBA* genannt) – führt. Ausgangspunkt ist ein Hamiltonoperator, der in der Form

$$\hat{H} = \hat{T} + \hat{V}_1 + \hat{V}_2$$

geschrieben werden kann. Die Aufspaltung des Potentials in zwei Anteile kann sich entweder anhand der Problemstellung ergeben oder in beliebiger Form vorgenommen werden. Die Voraussetzung ist, dass der Beitrag des Potentials $\hat{V}_1$ exakt behandelt werden soll, während für das zweite Potential die erste Born'sche Näherung oder die ersten Terme einer Born'schen Reihe in $\hat{V}_2$ ausreicht.

Die explizite Herleitung beginnt mit der Definition (2.26)

$$\langle \boldsymbol{k}'|\hat{\mathrm{T}}|\boldsymbol{k}\rangle = \langle \boldsymbol{k}'|\hat{V}|\psi_{\boldsymbol{k}}^{(+)}\rangle.$$

Auf der rechten Seite wird nun der Zustand $\langle \boldsymbol{k}'|$ mithilfe der Lippmann-Schwinger Gleichung für das Potential $\hat{V}_1$

$$|\phi_{\boldsymbol{k}'}^{(\pm)}\rangle = |\boldsymbol{k}'\rangle + \hat{G}_0^{(\pm)}\hat{V}_1|\phi_{\boldsymbol{k}'}^{(\pm)}\rangle \tag{2.35}$$

ersetzt. Setzt man hier die adjungierte Gleichung, entsprechend aufgelöst, ein, so ergibt sich

$$\langle \boldsymbol{k}'|\hat{\mathrm{T}}|\boldsymbol{k}\rangle = \big\langle \phi_{\boldsymbol{k}'}^{(-)}|\hat{V}|\psi_{\boldsymbol{k}}^{(+)}\big\rangle - \big\langle \phi_{\boldsymbol{k}'}^{(-)}|\hat{V}_1\hat{G}_0^{(+)}\hat{V}|\psi_{\boldsymbol{k}}^{(+)}\big\rangle.$$

Man benutzt nun die Lippmann-Schwinger Gleichung (2.13) für die exakte Streuwellenfunktion

$$\hat{G}_0^{(+)}\hat{V}|\psi_{\boldsymbol{k}}^{(+)}\rangle = |\psi_{\boldsymbol{k}}^{(+)}\rangle - |\boldsymbol{k}\rangle$$

und findet

$$\langle \boldsymbol{k}'|\hat{\mathrm{T}}|\boldsymbol{k}\rangle = \big\langle \phi_{\boldsymbol{k}'}^{(-)}|\hat{V}_2|\psi_{\boldsymbol{k}}^{(+)}\big\rangle + \big\langle \phi_{\boldsymbol{k}'}^{(-)}|\hat{V}_1|\boldsymbol{k}\big\rangle.$$

Auf der rechten Seite wurde $\hat{V}_2 = \hat{V} - \hat{V}_1$ eingeführt. Der zweite Term entspricht dem konjugiert komplexen T-Matrixelement des Potentials $\hat{V}_1$. Das Resultat

$$\langle \boldsymbol{k}'|\hat{\mathrm{T}}|\boldsymbol{k}\rangle = \langle \boldsymbol{k}'|\hat{\mathrm{T}}_1|\boldsymbol{k}\rangle + \big\langle \phi_{\boldsymbol{k}'}^{(-)}|\hat{V}_2|\psi_{\boldsymbol{k}}^{(+)}\big\rangle \tag{2.36}$$

ist die exakte Zweipotentialformel, die auch *Watson's Theorem* genannt wird. Das T-Matrixelement für das Potential $\hat{V} = \hat{V}_1 + \hat{V}_2$ kann durch das T-Matrixelement des Potentials $\hat{V}_1$ und ein Matrixelement des Potentials $\hat{V}_2$ mit der exakten Streulösung $\psi_{\boldsymbol{k}}^{(+)}$ berechnet werden.

Berücksichtigt man nur Beiträge erster Ordnung in $\hat{V}_2$ in dem zweiten Term, so erhält man die Formel der *DWBA*

$$\langle \boldsymbol{k}'|\hat{\mathrm{T}}|\boldsymbol{k}\rangle \approx \langle \boldsymbol{k}'|\hat{\mathrm{T}}_1|\boldsymbol{k}\rangle + \big\langle \phi_{\boldsymbol{k}'}^{(-)}|\hat{V}_2|\phi_{\boldsymbol{k}}^{(+)}\big\rangle. \tag{2.37}$$

In dem zweiten Term treten nur Lösungen des $\hat{V}_1$-Problems (distorted waves) und eine Wechselwirkung durch das Potential $\hat{V}_2$ auf.

Um die Detailstruktur des zweiten Terms in (2.37) zu erkennen, setzt man die Lippmann-Schwinger Gleichung für die Streuzustände in dem Potential $\hat{V}_1$ ein und erhält

$$\begin{aligned}\big\langle \phi_{\boldsymbol{k}'}^{(-)}|\hat{V}_2|\phi_{\boldsymbol{k}}^{(+)}\big\rangle &= \langle \boldsymbol{k}'|\hat{V}_2|\boldsymbol{k}\rangle + \int \mathrm{d}^3k''\big\langle \phi_{\boldsymbol{k}'}^{(-)}|\hat{V}_1\hat{G}_0^{(+)}|\boldsymbol{k}''\big\rangle\langle \boldsymbol{k}''|\hat{V}_2|\boldsymbol{k}\rangle \\ &+ \int \mathrm{d}^3k''\big\langle \boldsymbol{k}'|\hat{V}_2|\boldsymbol{k}''\big\rangle\big\langle \boldsymbol{k}''|\hat{G}_0^{(+)}\hat{V}_1|\phi_{\boldsymbol{k}}^{(+)}\big\rangle \\ &+ \int\int \mathrm{d}^3k''\mathrm{d}^3k'''\big\langle \phi_{\boldsymbol{k}'}^{(-)}|\hat{V}_1\hat{G}_0^{(+)}|\boldsymbol{k}''\big\rangle\langle \boldsymbol{k}''|\hat{V}_2|\boldsymbol{k}'''\rangle\big\langle \boldsymbol{k}'''|\hat{G}_0^{(+)}\hat{V}_1|\phi_{\boldsymbol{k}}^{(+)}\big\rangle.\end{aligned}$$

Für die Green'schen Funktionen $\hat{G}_0^{(+)}$ gilt

$$\langle \boldsymbol{k}_1|\hat{G}_0^{(+)}|\boldsymbol{k}_2\rangle = \delta(\boldsymbol{k}_1 - \boldsymbol{k}_2)G_0^{(+)}(k_1),$$

sodass sich mit der Definition der T-Matrix des Potentials $\hat{V}_1$ das Resultat

$$\begin{aligned}\left\langle\phi_{\boldsymbol{k}'}^{(-)}|\hat{V}_2|\phi_{\boldsymbol{k}}^{(+)}\right\rangle &= \langle\boldsymbol{k}'|\hat{V}_2|\boldsymbol{k}\rangle + \int \mathrm{d}^3k''\langle\boldsymbol{k}'|\hat{\mathrm{T}}_1|\boldsymbol{k}''\rangle G_0^{(+)}(k'')\langle\boldsymbol{k}''|\hat{V}_2|\boldsymbol{k}\rangle \\ &+ \int \mathrm{d}^3k''\langle\boldsymbol{k}'|\hat{V}_2|\boldsymbol{k}''\rangle G_0^{(+)}(k'')\langle\boldsymbol{k}''|\hat{\mathrm{T}}_1|\boldsymbol{k}\rangle \\ &+ \int\int \mathrm{d}^3k''\mathrm{d}^3k'''\langle\boldsymbol{k}'|\hat{\mathrm{T}}_1|\boldsymbol{k}''\rangle G_0^{(+)}(k'')\langle\boldsymbol{k}''|\hat{V}_2|\boldsymbol{k}'''\rangle \\ &\times G_0^{(+)}(k''')\langle\boldsymbol{k}'''|\hat{\mathrm{T}}_1|\boldsymbol{k}\rangle \end{aligned} \tag{2.38}$$

ergibt. Ein Beitrag erster Ordung in dem Potential $\hat{V}_2$ ist in allen möglichen Formen an die T-Matrixelemente des Potentials $\hat{V}_1$ gekoppelt.

Die DWBA-Näherung wird nicht nur zur Diskussion von elastischen Streuprozessen durch eine Summe von zwei Potentialen eingesetzt, wie z. B. der elastischen Streuung von Protonen an Kernen durch ein kurzreichweitiges Kernpotential und ein langreichweitiges Coulombpotential. Die DWBA ist auch ein viel benutztes Mittel bei der Analyse von inelastischen Prozessen wie z. B. Nukleontransferprozessen. Als konkretes Beispiel wird die (d–p)-Strippingreaktion, in der ein Neutron aus einem Deuteronprojektil auf Kerne übertragen wird, in Abschn. 7.6 erläutert.

Auch bei der Berechnung und der Diskussion der T-Matrixelemente ist die Partialwellenzerlegung nützlich. Die Erweiterung der Ausführungen in Abschn. 1.2 wird in Abschn. 3.5 nach Einführung der S-Matrix und der K-Matrix behandelt.

2.2.2 Näherungsmethoden, dargestellt durch Feynmandiagramme

Die Diskussion der T-Matrix, einschließlich der Diskussion von Näherungen, kann alternativ in anschaulicherer Form geführt werden. Man benutzt dazu eine graphische Darstellung der einzelnen Elemente der Theorie in der Form von Feynman-Diagrammen[9] mit der Option, die Graphen entweder als die Streuung *eines* ‚Teilchens' durch ein externes Potential (***r*** ist dann die Teilchenkoordinate) oder als die Streuung von *zwei* Teilchen durch ein Wechselwirkungspotential (***r*** ist dann die Koordinate der Relativbewegung) zu interpretieren.

[9] Diese anschauliche Technik wurde 1949 von R.P. Feynman, Phys. Rev. **76**, S. 749 (1949) eingeführt, um Elektron-Positron Prozesse in durchsichtiger Weise zu diskutieren. Diese Technik wird in vielen Zweigen der Physik benutzt, siehe zum Beispiel die Anwendungen in Band 3 und Band 4.

2.2.2.1 Elastische Streuung von zwei Teilchen

Die Grundelemente der graphischen Darstellung für die *Streuung von zwei Teilchen* sind in der Abb. 2.5 zusammengestellt.

Das Diagramm für die Born'sche Reihe in Abb. 2.6 (ohne die Indizierung der ebenen Wellen) ist eine Summe von Leitern, in anderen Worten eine Vielfachstreuentwicklung. In dem zweiten Term und allen Termen höherer Ordnung wird über die Wellenzahlen der (inneren) Green'schen Funktionen integriert.

Liegt eine hohe Relativenergie vor, so kann man erwarten, dass der Austausch von vielen *Wechselwirkungsquanten* nicht stattfindet. Die *erste Born'sche Näherung* – der Beitrag des ersten Terms auf der rechten Seite –

$$\langle \boldsymbol{k}_1|\hat{\mathrm{T}}|\boldsymbol{k}_2\rangle_{\mathrm{Born}} = \langle \boldsymbol{k}_1|\hat{V}|\boldsymbol{k}_2\rangle \tag{2.39}$$

ist eine vielbenutzte Näherung für genügend energiereiche Stöße. Der Grund ist die Tatsache, dass die Fouriertransformierte für lokale Potentiale bezüglich des Impulstransfers $\hbar\boldsymbol{q} = \hbar(\boldsymbol{k}_2 - \boldsymbol{k}_1)$,

$$\langle \boldsymbol{k}_1|\hat{V}|\boldsymbol{k}_2\rangle = \frac{1}{(2\pi)^3}\int \mathrm{d}^3r\; v(\boldsymbol{r})\mathrm{e}^{\mathrm{i}\boldsymbol{q}\cdot\boldsymbol{r}} = \bar{v}(\boldsymbol{q}),$$

oft direkt berechnet werden kann. Die Auswertung der Beiträge in höherer Ordnung ist deutlich aufwendiger. Die Born'sche Reihe kann in graphischer Form resummiert werden. Man spaltet von allen Termen ab der zweiten Ordnung eine Wechselwirkung auf der linken Seite ab (Abb. 2.7) und stellt fest, dass die Summe der abgespaltenen Graphen eine T-Matrix ergibt, sodass man die Lippmann-Schwinger Gleichung in der Impulsdarstellung (Abb. 2.8) wiedererkennt.

Zur Diskussion der Zweipotentialformel (2.36) in graphischer Form ersetzt man jede Wechselwirkung $\hat{V}$ wie in Abb. 2.9 durch die Summe der Potentiale $\hat{V}_1$ und $\hat{V}_2$.

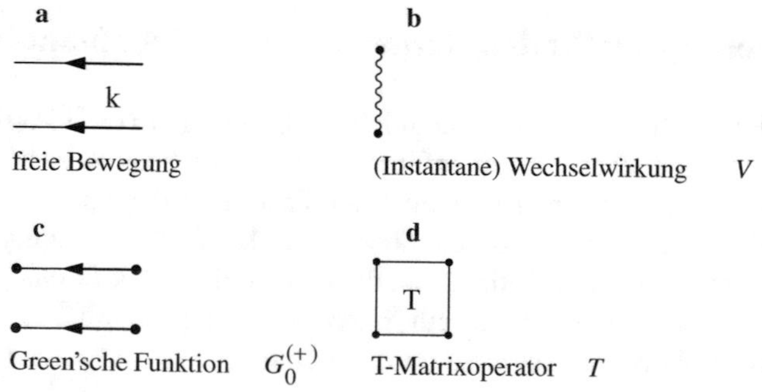

Abb. 2.5 Grundelemente der Feynmangraphen (**a** bis **d**) für die Streuung von zwei Teilchen

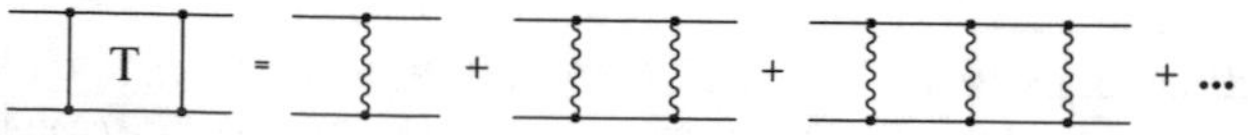

Abb. 2.6 Born'sche Reihe

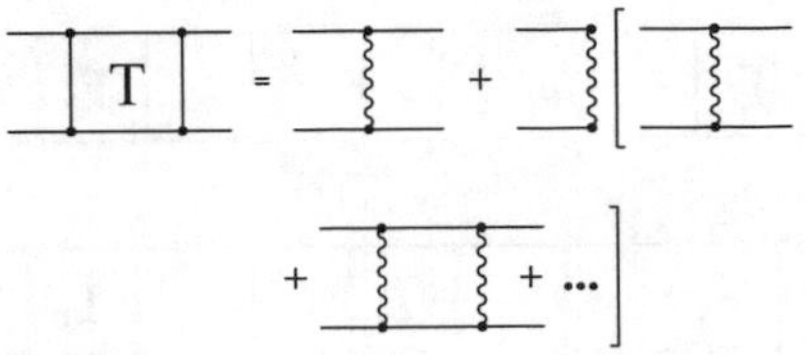

Abb. 2.7 Resummation der Born'schen Reihe

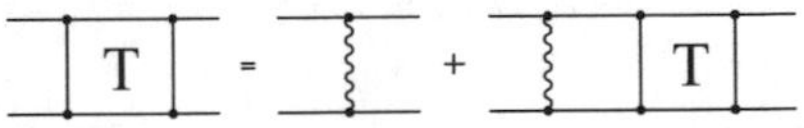

Abb. 2.8 Lippman-Schwinger Gleichung (2.29) für T-Matrixelemente

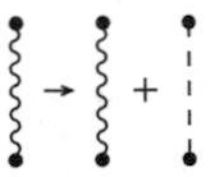

Abb. 2.9 Aufspaltung der Wechselwirkung

Kann man sich auf die erste Born'sche Näherung in $\hat{V}_2$ beschränken, so muss man nur Graphen mit *einer* $\hat{V}_2$ – Linie betrachten. Diese befindet sich entweder isoliert auf der ein- beziehungsweise der auslaufenden Seite oder eingebettet in $\hat{V}_1$ – Linien (Abb. 2.10). Resummation der Beiträge der $\hat{V}_1$ – Linien führt auf zwei Terme mit je einer T-Matrix des Potentials $\hat{V}_1$

$$\langle \boldsymbol{k}' | \hat{\mathsf{T}}_1 | \boldsymbol{k} \rangle$$

und einen Beitrag, in dem die $\hat{V}_2$ -Linie zwischen zwei T_1 – Matrizen eingebettet ist (Abb. 2.11).

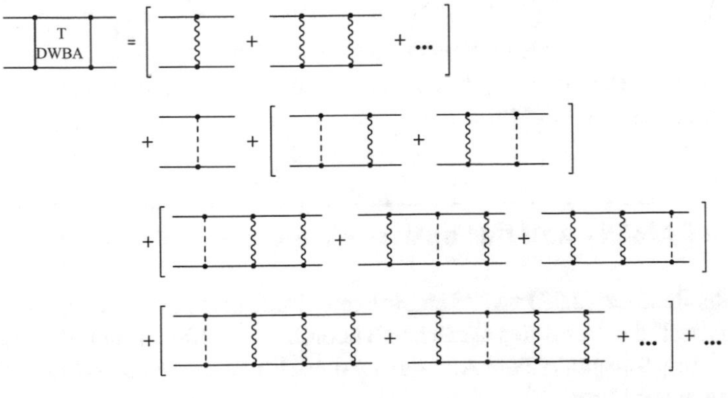

Abb. 2.10 Das T-Matrixelement in der DWBA

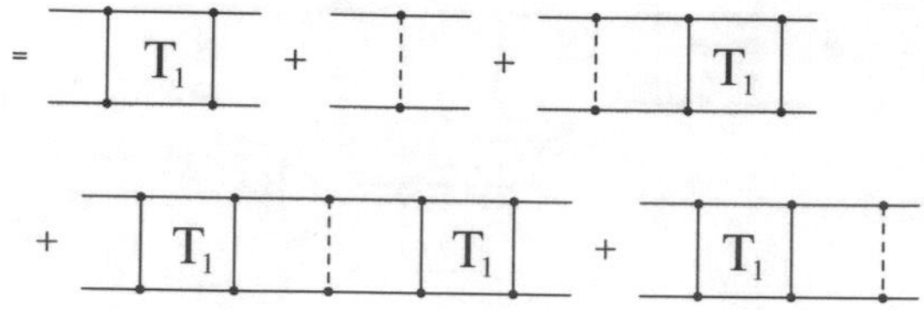

Abb. 2.11 Die Endformel der DWBA

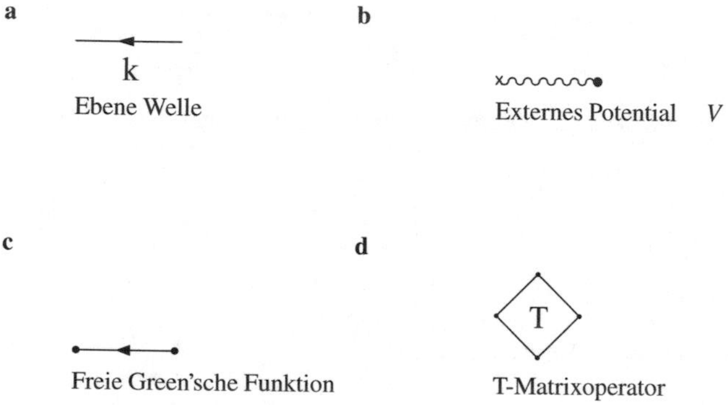

Abb. 2.12 Streuung eines Teilchens an einem externen Potential: Grundelemente (**a** bis **d**) für die Feynmandarstellung

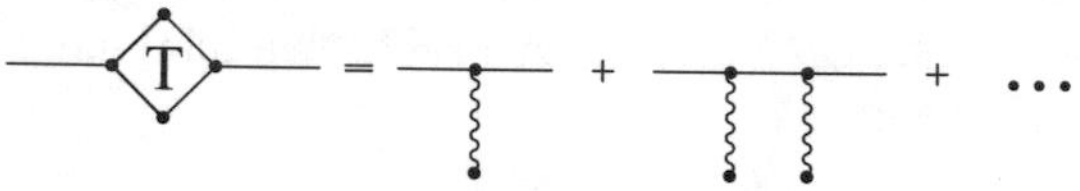

Abb. 2.13 Born'sche Reihe des Einteilchenproblems

2.2.2.2 Ein Teilchen streut an einem externen Potential

Hier benutzt man die Darstellung der Gl. (2.29) durch die in Abb. 2.12 gezeigten Elemente.

Die Entwicklung der resultierenden Lippmann-Schwingergleichung nach Potenzen des externen Potentials ergibt eine Born'sche Reihe, die eine Vielfachstreuung des Teilchens beschreibt (Abb. 2.13).

2.3 Die T-Matrix und das optische Theorem

Die direkte Relation (2.27) zwischen Streuamplitude und T-Matrixelement führt auf die Frage nach der Form des optischen Theorems im Rahmen der Diskussion der T-Matrix. Ausgangspunkt einer Antwort auf diese Frage ist die Lippmann-Schwinger Gleichung in der Form

$$\langle \boldsymbol{k}'|\hat{\mathrm{T}}|\boldsymbol{k}\rangle = \langle \boldsymbol{k}'|\hat{V}|\boldsymbol{k}\rangle + \langle \boldsymbol{k}'|\hat{V}\hat{G}(E_0)\hat{V}|\boldsymbol{k}\rangle .$$

Fächert man den Term mit der exakten Green'schen Funktion mittels einer Vollständigkeitsrelation von Eigenzuständen des vollständigen Hamiltonoperators $\hat{H} = \hat{H}_0 + \hat{V}$ auf, so sind gegebenfalls neben den Streuzuständen auch gebundene Zustände zu berücksichtigen

$$\hat{1} = \int d^3k |\psi_{\boldsymbol{k}}^{(+)}\rangle\langle\psi_{\boldsymbol{k}}^{(+)}| + \sum_n |n\rangle\langle n|.$$

In dem Resultat

$$\langle \boldsymbol{k}'|\hat{\mathsf{T}}|\boldsymbol{k}\rangle = \langle \boldsymbol{k}'|\hat{V}|\boldsymbol{k}\rangle + \int d^3k'' \frac{\langle \boldsymbol{k}'|\hat{V}|\psi_{\boldsymbol{k}''}^{(+)}\rangle\langle\psi_{\boldsymbol{k}''}^{(+)}|\hat{V}|\boldsymbol{k}\rangle}{(E_0 - E(k'') + i\epsilon)} + \sum_n \frac{\langle \boldsymbol{k}'|\hat{V}|n\rangle\langle n|\hat{V}|\boldsymbol{k}\rangle}{(E_0 - E_n + i\epsilon)} \tag{2.40}$$

sind die folgenden Vereinfachungen möglich:

- Da die Energie der Streuzustände $E_0 > 0$ und die Energie der gebundenen Zustände $E_n < 0$ ist, kann der Zusatz $i\epsilon$ in dem letzten Term entfallen.
- Die Integration in dem zweiten Term kann mit der Definition des Operators $\hat{\mathsf{T}}$ in (2.26) durch eine Integration über ebene Wellen ersetzt werden

$$\int d^3k'' \hat{V}|\psi_{\boldsymbol{k}''}^{(+)}\rangle\langle\psi_{\boldsymbol{k}''}^{(+)}|\hat{V} = \int d^3k'' \hat{\mathsf{T}}|\boldsymbol{k}''\rangle\langle \boldsymbol{k}''|\hat{\mathsf{T}}^\dagger.$$

- Als *Kern* der Gl. (2.40) verbleibt dann eine formale nichtlineare Integralgleichung

$$\hat{\mathsf{T}} = \hat{V} + \int d^3k'' \frac{\hat{\mathsf{T}}|\boldsymbol{k}''\rangle\langle \boldsymbol{k}''|\hat{\mathsf{T}}^\dagger}{(E_0 - E(k'') + i\epsilon)} + \sum_n \frac{\hat{V}|n\rangle\langle n|\hat{V}}{(E_0 - E_n)} \tag{2.41}$$

  für die T-Matrix, die als *Lowgleichung* bekannt ist.

Die Kombination $\hat{\mathsf{T}} - \hat{\mathsf{T}}^\dagger$ ergibt

$$\hat{\mathsf{T}} - \hat{\mathsf{T}}^\dagger = \int d^3k'' \hat{\mathsf{T}}|\boldsymbol{k}''\rangle \left\{ \frac{1}{(E_0 - E(k'') + i\epsilon)} - \frac{1}{(E_0 - E(k'') - i\epsilon)} \right\} \langle \boldsymbol{k}''|\hat{\mathsf{T}}^\dagger,$$

da sich sowohl der Potentialterm ($\hat{V} = \hat{V}^\dagger$) als auch der Beitrag der gebundenen Zustände herausheben. Die Diracidentität (2.25) führt dann auf das Endresultat

$$\hat{\mathsf{T}} - \hat{\mathsf{T}}^\dagger = -2\pi i \int d^3k'' \hat{\mathsf{T}}|\boldsymbol{k}''\rangle \, \delta(E_0 - E(k'')) \, \langle \boldsymbol{k}''|\hat{\mathsf{T}}^\dagger,$$

bzw. nach Umschreibung des Arguments der δ-Funktion auf

$$i(\hat{\mathsf{T}} - \hat{\mathsf{T}}^\dagger) = \frac{4\pi m_0}{\hbar^2} \int d^3k'' \hat{\mathsf{T}}|\boldsymbol{k}''\rangle \, \delta(k_0^2 - (k'')^2) \, \langle \boldsymbol{k}''|\hat{\mathsf{T}}^\dagger. \tag{2.42}$$

Diese Relation ist eine Verallgemeinerung des einfachen optischen Theorems (1.10). Sie kann für On- als auch für Off-shell Matrixelemente ausgewertet werden. Betrachtet man das On-shell Matrixelement mit

$$E_0 = E(k) = E(k'),$$

so erhält man[10]

$$\mathrm{i}\langle \boldsymbol{k}|(\hat{\mathrm{T}} - \hat{\mathrm{T}}^{\dagger})|\boldsymbol{k}'\rangle_{\mathrm{on}} = \frac{2\pi m_0 k_0}{\hbar^2} \int \mathrm{d}\Omega_{k''} \langle \boldsymbol{k}|\hat{\mathrm{T}}|\boldsymbol{k}''\rangle_{\mathrm{on}} \langle \boldsymbol{k}''|\hat{\mathrm{T}}^{\dagger}|\boldsymbol{k}'\rangle_{\mathrm{on}}. \tag{2.43}$$

Setzt man hier die Relation (2.27)

$$\langle \boldsymbol{k}|\hat{\mathrm{T}}|\boldsymbol{k}'\rangle_{\mathrm{on}} = -\frac{\hbar^2}{4\pi^2 m_0} f(\Omega_{k,k'})$$

mit $\theta_{\boldsymbol{k}} = \theta_{\boldsymbol{k}'} = 0$, $k = k' = k_0$ und $\varphi_{\boldsymbol{k}} = \varphi_{\boldsymbol{k}'}$ ein, so gewinnt man das einfache optische Theorem

$$\mathrm{Im} f(0) = \frac{k_0}{4\pi} \int \mathrm{d}\Omega_{k''} |f(\Omega_{0,k''})|^2 = \frac{k_0}{4\pi}\sigma.$$

2.4 Detailrechnungen zu Kap. 2

2.4.1 Berechnung der regularisierten Green'schen Funktion

Der Nenner des Integrals

$$I_1 = \int_{-\infty}^{\infty} k\mathrm{d}k \, \frac{\mathrm{e}^{\mathrm{i}k|\boldsymbol{r}-\boldsymbol{r}'|}}{(k_0^2 - k^2 + \mathrm{i}\epsilon)}$$

kann in der Form

$$k_0^2 - k^2 + \mathrm{i}\epsilon = -[k - (k_0 + \mathrm{i}\epsilon)][k + (k_0 + \mathrm{i}\epsilon)]$$

faktorisiert werden. Dabei wurde der Parameter ϵ noch einmal in $\epsilon \to 2k_0\epsilon$ umbenannt und ein Term in ϵ^2, der im Grenzfall schneller verschwindet, hinzugefügt. Bei der Ergänzung des Integrals zu einem Konturintegral mittels eines unendlich großen Halbkreises in der oberen komplexen k-Ebene wird der nach oben verschobene Pol bei $k = k_0 + \mathrm{i}\epsilon$ eingeschlossen. Der Beitrag des Halbkreises hat wegen

$$\lim_{|k|\to\infty} \mathrm{e}^{\mathrm{i}k} = \lim_{|k|\to\infty} \left\{\mathrm{e}^{\mathrm{i}|k|\cos\phi}\right\} \mathrm{e}^{-|k|\sin\phi} = 0$$

[10]Zu diesem Rechenschritt benutzt man $\int \mathrm{d}^3k'' = \frac{1}{2}\int k''\mathrm{d}(k''^2)\mathrm{d}\Omega_{k''}$.

den Wert null. Nach der Ergänzung erhält man somit das Cauchyintegral

$$I_1 = -\oint \mathrm{d}k \, \frac{k\mathrm{e}^{\mathrm{i}k|\boldsymbol{r}-\boldsymbol{r}'|}}{(k+k_0+\mathrm{i}\epsilon)} \cdot \frac{1}{(k-(k_0+\mathrm{i}\epsilon))},$$

wobei der Umlaufsinn positiv ist. In dem Resultat

$$I_1 = -2\pi\mathrm{i}\frac{(k_0+\mathrm{i}\epsilon)\mathrm{e}^{\mathrm{i}(k_0+\mathrm{i}\epsilon)|\boldsymbol{r}-\boldsymbol{r}'|}}{2(k_0+\mathrm{i}\epsilon)}$$

kann der Grenzübergang $\epsilon \to 0$ direkt ausgeführt werden. Das Resultat ist

$$I_1 = -\pi\mathrm{i}\mathrm{e}^{\mathrm{i}k_0|\boldsymbol{r}-\boldsymbol{r}'|}.$$

Für das zweite Integral

$$I_2 = -\int_{-\infty}^{\infty} k\mathrm{d}k \, \frac{\mathrm{e}^{-\mathrm{i}k|\boldsymbol{r}-\boldsymbol{r}'|}}{(k_0^2-k^2+\mathrm{i}\epsilon)}$$

benutzt man die gleiche Faktorisierung. Da nun das Integral durch einen Halbkreis in der unteren Halbebene ergänzt werden muss, wird der nach unten verschobene Pol bei $k = -(k_0 + \mathrm{i}\epsilon)$ eingeschlossen. Das Cauchyintegral

$$I_2 = \oint \mathrm{d}k \, \frac{\mathrm{e}^{-\mathrm{i}k|\boldsymbol{r}-\boldsymbol{r}'|}}{((k-(k_0+\mathrm{i}\epsilon))} \cdot \frac{1}{(k+(k_0+\mathrm{i}\epsilon))},$$

wobei der Umlaufsinn negativ ist, führt für $\epsilon \to 0$ auf das gleiche Resultat wie zuvor

$$I_2 = -\pi\mathrm{i}\mathrm{e}^{\mathrm{i}k_0|\boldsymbol{r}-\boldsymbol{r}'|}.$$

Einschließlich der Vorfaktoren lautet die Green'sche Funktion

$$G_0^{(+)}(\boldsymbol{r},\boldsymbol{r}') = \frac{m_0}{4\mathrm{i}\pi^2\hbar^2|\boldsymbol{r}-\boldsymbol{r}|}\{I_1+I_2\} = \frac{m_0}{2\pi\hbar^2}\frac{\mathrm{e}^{\mathrm{i}k_0|\boldsymbol{r}-\boldsymbol{r}'|}}{|\boldsymbol{r}-\boldsymbol{r}'|}.$$

2.4.2 Die Diracidentität

Ausgangspunkt ist die Gl. (2.6) in der Form

$$G_0(\boldsymbol{r},\boldsymbol{r}') = \frac{m_0}{2\pi^2\hbar^2 q}\int_{-\infty}^{+\infty} \mathrm{d}k \, \frac{k}{(k_0^2-k^2)} \sin kq, \tag{2.44}$$

wobei die Größe q für $q = |\boldsymbol{r}-\boldsymbol{r}'|$ steht. Um $G_0^{(+)}(\boldsymbol{r},\boldsymbol{r}')$ zu berechnen, benutzt man den in Abb 2.14 gezeigten Integrationsweg mit den Beiträgen

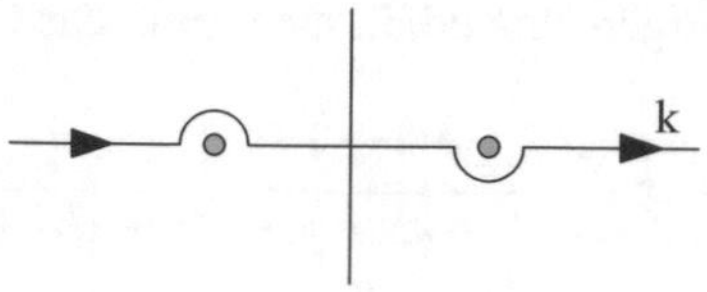

Abb. 2.14 Integrationsweg zur Berechnung von $G_0^{(+)}(\boldsymbol{r}, \boldsymbol{r}')$

- von $k = -\infty$ bis zu der Stelle $k = -k_0 - \epsilon_1$ entlang der reellen Achse,
- Umgehung der singulären Stelle $-k_0$ durch einen Halbkreis mit dem Radius ϵ_1 in der oberen Halbebene,
- von $k = -k_0 + \epsilon_1$ bis zu der Stelle $k = k_0 - \epsilon_2$ entlang der reellen Achse,
- Umgehung der singulären Stelle k_0 durch einen Halbkreis mit dem Radius ϵ_2 in der unteren Halbebene,
- von $k = k_0 + \epsilon_2$ bis zu der Stelle $k = +\infty$ entlang der reellen Achse.

Die Grenzprozesse $\epsilon_1,\ \epsilon_2 \longrightarrow 0$ sind nach Ausführung der Integrationen durchzuführen.

Zur Auswertung der Anteile des Integrals entlang der reellen Achse

$$I = \int_{-\infty}^{-k_0-\epsilon_1} \mathrm{d}k\ f(k) + \int_{-k_0+\epsilon_1}^{k_0-\epsilon_2} \mathrm{d}k\ f(k) + \int_{k_0+\epsilon_2}^{\infty} \mathrm{d}k\ f(k)$$

mit

$$f(k) = \frac{k}{(k_0^2 - k^2)} \sin kq$$

benutzt man die Partialbruchzerlegung

$$\frac{k}{(k_0^2 - k^2)} = \frac{1}{2}\left\{\frac{1}{(k_0 - k)} - \frac{1}{(k_0 + k)}\right\}.$$

Die Zerlegung bedingt eine Aufspaltung des Integrals I in zwei unabhängige Anteile $I = I_1 + I_2$ mit

$$I_1 = \int_{-\infty}^{-k_0-\epsilon_1} \mathrm{d}k\ f_1(k) + \int_{-k_0+\epsilon_1}^{\infty} \mathrm{d}k\ f_1(k),$$

$$I_2 = \int_{-\infty}^{k_0-\epsilon_2} \mathrm{d}k\ f_2(k) + \int_{k_0+\epsilon_2}^{\infty} \mathrm{d}k\ f_2(k),$$

da die Integranden

$$f_1(k) = -\frac{\sin kq}{2(k_0 + k)} \quad \text{und} \quad f_2(k) = \frac{\sin kq}{2(k_0 - k)}$$

jeweils nur eine singuläre Stelle aufweisen. Die Substition $x = k + k_0$ in dem ersten Teilintegral führt auf das Integral

$$\begin{aligned} I_1 &= -\left\{\int_{-\infty}^{-\epsilon_1} + \int_{+\epsilon_1}^{\infty}\right\} \mathrm{d}x \, \frac{\sin q(x-k_0)}{2x} \\ &= -\left\{\int_{-\infty}^{-\epsilon_1} + \int_{+\epsilon_1}^{\infty}\right\} \mathrm{d}x \, \frac{(\sin qx \cos qk_0 - \cos qx \sin qk_0)}{2x} . \end{aligned}$$

Der erste Anteil enthält das Hauptwertintegral

$$\left\{\int_{-\infty}^{-\epsilon_1} + \int_{+\epsilon_1}^{\infty}\right\} \mathrm{d}x \, \frac{\sin qx}{2x} = \mathscr{P} \int_{-\infty}^{\infty} \mathrm{d}x \, \frac{\sin qx}{2x} = \frac{\pi}{2},$$

der zweite trägt infolge der Symmetrie des Integranden nicht bei. Somit ist

$$I_1 = -\frac{\pi}{2} \cos k_0 q .$$

Für das Integral I_2 findet man mit der Substitution $x = k_0 - k$ über

$$I_2 = \mathscr{P} \int_{-\infty}^{\infty} \mathrm{d}x \, \frac{\sin q(k_0 - x)}{2x} = \mathscr{P} \int_{-\infty}^{\infty} \mathrm{d}x \, \frac{\sin qk_0 \cos qx - \cos qk_0 \sin qx}{2x}$$

das gleiche Resultat

$$I_2 = -\frac{\pi}{2} \cos k_0 q ,$$

sodass man

$$I = \mathscr{P} \int_{-\infty}^{+\infty} \mathrm{d}k \, \frac{k}{(k_0^2 - k^2)} \sin kq = -\pi \cos k_0 q$$

schreiben kann.

Die Beiträge über die infinitesimalen Halbkreise berechnet man mit den Substitutionen

- $k = -k_0 + \epsilon_1 \, \mathrm{e}^{\mathrm{i}\phi}$ mit der unteren Grenze $\phi = \pi$ und der oberen Grenze $\phi = 0$ für den Halbkreis bei $k = -k_0$,
- $k = k_0 + \epsilon_2 \, \mathrm{e}^{\mathrm{i}\phi}$ mit der unteren Grenze $\phi = \pi$ und der oberen Grenze $\phi = 2\pi$ für den Halbkreis bei $k = +k_0$.

Der Beitrag des ersten Halbkreises ist dann wegen

$$\mathrm{d}k = \mathrm{i}\epsilon_1 \mathrm{d}\phi \, \mathrm{e}^{\mathrm{i}\phi}, \quad k_0^2 - k^2 \approx 2k_0\epsilon_1 \, \mathrm{e}^{\mathrm{i}\phi}, \quad \sin qk \approx -\sin qk_0 + q\epsilon_1 \, \mathrm{e}^{\mathrm{i}\phi} \cos qk_0$$

bis zur ersten Ordnung in ϵ_1

$$I_{\text{links}} = \oint_{HK_1} \mathrm{d}k \frac{k \sin qk}{(k_0^2 - k^2)}$$
$$= \frac{\mathrm{i}}{2} \int_{\pi}^{0} \mathrm{d}\phi \left\{ \sin qk_0 - \epsilon_1 \,\mathrm{e}^{\mathrm{i}\phi} \Big(q \cos qk_0 + \frac{\sin qk_0}{k_0} \Big) + \cdots \right\}$$
$$\longrightarrow -\frac{\mathrm{i}\pi}{2} \sin qk_0 .$$

Der Beitrag des zweiten Halbkreises mit

$$\mathrm{d}k = \mathrm{i}\epsilon_2 \,\mathrm{e}^{\mathrm{i}\phi} \mathrm{d}\phi, \quad k_0^2 - k^2 \approx -2k_0\epsilon_2 \,\mathrm{e}^{\mathrm{i}\phi}, \quad \sin qk \approx \sin qk_0 + q\epsilon_2 \,\mathrm{e}^{\mathrm{i}\phi} \cos qk_0$$

hat den gleichen Wert

$$I_{\text{rechts}} = \oint_{HK_2} \mathrm{d}k \frac{k \sin qk}{(k_0^2 - k^2)}$$
$$= -\frac{\mathrm{i}}{2} \int_{\pi}^{2\pi} \mathrm{d}\phi \left\{ \sin qk_0 + \epsilon_2 \,\mathrm{e}^{\mathrm{i}\phi} \Big(q \cos qk_0 + \frac{\sin qk_0}{k_0} \Big) + \cdots \right\}$$
$$\longrightarrow -\frac{\mathrm{i}\pi}{2} \sin qk_0 .$$

Das Gesamtresultat für die freie Green'sche Funktion (2.44) mit Randbedingungen für auslaufende Wellen ist in Zusammenfassung

$$G_0^{(+)}(\boldsymbol{r}, \boldsymbol{r}') = \frac{m_0}{2\pi\hbar^2 q} \left\{ \mathscr{P} \int_{-\infty}^{+\infty} \frac{\mathrm{d}k}{\pi} \frac{k}{(k_0^2 - k^2)} \sin kq - \mathrm{i} \sin k_0 q \right\}$$
$$= -\frac{m_0}{2\pi\hbar^2 q} \{\cos k_0 q + \mathrm{i} \sin k_0 q\}$$
$$= -\frac{m_0}{2\pi\hbar^2 q} \mathrm{e}^{\mathrm{i}k_0 q} . \tag{2.45}$$

Dies zeigt explizit die Äquivalenz der zwei Vorschriften zur Definition einer Green'schen Funktion mit auslaufenden Wellen. Die Überprüfung der Dirac'schen Identität erfordert noch die Auswertung von

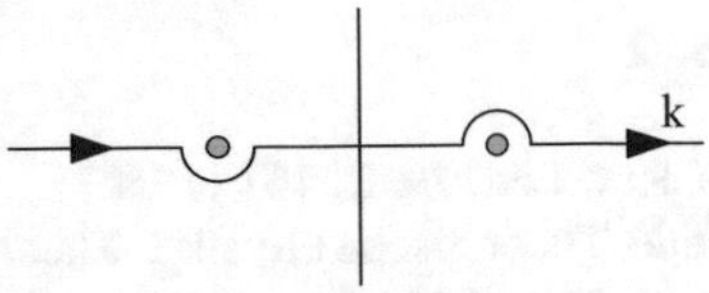

Abb. 2.15 Integrationsweg zur Berechnung von $G_0^{(-)}(\boldsymbol{r},\boldsymbol{r}')$

$$
\begin{aligned}
-\mathrm{i}\pi\,\langle\boldsymbol{r}|\delta(E_0-\hat{H}_0)|\boldsymbol{r}'\rangle &= -\mathrm{i}\pi\int \mathrm{d}^3k'\,\mathrm{d}^3k\,\langle\boldsymbol{r}|\boldsymbol{k}\rangle\langle\boldsymbol{k}|\delta(E_0-\hat{H}_0)|\boldsymbol{k}'\rangle\langle\boldsymbol{k}'|\boldsymbol{r}'\rangle \\
&= -\frac{\mathrm{i}}{8\pi^2}\int \mathrm{d}^3k\,\mathrm{e}^{\mathrm{i}\boldsymbol{k}\cdot(\boldsymbol{r}-\boldsymbol{r}')}\delta\left(\frac{\hbar^2k_0^2}{2m_0}-\frac{\hbar^2k^2}{2m_0}\right) \\
&= -\frac{\mathrm{i}m_0}{\pi\hbar^2 q}\int_0^\infty k\,\mathrm{d}k\,\delta(k_0^2-k^2)\sin qk \\
&= -\frac{\mathrm{i}m_0}{\pi\hbar^2 q}\int_{-\infty}^\infty k\,\mathrm{d}k\,\delta(k_0^2-k^2)\sin qk \\
&= -\frac{\mathrm{i}m_0}{2\pi\hbar^2 q}\sin qk_0 .
\end{aligned}
$$

Die formale Darstellung der Beiträge der Halbkreise durch eine δ-Funktion ergibt das gleiche Resultat wie die explizite Rechnung.

Die Green'sche Funktion $G_0^{(-)}(\boldsymbol{r},\boldsymbol{r}')$ wird mit dem in Abb. 2.15 gezeigten Integrationsweg berechnet. Die Halbkreise werden im Vergleich zu der Rechnung für $G_0^{(+)}$ im umgekehrten Sinn durchlaufen, sodass man

$$
\begin{aligned}
G_0^{(-)}(\boldsymbol{r},\boldsymbol{r}') &= \frac{m_0}{2\pi\hbar^2 q}\left\{\mathscr{P}\int_{-\infty}^{+\infty}\frac{\mathrm{d}k}{\pi}\,\frac{k}{(k_0^2-k^2)}\sin kq+\mathrm{i}\sin k_0 q\right\} \\
&= -\frac{m_0}{2\pi\hbar^2 q}\{\cos k_0 q-\mathrm{i}\sin k_0 q\} \\
&= -\frac{m_0}{2\pi\hbar^2 q}\mathrm{e}^{-\mathrm{i}k_0 q} \qquad (2.46)
\end{aligned}
$$

erhält.

Die Definition der Green'schen Funktion mit der Randbedingung von stehenden Wellen

$$
G_0^{(s)}(\boldsymbol{r},\boldsymbol{r}') = \frac{1}{2}\left[G_0^{(+)}(\boldsymbol{r},\boldsymbol{r}')+G_0^{(-)}(\boldsymbol{r},\boldsymbol{r}')\right]
$$

zeigt dann, dass sich die Beiträge der Halbkreise herausheben, sodass diese Green'sche Funktion nur durch den Hauptwertbeitrag bestimmt wird.

2.5 Literatur in Kap. 2

1. B. A. Lippmann, Phys. Rev. Lett. **79**, S. 461 (1950)
2. R.M. Dreizler, C.S. Lüdde. Theoretische Physik 1, Theoretische Mechanik. Springer Verlag, Heidelberg (2002 und 2008)
   R.M. Dreizler, C.S. Lüdde: Theoretische Physik 2, Elektrodynamik und Spezielle Relativitätstheorie. Springer Verlag, Heidelberg (2005)
   R.M. Dreizler, C.S. Lüdde: Theoretische Physik 3, Quantenmechanik 1. Springer Verlag, Heidelberg (2007)
   R.M. Dreizler, C.S. Lüdde: Theoretische Physik 4, Statistische Mechanik und Thermodynamik. Springer Verlag, Heidelberg (2016)
3. R.P. Feynman, Phys. Rev. **76**, S. 749 (1949)

Elastische Streuung: Zeitabhängige Formulierung

3

Die Streuung von zwei klassischen Teilchen kann folgendermaßen beschrieben werden: Die Teilchen sind zunächst so weit voneinander entfernt, dass keine Wechselwirkung zwischen ihnen stattfindet. Ihre Trajektorien sind jedoch so beschaffen, dass sie über eine bestimmte Zeitspanne miteinander wechselwirken, sich danach wieder trennen und wechselwirkungsfrei auseinanderbewegen. Die Streuung ist elastisch, falls die Teilchen keine innere Struktur besitzen, die unter Aufnahme von Energie angeregt werden kann. Wenn die Wechselwirkung zwischen den Teilchen, wie in Abschn. 1.1.2 besprochen, nur von der Relativkoordinate abhängt, muss die Schwerpunktbewegung des Zweiteilchensystems nicht diskutiert werden.

Im Fall von Quantenteilchen (relativistisch und nichtrelativistisch) ist eine Angabe von Teilchenbahnen nicht möglich. Vorgegeben wird der Anfangszustand für die Relativbewegung des Stoßsystems $|\psi_i(t_i)\rangle$. Die weitere Zeitentwicklung, einschließlich aller Quanteneffekte, wird durch Zeitentwicklungsoperatoren (im nichtrelativistischen Fall auf der Basis der Schrödingergleichung) für Quantenzustände beschrieben. Durch Projektion des Endzustands $|\Psi_f(t_f)\rangle$ auf ebene Wellenzustände wird der Ausgang des Stoßexperiments analysiert. Bei der Berechnung der Zeitentwicklung wird die klassische, zeitliche Variation des Abstands der Teilchen durch ein adiabatischen An- und Abschalten der Wechselwirkung simuliert. Man kann zeigen, dass die Zeitpunkte t_i und t_f durch $t_i = -\infty$ und $t_f = +\infty$ ersetzt werden können und dass der Übergang von dem Anfangszustand in den Endzustand in einem Zeitintervall um den Zeitpunkt $t = 0$ stattfindet.

Der Stoßprozess wird auf diese Weise durch eine Grenzwertbetrachtung beschrieben. Man führt zu dessen Realisierung zwei Operatoren ein, die Mølleroperatoren $\hat{\Omega}_+$ und $\hat{\Omega}_-$. Der Operator $\hat{\Omega}_+$ beschreibt die Zeitentwicklung des Systems von dem Zeitpunkt $t = -\infty$ bis zu dem Zeitpunkt $t = 0$, der Operator $\hat{\Omega}_-$ von $t = \infty$ zurück bis zu dem Zeitpunkt $t = 0$. Aus den Mølleroperatoren kann man den S-Matrixoperator $\hat{S} = \hat{\Omega}_-^\dagger \hat{\Omega}_+$ gewinnen, der die Zeitentwicklung über den gesamten Stoßprozess beschreibt und somit einen zentralen Punkt der Streutheorie darstellt.

R. M. Dreizler et al., *Streutheorie in der nichtrelativistischen Quantenmechanik*,
https://doi.org/10.1007/978-3-662-57897-1_3

Die Eigenschaften dieser drei Operatoren werden auf der Basis ihrer Definition als zeitliche Grenzwerte zusammengestellt, und es wird der Nachweis geführt, dass der S-Matrix Operator und der T-Matrix Operator verwandt sind, dass also die stationäre und die zeitabhängige Beschreibung von Stoßprozessen äquivalente Resultate liefert.

Als dritter Operator für die Diskussion von Streuprozessen wird der K-Matrixoperator vorgestellt. Eine seiner Eigenschaften ist die Tatsache, dass die K-Matrixelemente das optische Theorem erfüllen, auch wenn der Operator nur näherungsweise berechnet wird.

Zur Abrundung der Diskussion der Potentialstreuung wird als letzter Punkt dieses Kapitels die Partialwellenentwicklung der Matrixelemente der Operatoren $\hat{\mathsf{T}}$, $\hat{\mathsf{S}}$ und $\hat{\mathsf{K}}$ für Zentral- und allgemeinere Potentiale aufbereitet.

3.1 Der Zeitentwicklungsoperator

Zur Diskussion steht ein quantenmechanisches Anfangswertproblem, das auf der Lösung der zeitabhängigen Schrödingergleichung mit einem zeitunabhängigen Hamiltonoperator (vergleiche Kap. 2),

$$\mathrm{i}\hbar\frac{\partial}{\partial t}|\Psi(t)\rangle = \left[\hat{H}_0 + \hat{V}\right]|\Psi(t)\rangle$$

beruht.[1] Die Diskussion derartiger Anfangswertprobleme beruht zweckmäßigerweise auf den folgenden Formulierungen der zeitabhängigen Quantenmechanik

- Dem *Schrödingerbild* (indiziert mit S), in dem die Zeitentwicklung der Zustände durch den zeitunabhängigen Hamiltonoperator bestimmt wird. Alle anderen Operatoren sind im Normalfall in dieser Darstellung zeitunabhängig.
- Dem *Wechselwirkungsbild* (indiziert mit I für *interaction*), in dem man die Zeitentwicklung der Zustände durch den Operator $\hat{H}_0$ von der durch den Operator $\hat{V}$ trennt. Operatoren sind in diesem Bild zwangsläufig zeitabhängig.

Die zwei Darstellungen sind durch eine unitäre Transformation miteinander verknüpft. Dies bedingt, dass Skalarprodukte von Zustandsvektoren und andere Matrixelemente unabhängig von der bestimmten Darstellung sind, die Darstellung also frei wählbar ist. Im Weiteren wird (der Einfachheit halber) vorausgesetzt, dass der Operator $\hat{H}_0$ mit dem Operator für die kinetische Energie $\hat{T}$ identisch ist.

Der Ablauf eines individuellen Stoßprozesses kann mithilfe von Zeitentwicklungsoperatoren beschrieben werden. Zur Anknüpfung an die stationäre Formulierung

[1] Eine Aufbereitung dieses Themas findet man zum Beispiel in Band 3, Abschn. 9.5. Ist die Potentialfunktion explizit zeitabhängig – zum Beispiel bei der Bewegung der wechselwirkenden Teilchen in einem zusätzlichen, oszillierenden elektromagnetischen Feld – so ist eine weitergehende Betrachtung erforderlich.

muss man die Prozesse formal[2] von sehr frühen bis zu sehr späten Zeitpunkten verfolgen. Die Diskussion der dabei auftretenden zeitlichen Grenzwerte, ohne eine explizite Ananlyse der eigentlich relevanten Prozesse bei kleinen Abständen der Stoßpartner, führt letztlich über die Diskussion der Mølleroperatoren und der S-Matrix auf die Aussage, dass die stationäre und die zeitabhängige Behandlung des Streuproblems äquivalent sind.

3.1.1 Das Schrödingerbild

Für ein Streuproblem ist ein Anfangszustand (Anfangszeit t_i)

$$|\psi_S(t_i)\rangle \equiv |\psi_{\text{ein}}\rangle$$

in der Form eines Wellenpakets für die Relativbewegung mit einer gewissen, mit der Unschärferelation verträglichen Lokalisierung im Orts- und im Impulsraum, vorgegeben

$$|\psi_{\text{ein}}\rangle = \int \mathrm{d}^3k \; |\boldsymbol{k}\rangle\langle\boldsymbol{k}|\psi_{\text{ein}}\rangle = \int \mathrm{d}^3k \; \psi_{\text{ein}}(\boldsymbol{k})|\boldsymbol{k}\rangle.$$

Diese Wellenfunktion kann nach ebenen Wellen entwickelt werden

$$\psi_{\text{ein}}(\boldsymbol{r}) = \langle\boldsymbol{r}|\psi_{\text{ein}}\rangle = \int \mathrm{d}^3k \; \psi_{\text{ein}}(\boldsymbol{k})\frac{\mathrm{e}^{\mathrm{i}\boldsymbol{k}\cdot\boldsymbol{r}}}{(2\pi)^{3/2}}.$$

Aus der zeitabhängigen Schrödingergleichung

$$\mathrm{i}\hbar\partial_t|\psi_S(t)\rangle = \hat{H}|\psi_S(t)\rangle = (\hat{H}_0 + \hat{V})|\psi_S(t)\rangle$$

gewinnt man durch direkte Integration über die Zeit eine äquivalente Integralgleichung für den zeitabhängigen Zustand, der sich aus $|\psi_{\text{ein}}\rangle$ entwickelt

$$|\psi_S(t)\rangle = |\psi_{\text{ein}}\rangle - \frac{\mathrm{i}}{\hbar}\int_{t_i}^{t} \mathrm{d}t'\hat{H}|\psi_S(t')\rangle. \tag{3.1}$$

Die Anfangsbedingung ist hier eingearbeitet. Man kann die zeitliche Änderung des Zustands $|\psi_S(t)\rangle$ darstellen, indem man einen *Zeitentwicklungsoperator* $\hat{U}_S(t, t_i)$ einführt, im allgemeinen Fall

$$|\psi_S(t)\rangle = \hat{U}_S(t, t_i)|\psi_S(t_i)\rangle, \tag{3.2}$$

beziehungsweise in Zusammenhang mit dem Streuproblem

$$|\psi_S(t)\rangle = \hat{U}_S(t, t_i)|\psi_{\text{ein}}\rangle.$$

---

[2] Die wirkliche Wechselwirkungszeit kann in der Realität durchaus sehr kurz sein.

Die Anfangsbedingungen entsprechen

$$\hat{U}_S(t_i, t_i) = \hat{1}.$$

Der Ansatz (3.2) liefert anstelle von (3.1) die Operatorgleichung

$$\hat{U}_S(t, t_i) = \hat{1} - \frac{\mathrm{i}}{\hbar} \int_{t_i}^{t} \mathrm{d}t' \hat{H}\, \hat{U}_S(t', t_i), \tag{3.3}$$

die auf einen beliebigen Anfangszustand einwirken kann. Eine formale Lösung von (3.3) gewinnt man durch Iteration[3]

$$\begin{aligned}
\hat{U}_S^{(1)}(t, t_i) &= \hat{1} + \left(-\frac{\mathrm{i}}{\hbar}\right) \hat{H}(t - t_i),\\
\hat{U}_S^{(2)}(t, t_i) &= \hat{1} + \left(-\frac{\mathrm{i}}{\hbar}\right) \hat{H}(t - t_i) + \frac{1}{2!}\left(-\frac{\mathrm{i}}{\hbar}\right)^2 \hat{H}^2(t - t_i)^2,\\
&\vdots\\
\hat{U}_S^{(n+1)}(t, t_i) &= \hat{U}_S^{(n)}(t, t_i) + \frac{1}{(n+1)!}\left(-\frac{\mathrm{i}}{\hbar}\right)^{n+1} \hat{H}^{n+1}\,(t - t_i)^{n+1},\\
&\vdots
\end{aligned}$$

und Resummation

$$\hat{U}_S(t, t_i) = \exp\left[-\frac{\mathrm{i}}{\hbar}\hat{H}(t - t_i)\right]. \tag{3.4}$$

Die formale Lösung (3.4) ist ein Platzhalter für die entsprechende Operatorreihe. Nur in einfachen Fällen kann man einen geschlossenen analytischen Ausdruck für $\hat{U}_S(t, t_i)$ angeben.

Der Operator $\hat{U}_S(t, t_i)$ besitzt die folgenden Eigenschaften:

- Er ist *unitär*. Aus (3.4) folgt

$$\begin{aligned}
\hat{U}_S^{\dagger}(t, t_i) &= \exp\left[\frac{\mathrm{i}}{\hbar}\hat{H}(t - t_i)\right] = \exp\left[-\frac{\mathrm{i}}{\hbar}\hat{H}(t_i - t)\right]\\
&= \hat{U}_S(t_i, t) = \hat{U}_S^{-1}(t, t_i),
\end{aligned} \tag{3.5}$$

  vorausgesetzt der Hamiltonoperator $\hat{H}$ ist hermitesch $\hat{H} = \hat{H}^{\dagger}$. Der hermitesch konjugierte Zeitentwicklungsoperator beschreibt den umgekehrten Zeitablauf. Er entspricht also dem inversen Zeitentwicklungsoperator.

[3]Diese einfache Form von (3.3) ist nur für einen *zeitunabhängigen* Hamiltonoperator gültig.

- Er genügt dem Multiplikationstheorem

$$\hat{U}_S(t, t_1)\, \hat{U}_S(t_1, t_i) = \hat{U}_S(t, t_i). \tag{3.6}$$

Dies folgt aus der allgemeinen Relation

$$e^{\hat{A}} e^{\hat{B}} = e^{\hat{A}+\hat{B}} \quad \text{für} \quad [\hat{A}, \hat{B}] = \hat{0}.$$

- Mit den Aussagen (3.5) und (3.6) kann man die Gleichungen

$$\hat{U}_S^\dagger(t, t_i)\hat{U}_S(t, t_i) = \hat{1} \quad \text{und} \quad \hat{U}_S(t, t_i)\hat{U}_S^\dagger(t, t_i) = \hat{1} \tag{3.7}$$

notieren.[4] Der unitäre Operator $\hat{U}_S$ erhält somit die Norm und Skalarprodukte

$$\langle\phi|\hat{U}_S^\dagger(t, t_i)\hat{U}_S(t, t_i)|\chi\rangle = \langle\phi|\chi\rangle.$$

- Steht der Operator $\hat{H}_0$ für die kinetische Energie[5]

$$\hat{H}_0 \equiv \hat{T},$$

so beschreibt der Zeitentwicklungsoperator

$$\hat{U}_{S,0}(t, t_i) \equiv \hat{U}_0(t, t_i) = \exp\left[-\frac{i}{\hbar}\hat{H}_0(t - t_i)\right] \tag{3.8}$$

eine freie Propagation.

3.1.2 Das Wechselwirkungsbild

Die Zustände und Operatoren in der Wechselwirkungsdarstellung sind durch eine unitäre Transformation mit dem Operator $\hat{U}_0(t, t_0)$ und mit den Zuständen in der Schrödingerdarstellung verknüpft

$$|\psi_I(t)\rangle = \hat{U}_0^\dagger(t, t_0)|\psi_S(t)\rangle. \tag{3.9}$$

Damit wird festgelegt, dass die Zustände in den zwei Bildern zu einem beliebigen Zeitpunkt $t = t_0$ übereinstimmen. Für die Transformation von Operatoren in den

[4]Es folgt aus $\hat{O}^\dagger\hat{O} = \hat{1}$ nicht notwendigerweise $\hat{O}\hat{O}^\dagger = \hat{1}$. Ein Operator $\hat{O}$, für den $\hat{O}^\dagger\hat{O} \neq \hat{O}\hat{O}^\dagger$ gilt, ist nicht unitär.

[5]Diese Aussage wird in dem folgenden Teil dieses Kapitels vorausgesetzt.

zwei Bildern folgt: Für die Schrödingergleichung im Wechselwirkungsbild findet man

$$\mathrm{i}\hbar\partial_t|\psi_{\mathrm{I}}(t)\rangle = \hat{V}_{\mathrm{I}}(t)|\psi_{\mathrm{I}}(t)\rangle,$$

wenn man die zeitabhängige Wechselwirkung durch

$$\hat{V}_{\mathrm{I}}(t) = \hat{U}_0^{\dagger}(t,t_0)\hat{V}_{\mathrm{S}}\hat{U}_0(t,t_0)$$

definiert. Die Zeitentwicklung des Zustands $|\psi_{\mathrm{I}}(t)\rangle$ wird allein durch die Wechselwirkung bestimmt. Differenziert man diese Relation nach der Zeit, so erhält man

$$\partial_t\hat{V}_{\mathrm{I}}(t) = \frac{\mathrm{i}}{\hbar}\left[\hat{H}_0, \hat{V}_{\mathrm{S}}\right].$$

Die Zeitabhängigkeit der Wechselwirkung im Wechselwirkungsbild wird durch den Kommutator mit $\hat{H}_0$ bestimmt.

Desgleichen ergibt sich für jeden anderen Operator

$$\hat{O}_{\mathrm{I}}(t) = \hat{U}_0^{\dagger}(t,t_0)\hat{O}_{\mathrm{S}}\hat{U}_0(t,t_0).$$

Auch deren Zeitentwicklung wird durch die Bewegungsgleichung

$$\frac{\mathrm{d}}{\mathrm{d}t}\hat{O}_{\mathrm{I}}(t) = \frac{\mathrm{i}}{\hbar}[\hat{H}_0, \hat{O}_{\mathrm{I}}(t)]$$

geregelt. Der freie Hamiltonoperator hat die gleiche Form in den zwei Bildern.

Um eine explizite Darstellung des Zeitentwicklungsoperators $\hat{U}_I$ in dem Wechselwirkungsbild

$$|\psi_{\mathrm{I}}(t)\rangle = \hat{U}_{\mathrm{I}}(t,t_1)|\psi_{\mathrm{I}}(t_1)\rangle$$

zu gewinnen, betrachtet man (mit 3.2 und 3.9)

$$\begin{aligned}|\psi_{\mathrm{I}}(t)\rangle &= \hat{U}_0^{\dagger}(t,t_0)|\psi_{\mathrm{S}}(t)\rangle\\ &= \hat{U}_0^{\dagger}(t,t_0)\hat{U}_{\mathrm{S}}(t,t_1)|\psi_{\mathrm{S}}(t_1)\rangle\\ &= \hat{U}_0^{\dagger}(t,t_0)\hat{U}_{\mathrm{S}}(t,t_1)\hat{U}_0(t_1,t_0)|\psi_{\mathrm{I}}(t_1)\rangle\end{aligned}$$

und identifiziert

$$\hat{U}_{\mathrm{I}}(t,t_1) = \hat{U}_0^{\dagger}(t,t_0)\hat{U}_{\mathrm{S}}(t,t_1)\hat{U}_0(t_1,t_0), \tag{3.10}$$

sodass

$$\hat{U}_{\mathrm{I}}(t_1,t_1) = \hat{1}$$

ist. Der Operator $\hat{U}_{\mathrm{I}}(t_2,t_1)$ besitzt die gleichen Eigenschaften wie der Operator $\hat{U}_{\mathrm{S}}(t_2,t_1)$. Er ist unitär, denn es gilt

$$\hat{U}_{\mathrm{I}}^{\dagger}(t_2,t_1)\hat{U}_{\mathrm{I}}(t_2,t_1) = \hat{U}_{\mathrm{I}}(t_2,t_1)\hat{U}_{\mathrm{I}}(t_2,t_1)^{\dagger} = \hat{1}, \tag{3.11}$$

und er gehorcht dem Multiplikationstheorem

$$\hat{U}_{\mathrm{I}}(t_3, t_2)\hat{U}_{\mathrm{I}}(t_2, t_1) = \hat{U}_{\mathrm{I}}(t_3, t_1). \tag{3.12}$$

Die Schrödingergleichung im Wechselwirkungsbild entspricht der Integralgleichung

$$\hat{U}_{\mathrm{I}}(t, t_i) = \hat{1} - \frac{\mathrm{i}}{\hbar}\int_{t_i}^{t} \mathrm{d}t' \hat{V}_{\mathrm{I}}(t')\hat{U}_{\mathrm{I}}(t', t_i) \tag{3.13}$$

für den Operator $\hat{U}_{\mathrm{I}}(t, t_i)$. Die Iteration dieser Integralgleichung ist aufwendiger, da Wechselwirkungsoperatoren zu verschiedenen Zeiten nicht vertauschbar sind

$$\hat{V}_{\mathrm{I}}(t_1)\hat{V}_{\mathrm{I}}(t_2) \neq \hat{V}_{\mathrm{I}}(t_2)\hat{V}_{\mathrm{I}}(t_1).$$

Dies bedingt, dass man in jeder Ordnung der Iteration die genaue Zeitsequenz einhalten muss. Die Iteration von (3.13) führt aus diesem Grund auf

$$\hat{U}_{\mathrm{I}}(t, t_i) = \mathrm{T}\left[\mathrm{e}^{-\frac{\mathrm{i}}{\hbar}\int_{t_i}^{t}\mathrm{d}t'\hat{V}_{\mathrm{I}}(t')}\right], \tag{3.14}$$

wobei die Bezeichnung T ein zeitgeordnetes Produkt der Operatoren in der Entwicklung charakterisiert

$$\begin{aligned}
\mathrm{T}\left[\mathrm{e}^{-\frac{\mathrm{i}}{\hbar}\int_{t_i}^{t}\mathrm{d}t'\hat{V}_{\mathrm{I}}(t')}\right] &= \hat{1} + \sum_{n=1}^{\infty}\left(\frac{1}{n!}\right)\left(-\frac{\mathrm{i}}{\hbar}\right)^n \int_{t_i}^{t}\mathrm{d}t_n \int_{t_i}^{t}\mathrm{d}t_{n-1}\cdots \\
&\quad \cdots \int_{t_i}^{t}\mathrm{d}t_1\, \mathrm{T}\,[\hat{V}_{\mathrm{I}}(t_n)\cdots\hat{V}_{\mathrm{I}}(t_1)] + \ldots \\
&= \hat{1} + \sum_{n=1}^{\infty}\left(-\frac{\mathrm{i}}{\hbar}\right)^n \int_{t_i}^{t}\mathrm{d}t_n \int_{t_i}^{t_n}\mathrm{d}t_{n-1}\cdots \\
&\quad \cdots \int_{t_i}^{t_2}\mathrm{d}t_1[\hat{V}_{\mathrm{I}}(t_n)\cdots\hat{V}_{\mathrm{I}}(t_1)] + \ldots
\end{aligned} \tag{3.15}$$

Die explizite Form des zeitgeordneten Produkts ist in (3.15) angegeben. Die Operatoren sind so angeordnet, dass Operatoren zu früheren Zeiten immer rechts von Operatoren zu späteren Zeiten in den Operatorketten stehen.

3.1.3 Der zeitliche Ablauf des Stoßprozesses

Um einen (elastischen) Streuprozess zu verfolgen, muss man die Zeitentwicklung von einer Anfangszeit $t_i = t_{\mathrm{ein}}$, zu der die Stoßpartner getrennt sind, bis zu einem Zeitpunkt $t_f = t_{\mathrm{aus}}$, zu dem sie wieder getrennt sind, beschreiben. Wenn zu der Anfangszeit ein Wellenpaket vorgegeben ist, so wird sich dieser Zustand bis zu dem

Zeitpunkt der größten Annäherung der Stoßpartner unter dem Einfluss der gegenseitigen Wechselwirkung entwickeln. Nach der Weiterentwicklung bis zu dem Ende des Experiments wird, abgesehen von der uniformen Bewegung, ein (zeitlich) konstanter Endzustand erreicht. Damit dieses Szenario mit zeitlich konstanten Anfangs- und Endzuständen – das ist eine unabdingbare Bedingung für die Aufbereitung und die Analyse dieser Zustände – ablaufen kann, muss man voraussetzen, dass die Wechselwirkung zwischen den Stoßpartnern auf einen endlichen Raumbereich beschränkt ist. Es findet dann zunächst nur freie Propagation statt. Die Wechselwirkung schaltet sich mit der Annäherung der Teilchen in irgendeiner Form ein und nach Durchlauf durch den kleinsten Abstand mit wachsender Entfernung wieder aus. Die Propagation ist danach wieder frei.

Während das eigentliche Experiment in recht kurzer Zeit abläuft, kann man, aus theoretischer Sicht, die Anfangs- und die Endphase des Stoßprozesses beliebig ausdehnen, den Prozess also in dem Zeitintervall von $t_i = -\infty$ bis $t_f = +\infty$ ablaufen lassen. Auf diese Weise kann man feststellen, dass die zeitabhängige und die stationäre Formulierung das gleiche Resultat für Messgrößen, wie differentielle Wirkungsquerschnitte, liefert. Es muss dann jedoch die Frage beantwortet werden, ob – beziehungsweise unter welchen Bedingungen – die so auftretenden Zeitgrenzwerte existieren. Zu diesem Zweck kann man das Wechselwirkungsbild benutzen. Man wählt als Zeitpunkt der größten Annäherung der Stoßpartner $t_0 = 0$. Gemäß Abschn. 3.1.2 stimmen zu diesen Zeitpunkt die Aussagen der zwei Bilder überein. In dem Wechselwirkungsbild hängen die freien Teilchenzustände $|\psi_{\text{ein}}\rangle$ und $|\psi_{\text{aus}}\rangle$ nicht von der Zeit ab, sodass man die Existenz von zwei Grenzwerten in der Form

$$|\psi_{\text{S}}(0)\rangle \equiv |\psi_{\text{I}}(0)\rangle = \lim_{t\to-\infty} \hat{U}_{\text{I}}(0,t)|\psi_{\text{ein}}\rangle = \lim_{t\to-\infty} \hat{U}_{\text{I}}^{\dagger}(t,0)|\psi_{\text{ein}}\rangle \tag{3.16}$$

für den einlaufenden Anteil und

$$|\psi_{\text{S}}(0)\rangle \equiv |\psi_{\text{I}}(0)\rangle = \lim_{t\to+\infty} \hat{U}_{\text{I}}^{\dagger}(t,0)|\psi_{\text{aus}}\rangle \tag{3.17}$$

für die zweite Hälfte des Streuprozesses nachweisen muss. Als Werkzeug benutzt man dazu (Aufbereitung in Abschn. 3.6.1) die Integralgleichung (3.13)

$$\hat{U}_{\text{I}}(t,t_i) = \hat{1} - \frac{\text{i}}{\hbar}\int_{t_i}^{t} \text{d}t'\,\hat{V}_{\text{I}}(t')\hat{U}_{\text{I}}(t',t_i).$$

Man kann zur Diskussion der zwei konkreten Grenzwerte zum einen ein explizites Wellenpaket vorgeben, wobei man voraussetzt, dass die genaue Form des Pakets infolge der Grenzbetrachtung keine wesentliche Rolle spielt. Diese Option wird in Abschn. 3.6.2 diskutiert. Alternativ kann man versuchen, die Integralgleichung direkt auszuwerten. Da diese Gleichung z. B. für $t_i \to -\infty$ nicht wohl definiert ist, ist eine Regularisierung notwendig. Diese besteht in den folgenden Schritten:

- Ersetze die Wechselwirkung $\hat{V}_{\text{I}}(t)$ durch

$$\hat{V}_{\text{I}}(t) \Longrightarrow \hat{V}_{\epsilon}(t) = \text{e}^{-\frac{\epsilon}{\hbar}|t|}\,\hat{V}_{\text{I}}(t).$$

Dabei wird $\epsilon > 0$ und genügend klein vorausgesetzt.

- Löse oder diskutiere die Integralgleichung mit $\hat{V}_\epsilon(t)$.
- Bestimme den Grenzwert für $\epsilon \to 0$ mit dieser Lösung.

Eine anschauliche Erläuterung dieser Vorschrift, die als *adiabatisches Schalten* bezeichnet wird, ist die Aussage: In der formalen Fassung ist es nicht möglich, das An- und Abschalten der Wechselwirkung als Funktion des Abstandes der Stoßpartner zum Ausdruck zu bringen. Die *Regularisierung* simuliert wegen

$$\hat{V}_\epsilon(t) \overset{t\to\pm\infty}{\longrightarrow} 0 \quad \text{für} \quad \epsilon > 0 \quad \text{und} \quad \hat{V}_\epsilon(0) = \hat{V}_\mathrm{I}(0)$$

ein adiabatisches Ein- und Ausschalten der Wechselwirkung $\hat{V}_\mathrm{I}(t)$, das den korrekten Zeitablauf nicht verfälscht, falls der Schaltparameter ϵ klein genug ist. Auch diese Option wird – (in Abschn. 3.6.3) – näher untersucht. Kombiniert man die Resultate der zwei Betrachtungsweisen, so kann man feststellen:

Die Grenzwerte (3.16) und (3.17) existieren, falls die potentielle Energie bis auf endlich viele Stellen stetig ist und die Bedingungen (vergleiche Abschn. 1.1.2)

$$v(r) \overset{r\to 0}{\longrightarrow} \frac{1}{r^{3/2-\delta}} \quad \text{und} \quad v(r) \overset{r\to\infty}{\longrightarrow} \frac{1}{r^{3/2+\delta}} \qquad (\delta > 0)$$

erfüllt.

Die Existenz der Grenzwerte erlaubt die Definition von zwei zentralen Operatoren der Streutheorie[6] den *Mølleroperatoren*

$$\hat{\Omega}_\pm = \lim_{t\to\mp\infty} \hat{U}_\mathrm{S}^\dagger(t,0)\hat{U}_0(t,0) = \lim_{t\to\mp\infty} \hat{U}_\mathrm{I}^\dagger(t,0) \tag{3.18}$$

mit den Eigenschaften

$$|\psi_\mathrm{S}(0)\rangle = \hat{\Omega}_+|\psi_\mathrm{ein}\rangle \quad \text{und} \quad |\psi_\mathrm{S}(0)\rangle = \hat{\Omega}_-|\psi_\mathrm{aus}\rangle, \tag{3.19}$$

die den Grenzwerten (3.16) und (3.17) entsprechen.

3.1.4 Die Mølleroperatoren

Aus den Relationen (3.18) und (3.19) kann man weitere nützliche Aussagen über die Mølleroperatoren gewinnen:

- Die Forderung nach der Normerhaltung des Zustands ist wegen

$$\langle\psi_\mathrm{S}(0)|\psi_\mathrm{S}(0)\rangle = \langle\psi_\mathrm{ein}|\hat{\Omega}_+^\dagger\hat{\Omega}_+|\psi_\mathrm{ein}\rangle = \langle\psi_\mathrm{aus}|\hat{\Omega}_-^\dagger\hat{\Omega}_-|\psi_\mathrm{aus}\rangle = 1$$

[6]C. Møller, Danske Videnskab. Selskab, Mat-fys. Medd. **23**, 1 (1948).

erfüllt, wenn

$$\hat{\Omega}_+^\dagger \hat{\Omega}_+ = \hat{\Omega}_-^\dagger \hat{\Omega}_- = \hat{1} \tag{3.20}$$

gilt.

- Inversion der zweiten Gleichung in (3.19) und Einfügung in die erste liefert

$$|\psi_{\text{aus}}\rangle = \hat{\Omega}_-^\dagger |\psi_S(0)\rangle = \hat{\Omega}_-^\dagger \hat{\Omega}_+ |\psi_{\text{ein}}\rangle. \tag{3.21}$$

Dies bedeutet, dass sich aus den zwei Mølleroperatoren ein Operator gewinnen lässt, der den Anfangszustand direkt in den Ausgangszustand überführt. Der Anfangszustand wird als freier Zustand präpariert, nach dem Streuprozess wird der Endzustand als freier Zustand beobachtet. Das Operatorprodukt

$$\hat{\mathsf{S}} = \hat{\Omega}_-^\dagger \hat{\Omega}_+, \tag{3.22}$$

das die gesamte notwendige Information über den Streuvorgang beinhaltet, wird als *S-Matrixoperator* bezeichnet.[7] Infolge seiner zentralen Bedeutung wird er in dem folgenden Abschnitt genauer analysiert.

- Für endliche Werte der Zeit τ gilt

$$\lim_{t\to\pm\infty} \mathrm{e}^{\frac{\mathrm{i}}{\hbar}\hat{H}\tau} \left[\mathrm{e}^{\frac{\mathrm{i}}{\hbar}\hat{H}t}\mathrm{e}^{-\frac{\mathrm{i}}{\hbar}\hat{H}_0 t}\right] \mathrm{e}^{-\frac{\mathrm{i}}{\hbar}\hat{H}_0\tau} = \lim_{t'\to\pm\infty} \mathrm{e}^{\frac{\mathrm{i}}{\hbar}\hat{H}t'}\mathrm{e}^{-\frac{\mathrm{i}}{\hbar}\hat{H}_0 t'},$$

wobei $t' = t + \tau$ gesetzt wurde. Auf beiden Seiten dieser Gleichung erkennt man Mølleroperatoren, sodass man

$$\mathrm{e}^{\frac{\mathrm{i}}{\hbar}\hat{H}\tau}\hat{\Omega}_\pm \mathrm{e}^{-\frac{\mathrm{i}}{\hbar}\hat{H}_0\tau} = \hat{\Omega}_\pm \quad \text{bzw.} \quad \mathrm{e}^{\frac{\mathrm{i}}{\hbar}\hat{H}\tau}\hat{\Omega}_\pm = \hat{\Omega}_\pm \mathrm{e}^{\frac{\mathrm{i}}{\hbar}\hat{H}_0\tau}$$

schreiben kann. In erster Ordnung liefert die Entwicklung der exponierten Operatoren

$$\hat{H}\hat{\Omega}_\pm = \hat{\Omega}_\pm \hat{H}_0. \tag{3.23}$$

Benutzt man hier noch die Gl. (3.20), so gewinnt man die Relation

$$\hat{\Omega}_\pm^\dagger \hat{H} \hat{\Omega}_\pm = \hat{H}_0. \tag{3.24}$$

Eine Ähnlichkeitstransformation des vollständigen Hamiltonoperators mit den Mølleroperatoren ergibt den freien Hamiltonoperator. Dies zeigt, dass die Mølleroperatoren im Allgemeinen nicht unitär sein können, da (3.24) besagen würde, dass die Hamiltonoperatoren $\hat{H}$ und $\hat{H}_0$ das gleiche Spektrum aufweisen. Dies ist jedoch nur der Fall, wenn das Spektrum von $\hat{H}$ keine gebundenen Zustände enthält. In Umkehrung dieser Aussage gilt: Falls in dem Spektrum von $\hat{H}$ keine gebundenen Zustände vorkommen, sind die Mølleroperatoren unitär.

[7] Dieses Konzept wurde zuerst von J. A. Wheeler, Phys. Rev. **52**, S. 1107 (1937) eingeführt und später in allgemeiner Form von W. Heisenberg, Z. Phys. **120**, S. 513 (1943) aufgegriffen und erweitert.

- Die Mølleroperatoren werden als isometrisch bezeichnet. Der Unterschied zu unitären Operatoren ist: Unitäre Operatoren bilden den gesamten Lösungsraum eines Problems mit einem Hamiltonoperator $\hat{H}$ auf sich ab, isometrische Operatoren tun dies nicht (siehe Abschn. 3.3.1).

3.2 Die S-Matrix

Der S-Matrixoperator

$$\hat{\mathsf{S}} = \hat{\Omega}_{-}^{\dagger}\hat{\Omega}_{+}$$

ergibt sich aus einer Grenzwertbetrachtung ($t \to \pm\infty$) im Rahmen der zeitabhängigen Behandlung des Potentialstreuproblems. Er verknüpft somit die Diskussion des Streuproblems auf der Basis einer stationären Betrachtung mit dem eigentlichen zeitlichen Ablauf des Stoßprozesses. Die Frage, die zunächst im Raum steht, ist: Wie kann man den S-Matrixoperator mit den schon diskutierten Elementen der stationären Streutheorie in Verbindung bringen?

Eine direkte Aussage zu S-Matrixelementen ist: Es existieren nur On-shell S-Matrixelemente. Dies ist eine Konsequenz der Gl. (3.24), die in dem zweiten und dem dritten Schritt der folgenden kleinen Kette von Umformungen benutzt wird

$$\hat{\mathsf{S}}\hat{H}_0 = \hat{\Omega}_{-}^{\dagger}\hat{\Omega}_{+}\hat{H}_0 = \hat{\Omega}_{-}^{\dagger}\hat{H}\hat{\Omega}_{+} = \hat{H}_0\hat{\Omega}_{-}^{\dagger}\hat{\Omega}_{+} = \hat{H}_0\hat{\mathsf{S}}.$$

Der S-Matrixoperator vertauscht also mit dem freien Hamiltonoperator

$$[\hat{H}_0, \hat{\mathsf{S}}] = 0. \tag{3.25}$$

Daraus folgt sofort

$$\langle \boldsymbol{k}|[\hat{H}_0, \hat{\mathsf{S}}]|\boldsymbol{k}'\rangle = (E(k) - E(k'))\langle \boldsymbol{k}|\hat{\mathsf{S}}|\boldsymbol{k}'\rangle = 0.$$

Die S-Matrixelemente verschwinden, wenn $E(k)$ nicht gleich $E(k')$ ist.

3.2.1 Adiabatisches Schalten, formal

Eine formale Lösung der Integralgleichung (3.13) durch Iteration ist möglich, doch bereitet die anschließende Extraktion der S-Matrix, die den Übergang von $t_i \to -\infty$ nach $t_f \to +\infty$ beschreibt, Schwierigkeiten. Um diese Schwierigkeiten zu umgehen, ist eine Regularisierung notwendig. Zur Diskussion der Integralgleichung (3.13) und letztlich zur Extraktion der S-Matrix benutzt man auch das in Abschn. 3.1.3 eingeführte adiabatische Schalten mit

$$\hat{V}_{\mathrm{I}}(t) \Longrightarrow \hat{V}_{\epsilon}(t) = \mathrm{e}^{-\frac{\epsilon}{\hbar}|t|}\hat{V}_{\mathrm{I}}(t).$$

Da der Parameter als $\epsilon > 0$ und genügend klein vorausgesetzt wird, können alle Terme der iterativen Lösung für die Funktion $\hat{V}_\epsilon(t)$ gewonnen und somit die S-Matrixelemente extrahiert werden. Im letzten Schritt wird der Grenzwert $\epsilon \to 0$ betrachtet, der auf die ursprüngliche Wechselwirkung zurückführt.

Eine anschauliche Erläuterung dieser Vorschrift ist die Aussage: In der formalen Fassung ist es nicht möglich, das An- und Abschalten der Wechselwirkung als Funktion des Abstandes der Stoßpartner, beziehungsweise des Abstandes des stoßenden Teilchens von dem *Target,* zum Ausdruck zu bringen. Die Regularisierung simuliert wegen

$$\hat{V}_\epsilon(t) \overset{t\to\pm\infty}{\longrightarrow} 0 \quad \text{für} \quad \epsilon > 0 \quad \text{und} \quad \hat{V}_\epsilon(0) = \hat{V}_\mathrm{I}(0)$$

ein adiabatisches Ein- und Ausschalten der Wechselwirkung $\hat{V}_\mathrm{I}(t)$, das den korrekten Zeitablauf nicht verfälscht, falls der Schaltparameter ϵ klein genug ist.

Nach der Ersetzung $\hat{V}_\mathrm{I} \to V_\epsilon$ folgt aus der Integralgleichung (3.13) durch Iteration

$$\hat{U}_\epsilon(t, t_i) = \hat{1} - \frac{\mathrm{i}}{\hbar}\int_{t_i}^{t} \mathrm{d}t_1 \hat{V}_\epsilon(t_1) + \left(\frac{\mathrm{i}}{\hbar}\right)^2 \int_{t_i}^{t} \mathrm{d}t_1 \hat{V}_\epsilon(t_1) \int_{t_i}^{t_1} \mathrm{d}t_2 \hat{V}_\epsilon(t_2) + \ldots,$$

beziehungsweise in Zusammenfassung

$$\begin{aligned}\hat{U}_\epsilon(t, t_i) = \sum_{n=0}^{\infty} \left(-\frac{\mathrm{i}}{\hbar}\right)^n \int_{t_i}^{t} \mathrm{d}t_1 \hat{V}_\epsilon(t_1) \int_{t_i}^{t_1} \mathrm{d}t_2 \hat{V}_\epsilon(t_2) \cdots \\ \cdots \int_{t_i}^{t_{n-1}} \mathrm{d}t_n \hat{V}_\epsilon(t_n).\end{aligned}$$

Der S-Matrixoperator ist gemäß (3.18) und (3.22) durch

$$\begin{aligned}\hat{\mathsf{S}} = \hat{\Omega}_-^\dagger \hat{\Omega}_+ &= \lim_{\substack{t_1\to\infty \\ t_2\to-\infty}} \left[\hat{U}_0^\dagger(t_1, 0)\hat{U}_\mathrm{S}(t_1, 0)\hat{U}_\mathrm{S}^\dagger(t_2, 0)\hat{U}_0(t_2, 0)\right] \\ &= \lim_{\substack{t_1\to\infty \\ t_2\to-\infty}} \hat{A}(t_1, t_2)\end{aligned}$$

definiert. Die Produkte von Zeitentwicklungsoperatoren entsprechen jedoch wegen (3.10) genau dem Zeitentwicklungsoperator im Wechselwirkungsbild

$$\hat{U}_\mathrm{I}(t, 0) = \left[\hat{U}_0^\dagger(t, 0)\hat{U}_\mathrm{S}(t, 0)\right],$$

sodass man

$$\hat{A}(t_1, t_2) = \hat{U}_\mathrm{I}(t_1, 0)\hat{U}_\mathrm{I}^\dagger(t_2, 0)$$

und nach Anwendung der Konjugations- und der Multiplikationsregeln

$$\hat{A}(t_1, t_2) = \hat{U}_\mathrm{I}(t_1, t_2) \tag{3.26}$$

erhält.

An dieser Stelle kommt die Regularisierung zum Einsatz. Man berechnet den S-Matrixoperator, oder letztlich die S-Matrixelemente, über die Ersetzung von $\hat{U}_{\mathrm{I}}$ durch $\hat{U}_{\epsilon}$ und den Grenzübergang $\epsilon \to 0$

$$\hat{\mathsf{S}} = \lim_{\epsilon \to 0} \hat{\mathsf{S}}_{\epsilon} = \lim_{\epsilon \to 0} \left\{ \sum_{n=0}^{\infty} \left(-\frac{\mathrm{i}}{\hbar}\right)^{n} \int_{-\infty}^{\infty} \mathrm{d}t_1 \hat{V}_{\epsilon}(t_1) \int_{-\infty}^{t_1} \mathrm{d}t_2 \hat{V}_{\epsilon}(t_2) \cdots \right.$$
$$\left. \cdots \int_{-\infty}^{t_{n-1}} \mathrm{d}t_n \hat{V}_{\epsilon}(t_n) \right\}.$$

Der Grenzübergang $\epsilon \to 0$ ist nach Auswertung der Integrale durchzuführen. Die entsprechenden S-Matrixelemente bezüglich ebener Wellenzustände

$$\langle \boldsymbol{k}' | \hat{\mathsf{S}} | \boldsymbol{k} \rangle = \lim_{\epsilon \to 0} \langle \boldsymbol{k}' | \hat{\mathsf{S}}_{\epsilon} | \boldsymbol{k} \rangle$$

können jedoch nur Ordnung für Ordnung ausgewertet werden.

Man erhält

- in nullter Ordnung

$$\langle \boldsymbol{k}' | \hat{\mathsf{S}} | \boldsymbol{k} \rangle_{(0)} = \delta(\boldsymbol{k} - \boldsymbol{k}').$$

Die Teilchen laufen ohne Wechselwirkung aneinander vorbei. Der Relativimpuls ändert sich nicht.

- In erster Ordnung ist der Ausgangspunkt

$$\langle \boldsymbol{k}' | \hat{\mathsf{S}} | \boldsymbol{k} \rangle_{(1)} = - \lim_{\epsilon \to 0} \left\{ \frac{\mathrm{i}}{\hbar} \int_{-\infty}^{\infty} \mathrm{d}t_1 \, \mathrm{e}^{\frac{\epsilon}{\hbar}|t_1|} \, \langle \boldsymbol{k}' | \mathrm{e}^{\frac{\mathrm{i}}{\hbar}\hat{H}_0(t_1)} \hat{V} \mathrm{e}^{-\frac{\mathrm{i}}{\hbar}\hat{H}_0(t_1)} | \boldsymbol{k} \rangle \right\}$$
$$= - \lim_{\epsilon \to 0} \left\{ \frac{\mathrm{i}}{\hbar} \int_{-\infty}^{\infty} \mathrm{d}t_1 \exp\left[-\frac{\mathrm{i}}{\hbar} \{ (E(k) - E(k'))t_1 - \mathrm{i}\epsilon |t_1| \} \right] \right\}$$
$$\times \langle \boldsymbol{k}' | \hat{V} | \boldsymbol{k} \rangle.$$

In diesem Ausdruck können Grenzprozess und Integration vertauscht werden (siehe Abschn. 3.6.4), sodass man mit einer Darstellung der δ-Funktion das Resultat

$$\langle \boldsymbol{k}' | \hat{\mathsf{S}} | \boldsymbol{k} \rangle_{(1)} = -2\pi \mathrm{i} \, \delta(E(k) - E(k')) \langle \boldsymbol{k}' | \hat{V} | \boldsymbol{k} \rangle$$

gewinnt. Hier kommt sowohl das On-shell Verhalten als auch die (erwartete) Proportionalität zu dem Potentialmatrixelement zum Ausdruck.

- In zweiter Ordnung ist das Matrixelement

$$\langle \boldsymbol{k}' | \hat{\mathsf{S}} | \boldsymbol{k} \rangle_{(2)} = \left(\frac{-\mathrm{i}}{\hbar}\right)^2 \lim_{\epsilon \to 0} \left\{ \int \mathrm{d}^3 k'' \int_{-\infty}^{\infty} \mathrm{d}t_1 \, \langle \boldsymbol{k}' | \mathrm{e}^{\frac{\mathrm{i}}{\hbar}\hat{H}_0(t_1)} \hat{V} \mathrm{e}^{-\frac{\mathrm{i}}{\hbar}\hat{H}_0(t_1)} | \boldsymbol{k}'' \rangle \right.$$
$$\left. \times \, \mathrm{e}^{-\frac{\epsilon}{\hbar}|t_1|} \int_{-\infty}^{\infty} \mathrm{d}t_2 \, \mathrm{e}^{\frac{-\epsilon}{\hbar}|t_2|} \, \langle \boldsymbol{k}'' | \mathrm{e}^{\frac{\mathrm{i}}{\hbar}\hat{H}_0(t_2)} \hat{V} \mathrm{e}^{-\frac{\mathrm{i}}{\hbar}\hat{H}_0(t_2)} | \boldsymbol{k} \rangle \right\}$$

zu berechnen. Die explizite Auswertung ist etwas langwieriger (siehe Abschn. 3.6.4). Man findet im Endeffekt

$$\langle \boldsymbol{k}'|\hat{\mathsf{S}}|\boldsymbol{k}\rangle_{(2)} = -2\pi\mathrm{i}\,\delta(E(k) - E(k'))\langle \boldsymbol{k}'|\hat{V}\frac{1}{(E(k) - \hat{H}_0 + \mathrm{i}\epsilon)}\hat{V}|\boldsymbol{k}\rangle .$$

Wieder tritt die On-shell Beschränkung automatisch auf. Außerdem erkennt man die Auswirkung der Regularisierung. Die Letztere entspricht dem Aus- beziehungsweise Einschluss der Polstellen, die zur Implementierung der Randbedingungen in der stationären Behandlung des Streuproblems benutzt wurde.

3.2.2 Die Relation zwischen der S- und der T-Matrix

Anhand der störungstheoretischen Auswertung findet man in niedrigster Ordnung bis auf den energieerhaltenden Faktor die entsprechende Entwicklung der T-Matrixelemente (2.34). Mit etwas mehr Aufwand (Abschn. 3.6.5) kann man zeigen, dass die zwei Sätze von Matrixelementen durch

$$\langle \boldsymbol{k}'|\hat{\mathsf{S}}|\boldsymbol{k}\rangle = \delta(\boldsymbol{k} - \boldsymbol{k}') - 2\pi\mathrm{i}\,\delta(E(k) - E(k'))\langle \boldsymbol{k}'|\hat{\mathsf{T}}|\boldsymbol{k}\rangle \qquad (3.27)$$

verknüpft sind. Die entsprechende Operatorform lautet

$$\hat{\mathsf{S}} = \hat{1} - 2\pi\mathrm{i}\,\delta(E_{\mathrm{ein}} - \hat{H}_0)\,\hat{\mathsf{T}} = \hat{1} - 2\pi\mathrm{i}\,\hat{\mathsf{T}}\,\delta(E_{\mathrm{aus}} - \hat{H}_0) . \qquad (3.28)$$

Die S-Matrixelemente enthalten die gleiche Information wie die On-shell T-Matrixelemente. Diese Aussage untermauert die Behauptung, dass die zeitabhängige Formulierung der Streutheorie als Anfangswertproblem und die stationäre Formulierung als Randwertproblem (mit Randbedingungen gemäß dem erweiterten Huygens'schen Prinzip) im Sinn der Relation (3.27) gleichwertig sind. Mit jeder der Formulierungen kann man die Messgrößen, die differentiellen oder die gesamten Wirkungsquerschnitte, berechnen.

Weitere Aussagen, die sich aus der engen Verknüpfung der beiden Formulierungen ergeben, werden in dem nächsten Abschnitt zusammengestellt.

3.3 Aussagen zu der S-Matrix und den Mølleroperatoren

Die Lippmann-Schwinger Gleichung (2.23)

$$|\psi_{\boldsymbol{k}'}^{(-)}\rangle = |\boldsymbol{k}'\rangle + \frac{1}{(E(k') - \hat{H} - \mathrm{i}\epsilon)}\hat{V}|\boldsymbol{k}'\rangle$$

ist der Ausgangspunkt für eine alternative Darstellung der S-Matrixelemente, aus der sich einige nützliche Relationen ergeben. Zu diesem Zweck schreibt man die Green'sche Funktion mittels der Diracidentität (2.25)

$$\frac{1}{(E(k') - \hat{H} - \mathrm{i}\epsilon)} = \frac{1}{(E(k') - \hat{H} + \mathrm{i}\epsilon)} + 2\pi\mathrm{i}\,\delta(E(k') - \hat{H})$$

um und erhält damit

$$\begin{aligned} |\psi_{k'}^{(-)}\rangle &= \left\{ |\boldsymbol{k}'\rangle + \frac{1}{(E(k') - \hat{H} + \mathrm{i}\epsilon)} \hat{V} |\boldsymbol{k}'\rangle \right\} + 2\pi\mathrm{i}\,\delta(E(k') - \hat{H})\hat{V}|\boldsymbol{k}'\rangle \\ &= |\psi_{k'}^{(+)}\rangle + 2\pi\mathrm{i}\,\delta(E(k') - \hat{H})\hat{V}|\boldsymbol{k}'\rangle . \end{aligned}$$

Berechnung des Matrixelements $\langle\psi_{k'}^{(-)}|\psi_{k}^{(+)}\rangle$ ergibt dann über

$$\begin{aligned} \langle\psi_{k'}^{(-)}|\psi_{k}^{(+)}\rangle &= \langle\psi_{k'}^{(+)}|\psi_{k}^{(+)}\rangle - 2\pi\mathrm{i}\,\langle\boldsymbol{k}'|\hat{V}\delta(E(k') - \hat{H})|\psi_{k}^{(+)}\rangle \\ &= \delta(\boldsymbol{k} - \boldsymbol{k}') - 2\pi\mathrm{i}\,\delta(E(k') - E(k)\langle\boldsymbol{k}'|\hat{V}|\psi_{k}^{(+)}\rangle \end{aligned}$$

wegen (2.26) und (3.27) die Darstellung[8]

$$\langle\psi_{k'}^{(-)}|\psi_{k}^{(+)}\rangle = \langle\boldsymbol{k}'|\hat{\mathsf{S}}|\boldsymbol{k}\rangle . \tag{3.29}$$

3.3.1 Weitere Eigenschaften der Mølleroperatoren

Die Gl. (3.29) ermöglicht zusätzliche Aussagen über die Mølleroperatoren, so zum Beispiel:

- Sie impliziert die Darstellung

$$\begin{aligned} \hat{\Omega}_{+} &= \int \mathrm{d}^3k\, |\psi_{k}^{(+)}\rangle\langle\boldsymbol{k}| , \\ \hat{\Omega}_{-} &= \int \mathrm{d}^3k\, |\psi_{k}^{(-)}\rangle\langle\boldsymbol{k}| , \end{aligned} \tag{3.30}$$

  denn es folgt

$$\hat{\mathsf{S}} = \hat{\Omega}_{-}^{\dagger}\hat{\Omega}_{+} = \int \mathrm{d}^3k_1\, \mathrm{d}^3k_2\, |\boldsymbol{k}_1\rangle\langle\psi_{k_1}^{(-)}|\psi_{k_2}^{(+)}\rangle\langle\boldsymbol{k}_2|$$

  und somit

$$\langle\boldsymbol{k}'|\hat{\mathsf{S}}|\boldsymbol{k}\rangle = \langle\psi_{k'}^{(-)}|\psi_{k}^{(+)}\rangle .$$

[8] Nur Streuzustände mit den gleichen Randbedingungen sind orthogonal (Details in Abschn. 3.6.6).

Die Darstellung (3.30) der Mølleroperatoren ist eine Schnittstelle zwischen der stationären (rechte Seite) und der zeitabhängigen (linke Seite) Formulierung des Potentialstreuproblems.

- Für die Mølleroperatoren selbst folgt aus (3.30) (siehe auch Abschn. 3.6.3)

$$\begin{aligned} \hat{\Omega}_{+}|\boldsymbol{k}\rangle &= |\psi_{\boldsymbol{k}}^{(+)}\rangle, \\ \hat{\Omega}_{-}|\boldsymbol{k}\rangle &= |\psi_{\boldsymbol{k}}^{(-)}\rangle. \end{aligned} \tag{3.31}$$

  Dieses Resultat erläutert die Notation bezüglich der Indizes $\pm$. Die Anwendung der Mølleroperatoren auf ebene Wellen erzeugt exakte Streuzustände mit entsprechenden Randbedingungen.[9]

- Das Produkt $\hat{\Omega}_{+}^{\dagger}\hat{\Omega}_{+}$ entspricht dem Einheitsoperator. Es ist

$$\hat{\Omega}_{+}^{\dagger}\hat{\Omega}_{+} = \int \mathrm{d}^3k_1\mathrm{d}^3k_2\ |\boldsymbol{k}_1\rangle\langle\psi_{\boldsymbol{k}_1}^{(+)}|\psi_{\boldsymbol{k}_2}^{(+)}\rangle\langle\boldsymbol{k}_2|.$$

  Da die Streuzustände mit gleichen Randbedingungen orthogonal sind und der Satz von ebenen Wellenzuständen vollständig ist, folgt

$$\hat{\Omega}_{+}^{\dagger}\hat{\Omega}_{+} = \hat{1}. \tag{3.32}$$

- Das Produkt $\hat{\Omega}_{+}\hat{\Omega}_{+}^{\dagger}$ entspricht dagegen nicht dem Einheitsoperator, wenn das Potential, an dem gestreut wird, auch gebundene Zustände $|n\rangle$ zulässt. Das entsprechende Argument lautet

$$\begin{aligned} \hat{\Omega}_{+}\hat{\Omega}_{+}^{\dagger} &= \int \mathrm{d}^3k_1\mathrm{d}^3k_2\ |\psi_{\boldsymbol{k}_1}^{(+)}\rangle\langle\boldsymbol{k}_1|\boldsymbol{k}_2\rangle\langle\psi_{\boldsymbol{k}_2}^{(+)}| \\ &= \int \mathrm{d}^3k_1\ |\psi_{\boldsymbol{k}_1}^{(+)}\rangle\langle\psi_{\boldsymbol{k}_1}^{(+)}| = \hat{1} - \sum_n |n\rangle\langle n|. \end{aligned} \tag{3.33}$$

  Dieses Resultat zeigt noch einmal, dass die Mølleroperatoren nur dann unitär sind, falls der Hamiltonoperator $\hat{H} = \hat{H}_0 + \hat{V}$ keine gebundenen Zustände besitzt. Ein Operator, für den

$$\hat{O}^{\dagger}\hat{O} = \hat{1} \quad \text{aber} \quad \hat{O}\hat{O}^{\dagger} \neq \hat{1}$$

  gilt, wird als *isometrisch* bezeichnet. Das Produkt $\hat{\Omega}_{+}\hat{\Omega}_{+}^{\dagger}$ stellt einen Operator dar, der auf die Streuzustände des Hamiltonoperators $\hat{H}$ projiziert, denn für einen allgemeinen Zustand

$$|\psi\rangle = \int \mathrm{d}^3k\, c(\boldsymbol{k})|\psi_{\boldsymbol{k}}^{(+)}\rangle + \sum_n c_n|n\rangle$$

[9] Vergleiche auch Abschn. 3.6.3.

folgt die Aussage

$$\hat{\Omega}_+\hat{\Omega}_+^\dagger|\psi\rangle = |\psi\rangle - \sum_{n,n'} c_n|n'\rangle\langle n'|n\rangle = \int \mathrm{d}^3k\, c(\boldsymbol{k})|\psi_{\boldsymbol{k}}^{(+)}\rangle.$$

- Die Erste der Relationen (3.31) kann mithilfe der Lippmann-Schwinger Gleichung (2.13) oder (2.22) in eine Integralgleichung für den Mølleroperator $\hat{\Omega}_+$ umgemünzt werden. Es ist

$$\hat{\Omega}_+|\boldsymbol{k}\rangle = \left[\hat{1} + \hat{G}_0^{(+)}(E_0)\hat{V}\hat{\Omega}_+\right]|\boldsymbol{k}\rangle$$
oder
$$= \left[\hat{1} + \hat{G}^{(+)}(E_0)\hat{V}\right]|\boldsymbol{k}\rangle.$$

Formal gilt also

$$\hat{\Omega}_+ = \hat{1} + \hat{G}_0^{(+)}(E_0)\hat{V}\hat{\Omega}_+ = \hat{1} + \hat{G}^{(+)}(E_0)\hat{V}. \tag{3.34}$$

Anhand der Definition der Mølleroperatoren durch Zeitentwicklungsoperatoren (3.18) erkennt man auch eine Darstellung der Streuzustände durch einen zeitlichen Grenzwert

$$|\psi_{\boldsymbol{k}}^{(+)}\rangle = \lim_{t\to-\infty} \hat{U}_I(0,t)|\boldsymbol{k}\rangle. \tag{3.35}$$

- Aussagen, die (3.34) und (3.35) entsprechen, gelten auch für den Operator $\hat{\Omega}_-$.

3.3.2 Eigenschaften der S-Matrix

Eine markante Eigenschaft der S-Matrix ist ihre Unitarität, die durch

$$\langle\boldsymbol{k}'|\hat{\mathsf{S}}\hat{\mathsf{S}}^\dagger|\boldsymbol{k}\rangle = \langle\boldsymbol{k}'|\hat{\mathsf{S}}^\dagger\hat{\mathsf{S}}|\boldsymbol{k}\rangle = \delta(\boldsymbol{k}-\boldsymbol{k}') \tag{3.36}$$

zum Ausdruck kommt. Zum Beweis benutzt man die Definition (3.22) und die Eigenschaften (3.30) bis (3.33) der Mølleroperatoren. Es ist

$$\begin{aligned}\langle\boldsymbol{k}'|\hat{\mathsf{S}}\hat{\mathsf{S}}^\dagger|\boldsymbol{k}\rangle &= \langle\boldsymbol{k}'|\hat{\Omega}_-^\dagger\hat{\Omega}_+\hat{\Omega}_+^\dagger\hat{\Omega}_-|\boldsymbol{k}\rangle = \langle\psi_{\boldsymbol{k}'}^{(-)}|\hat{\Omega}_+\hat{\Omega}_+^\dagger|\psi_{\boldsymbol{k}}^{(-)}\rangle\\ &= \langle\psi_{\boldsymbol{k}'}^{(-)}|\{\hat{1} - \sum_n |n\rangle\langle n|\}|\psi_{\boldsymbol{k}}^{(-)}\rangle = \delta(\boldsymbol{k}-\boldsymbol{k}')\end{aligned}$$

sowie

$$\begin{aligned}\langle\boldsymbol{k}'|\hat{\mathsf{S}}^\dagger\hat{\mathsf{S}}|\boldsymbol{k}\rangle &= \langle\boldsymbol{k}'|\hat{\Omega}_+^\dagger\hat{\Omega}_-\hat{\Omega}_-^\dagger\hat{\Omega}_+|\boldsymbol{k}\rangle = \langle\psi_{\boldsymbol{k}'}^{(+)}|\hat{\Omega}_-\hat{\Omega}_-^\dagger|\psi_{\boldsymbol{k}}^{(+)}\rangle\\ &= \langle\psi_{\boldsymbol{k}'}^{(+)}|\{\hat{1} - \sum_n |n\rangle\langle n|\}|\psi_{\boldsymbol{k}}^{(+)}\rangle = \delta(\boldsymbol{k}-\boldsymbol{k}').\end{aligned}$$

Der letzte Rechenschritt ergibt sich in beiden Fällen aus der Orthogonalität der gebundenen und der Streuzustände.

Die Unitarität der S-Matrix entspricht der Aussage des optischen Theorems. Aus der Relation (3.28)

$$\hat{\mathsf{S}} = \hat{1} - 2\pi\mathrm{i}\,\delta(E - \hat{H}_0)\hat{\mathsf{T}}$$

folgt

$$\begin{aligned}\hat{\mathsf{S}}^\dagger\hat{\mathsf{S}} &= \hat{1} + 2\pi\mathrm{i}\hat{\mathsf{T}}^\dagger\delta(E - \hat{H}_0) - 2\pi\mathrm{i}\delta(E - \hat{H}_0)\hat{\mathsf{T}}\\ &\quad -(2\pi\mathrm{i})^2\hat{\mathsf{T}}^\dagger\delta(E - \hat{H}_0)\delta(E - \hat{H}_0)\hat{\mathsf{T}} = \hat{1},\end{aligned}$$

beziehungsweise für das On-shell Matrixelement dieser Operatorgleichung (vergleiche die Diskussion der T-Matrix in Kap. 2, insbesondere die Gl. (2.42))

$$\langle \boldsymbol{k}|\hat{\mathsf{T}}^\dagger - \hat{\mathsf{T}}|\boldsymbol{k}'\rangle = 2\pi\mathrm{i}\langle \boldsymbol{k}|\hat{\mathsf{T}}^\dagger\delta(E - \hat{H}_0)\hat{\mathsf{T}}|\boldsymbol{k}'\rangle .$$

3.4 Die K-Matrix

In vielen Fällen ist es nur möglich, eine genäherte Lösung der Lippmann-Schwinger Gleichungen zu gewinnen. Diese Lösungen erfüllen nicht notwendigerweise das optische Theorem. Die Frage, ob man eine Formulierung des Streuproblems finden kann, sodass dieses Theorem in jeder Näherung erfüllt ist, wird durch die Einführung der *K-Matrix* mit ja beantwortet. Die formale Definition dieser dritten Variante einer Streumatrix beruht auf der Relation

$$\hat{\mathsf{S}} = (\hat{1} - \mathrm{i}\pi\delta(E_0 - \hat{H}_0)\hat{\mathsf{K}})\frac{1}{(\hat{1} + \mathrm{i}\pi\delta(E_0 - \hat{H}_0)\hat{\mathsf{K}})} . \tag{3.37}$$

E_0 ist auch hier die vorgegebene Energie. Die Operatoren

$$\hat{A} = (\hat{1} - \mathrm{i}\pi\delta(E_0 - \hat{H}_0)\hat{\mathsf{K}}) \quad \text{und} \quad \hat{B} = (\hat{1} + \mathrm{i}\pi\delta(E_0 - \hat{H}_0)\hat{\mathsf{K}})$$

sind vertauschbar, denn es gilt

$$[\hat{A}, \hat{B}] = (\hat{1} - \mathrm{i}\hat{C})(\hat{1} + \mathrm{i}\hat{C}) - (\hat{1} + \mathrm{i}\hat{C})(\hat{1} - \mathrm{i}\hat{C}) = \hat{0}.$$

Es gilt dann auch $[\hat{A}, \hat{B}^{-1}] = \hat{0}$, denn Multiplikation dieses Kommutators von rechts und von links mit $\hat{B}$ liefert $[\hat{A}, \hat{B}] = \hat{0}$. Die Definitionsgleichung (3.37) kann also zu

$$\hat{\mathsf{S}} = \hat{A}\,\hat{B}^{-1} = \hat{B}^{-1}\,\hat{A}$$

erweitert werden. Der Unitaritätsbedingung für die S-Matrix entnimmt man dann die Aussage, dass der Operator $\hat{\mathsf{K}}$ hermitesch sein muss. Zum Beweis dieser Aussage betrachtet man z. B.

$$\hat{\mathsf{S}}^\dagger\hat{\mathsf{S}} = \hat{A}^\dagger(\hat{B}^{-1})^\dagger\hat{A}\hat{B}^{-1} = (\hat{1} + \mathrm{i}\hat{C}^\dagger)\frac{1}{(\hat{1} - \mathrm{i}\hat{C}^\dagger)}(\hat{1} - \mathrm{i}\hat{C})\frac{1}{(\hat{1} + \mathrm{i}\hat{C})} \stackrel{!}{=} \hat{1}.$$

Die Forderung ist erfüllt, wenn $\hat{C}^\dagger = \hat{C}$ beziehungsweise

$$\hat{\mathsf{K}}^\dagger = \hat{\mathsf{K}} \tag{3.38}$$

ist.

Eine Verknüpfung der T-Matrix mit der K-Matrix, in anderen Worten eine Verknüpfung der K-Matrix mit der direkt experimentell zugänglichen Größe, gewinnt man aus den Gl. (3.28) und (3.37)

$$\hat{\mathsf{S}} = [\hat{1} - 2\pi\mathrm{i}\delta(E_0 - \hat{H}_0)\hat{\mathsf{T}}] = \frac{1}{(\hat{1} + \mathrm{i}\pi\delta(E_0 - \hat{H}_0)\hat{\mathsf{K}})}(\hat{1} - \mathrm{i}\pi\delta(E_0 - \hat{H}_0)\hat{\mathsf{K}})$$

über die Schritte: Multipliziere die Gleichung von links mit

$$(\hat{1} + \mathrm{i}\pi\delta(E_0 - \hat{H}_0)\hat{\mathsf{K}})$$

und sortiere in der Form

$$2\pi\mathrm{i}\delta(E_0 - \hat{H}_0)\left\{\hat{\mathsf{K}} - \hat{\mathsf{T}} - \mathrm{i}\pi\hat{\mathsf{K}}\delta(E_0 - \hat{H}_0)\hat{\mathsf{T}}\right\} = \hat{0}.$$

Der Ausdruck in der Klammer muss verschwinden. Die Beziehung

$$\hat{\mathsf{T}} = \hat{\mathsf{K}} - \mathrm{i}\pi\hat{\mathsf{K}}\delta(E_0 - \hat{H}_0)\hat{\mathsf{T}} \tag{3.39}$$

ist unter dem Namen *Heitlers Dämpfungsgleichung* bekannt. Beginnt man mit der Relation $\hat{\mathsf{S}} = \hat{A}\hat{B}^{-1}$, so erhält man mit analogen Schritten die alternative Form

$$\hat{\mathsf{T}} = \hat{\mathsf{K}} - \mathrm{i}\pi\hat{\mathsf{T}}\delta(E_0 - \hat{H}_0)\hat{\mathsf{K}}. \tag{3.40}$$

Aus (3.40) kann man mit einigen Rechenschritten eine Gleichung gewinnen, aus der die K-Matrixelemente direkt bestimmt werden können. Zu diesem Zweck setzt man auf beiden Seiten die Lippmann-Schwinger Gleichung (2.28) für die T-Matrix ein

$$\hat{V} + \hat{V}\hat{G}_0^{(+)}\hat{\mathsf{T}} = \hat{\mathsf{K}} - \mathrm{i}\pi\hat{V}\delta(E_0 - \hat{H}_0)\hat{\mathsf{K}} - \mathrm{i}\pi\hat{V}\hat{G}_0^{(+)}\hat{\mathsf{T}}\delta(E_0 - \hat{H}_0)\hat{\mathsf{K}}.$$

Den letzten Term auf der rechten Seite kann man mit (3.40) noch einmal umschreiben und erhält

$$\hat{V} + \hat{V}\hat{G}_0^{(+)}\hat{\mathsf{T}} = \hat{\mathsf{K}} - \mathrm{i}\pi\hat{V}\delta(E_0 - \hat{H}_0)\hat{\mathsf{K}} + \hat{V}\hat{G}_0^{(+)}(\hat{\mathsf{T}} - \hat{\mathsf{K}}),$$

beziehungsweise nach Sortierung

$$\hat{\mathsf{K}} = \hat{V} + \hat{V}\left[\frac{1}{(E_0 - \hat{H}_0 + \mathrm{i}\epsilon)} + \mathrm{i}\pi\delta(E_0 - \hat{H}_0)\right]\hat{\mathsf{K}}.$$

Der Ausdruck in der Klammer ist die Green'sche Funktion (2.18) für die Randbedingung mit stehenden Wellen

$$\hat{G}_0^{(s)} = \mathscr{P}\left(\frac{1}{(E_0 - \hat{H}_0)}\right),$$

sodass die Integralgleichung zur Berechnung der K-Matrix(elemente) in der Form

$$\hat{\mathsf{K}} = \hat{V} + \hat{V}\hat{G}_0^{(s)}\hat{\mathsf{K}} \tag{3.41}$$

geschrieben werden kann.

Die Integralgleichung (3.41) unterscheidet sich von der Integralgleichung für die T-Matrix (2.28) nur durch das Auftreten der Green'schen Funktion $\hat{G}_0^{(s)}$ anstelle der Green'schen Funktion $\hat{G}_0^{(+)}$. Die Matrixdarstellung von $\hat{G}_0^{(s)}$ ist reell

$$\langle \boldsymbol{r}|\hat{G}_0^{(s)}|\boldsymbol{r}'\rangle = -\frac{m_0}{2\pi\hbar^2}\frac{\cos k|\boldsymbol{r} - \boldsymbol{r}'|}{|\boldsymbol{r} - \boldsymbol{r}'|},$$

sodass gemäß (3.41) die Bedingung $\hat{\mathsf{K}} = \hat{\mathsf{K}}^\dagger$ für jede exakte und für jede genäherte Lösung dieser Gleichung erfüllt ist. Für die Behandlung der Potentialstreuung bietet sich somit das folgende alternative Schema an:

- Im ersten Schritt löst man die Integralgleichung (3.41), gegebenenfalls näherungsweise. Die Lösung erfüllt in jedem Fall die Grundbedingung der Unitarität der S-Matrix, solange $\hat{\mathsf{K}}$ hermitesch ist.
- Danach berechnet man die T-Matrixelemente mithilfe der Dämpfungsgleichung (3.40). Infolge des Auftretens der δ-Funktion ist dies eine On-shell Gleichung. Man benötigt nur On-shell K-Matrixelemente um On-shell T-Matrixelemente zu berechnen. Das optische Theorem ist für diese Matrixelemente erfüllt.

Dieses Vorgehen garantiert jedoch nicht, dass man für jede Näherung eine brauchbare Lösung gewinnt. Man kann die Bedingung der Unitarität erfüllen, ohne eine akzeptable Lösung zu haben. Im Normalfall führt die Erfüllung dieser Grundbedingung für eine gegebene Näherung jedoch zu einem besseren Resultat.

3.5 Partielle Streuamplituden für die T-, S- und K-Matrizen

Eine Partialwellenentwicklung, wie in Abschn. 1.2 für die Streuamplitude, kann auch für die drei Streumatrizen durchgeführt werden. Der einfachste Fall mit einem kugelsymmetrischen Streupotential $v(\boldsymbol{r}) = v(r)$ wird durch den Kommutator

$$[\hat{V}, \hat{\boldsymbol{l}}] = \hat{0}$$

charakterisiert. Der Potentialoperator $\hat{V}$ vertauscht mit den Operatoren für die Komponenten $\hat{\boldsymbol{l}}$ des Bahndrehimpulses. Dabei stellt $\hat{\boldsymbol{l}}$, je nach Situation, entweder den Bahndrehimpuls eines Teilchens oder den Relativdrehimpuls von zwei aneinander streuenden Teilchen dar.

3.5.1 Zentralpotentiale

In der Impulsdarstellung gilt für das Potentialmatrixelement

$$\langle \boldsymbol{k}' | \hat{V} | \boldsymbol{k} \rangle = \int \mathrm{d}^3 r \, \langle \boldsymbol{k}' | \boldsymbol{r} \rangle v(r) \langle \boldsymbol{r} | \boldsymbol{k} \rangle .$$

Setzt man hier die Entwicklung der ebenen Wellen nach Kugelflächenfunktionen (Band 3, Gl. (6.43)) ein[10]

$$\langle \boldsymbol{r} | \boldsymbol{k} \rangle = \left(\frac{2}{\pi} \right)^{1/2} \sum_{lm} (\mathrm{i})^l j_l(kr) Y^*_{lm}(\Omega_r) Y_{lm}(\Omega_k), \tag{3.42}$$

so findet man die Impulsdarstellung

$$\begin{aligned} \langle \boldsymbol{k}' | \hat{V} | \boldsymbol{k} \rangle = \frac{2}{\pi} \sum_{lm, l'm'} & \int r^2 \mathrm{d}r \; \mathrm{i}^{l-l'} [j_{l'}(k'r) v(r) j_l(kr)] \\ & \times \int \mathrm{d}\Omega_r \; \left[Y^*_{l'm'}(\Omega_r) Y_{lm}(\Omega_r) \right] \left[Y_{l'm'}(\Omega_{k'}) Y^*_{lm}(\Omega_k) \right] . \end{aligned}$$

Integration über die Raumwinkel ergibt wegen der Orthogonalitätsrelation der Kugelflächenfunktionen mit der Definition

$$v_l(k', k) = \frac{2}{\pi} \int r^2 \mathrm{d}r \; [j_l(k'r) v(r) j_l(kr)] \tag{3.43}$$

das Resultat

$$\langle \boldsymbol{k}' | \hat{V} | \boldsymbol{k} \rangle = \sum_{lm} v_l(k', k) \left[Y^*_{lm}(\Omega_k) Y_{lm}(\Omega_{k'}) \right] . \tag{3.44}$$

---

[10] Beachte: $\frac{(2l+1)}{4\pi} P_l(\cos\theta) = \sum_m Y^*_{lm}(\Omega) Y_{lm}(\Omega') = \sum_m Y_{lm}(\Omega) Y^*_{lm}(\Omega')$.

Eine analoge Entwicklung kann man für die T-Matrixelemente angeben

$$\langle \boldsymbol{k}'|\hat{\mathsf{T}}|\boldsymbol{k}\rangle = \sum_{lm} T_l(k',k) Y^*_{lm}(\Omega_k) Y_{lm}(\Omega_{k'}). \tag{3.45}$$

Um einen expliziten Ausdruck für die partiellen T-Matrixelemente zu gewinnen, benutzt man

$$\langle \boldsymbol{k}'|\hat{\mathsf{T}}|\boldsymbol{k}\rangle = \langle \boldsymbol{k}'|\hat{V}|\psi^{(+)}_{\boldsymbol{k}}\rangle = \int \mathrm{d}^3r\ \langle \boldsymbol{k}'|\boldsymbol{r}\rangle v(r) \langle \boldsymbol{r}|\psi^{(+)}_{\boldsymbol{k}}\rangle$$

und

$$\langle \boldsymbol{r}|\psi^{(+)}_{\boldsymbol{k}}\rangle = \left(\frac{2}{\pi}\right)^{1/2} \sum_{lm} (\mathrm{i})^l \frac{R_l(k,r)}{r}) Y_{lm}(\Omega_r Y^*_{lm}(\Omega_k).$$

Das Ergebnis ist

$$T_l(k',k) = \frac{2}{\pi} \int r^2 \mathrm{d}r\ [j_l(k'r) v(r) R_l(k,r)]. \tag{3.46}$$

Eine Integralgleichung für die partiellen T-Matrixelemente folgt, wenn man die Entwicklungen (3.44) und (3.45) in die Lippmann-Schwinger Gleichung (2.28) für die T-Matrix

$$\langle \boldsymbol{k}'|\hat{\mathsf{T}}|\boldsymbol{k}\rangle = \langle \boldsymbol{k}'|\hat{V}|\boldsymbol{k}\rangle + \frac{2m_0}{\hbar^2} \int \mathrm{d}^3k'' \frac{\langle \boldsymbol{k}'|\hat{V}|\boldsymbol{k}''\rangle \langle \boldsymbol{k}''|\hat{\mathsf{T}}|\boldsymbol{k}\rangle}{(k_0^2 - k''^2 + \mathrm{i}\epsilon)}$$

einsetzt, den resultierenden Ausdruck mit

$$Y^*_{lm}(\Omega_{k'}) Y_{lm}(\Omega_k), \qquad l, m = \text{ fest}$$

multipliziert und über die Raumwinkel der Impulskoordinate integriert. Das Ergebnis ist für jeden Drehimpulswert $l = 0,\ 1,\ 2,\ \ldots$ ein Satz von Integralgleichungen

$$T_l(k',k) = v_l(k',k) + \frac{2m_0}{\hbar^2} \int k''^2 \mathrm{d}k'' \frac{v_l(k',k'') T_l(k'',k)}{(k_0^2 - k''^2 + \mathrm{i}\epsilon)}. \tag{3.47}$$

Durch die Partialwellenzerlegung wird eine Integralgleichung in drei Dimensionen in eine unendliche Anzahl von Integralgleichungen in einer Dimension umgeschrieben. Das ist natürlich nur sinnvoll, wenn man nur wenige der eindimensionalen Integralgleichungen (z. B. im Fall von kurzreichweitigen Potentialen) berücksichtigen muss.

Für die On-shell T-Matrixelemente gilt mit (1.19), (1.22) und (2.27) sowie mit dem Additionstheorem für die Kugelflächenfunktionen

$$P_l(\cos\theta) = \frac{4\pi}{(2l+1)} \sum_m Y^*_{lm}(\Omega_k) Y_{lm}(\Omega_{k'}), \qquad \theta = \theta_{\boldsymbol{k},\boldsymbol{k}'}$$

die Darstellung durch die Streuphasen $\delta_l(k)$

$$T_l(k', k)|_{\text{on}} \equiv T_l(k) = -\frac{\hbar^2}{\pi m_0 k} \mathrm{e}^{\mathrm{i}\delta_l(k)} \sin \delta_l(k). \tag{3.48}$$

Jede der Wellenzahlen wird durch die vorgegebene Energie $E_0 = \frac{\hbar^2 k_0^2}{2m_0}$ bestimmt: $k = k' = k_0$.

Für die Diskussion der Partialwellenentwicklung der K-Matrixelemente $\langle \boldsymbol{k}' | \hat{\mathsf{K}} | \boldsymbol{k} \rangle$ sind die Ausgangspunkte die Relation

$$\hat{\mathsf{K}} | \boldsymbol{k} \rangle = \hat{V} | \psi_{\boldsymbol{k}}^{(s)} \rangle$$

und die Lippmann-Schwinger Gleichung (3.41) für die K-Matrix. Eine Rechnung nach dem obigen Muster liefert

$$K_l(k', k) = v_l(k', k) + \frac{2m_0}{\hbar^2} \mathscr{P} \int k''^2 \mathrm{d}k'' \; v_l(k', k'') \left\{ \frac{1}{k_0^2 - k''^2} \right\} K_l(k'', k). \tag{3.49}$$

Zur Diskussion einer Lösung benötigt man noch die Partialwellenzerlegung der Dämpfungsgleichung (3.39). Für die Berechnung von On-shell T-Matrixelementen genügt es, die Gleichung

$$\langle \boldsymbol{k}' | \hat{\mathsf{T}} | \boldsymbol{k} \rangle_{\text{on}} = \langle \boldsymbol{k}' | \hat{\mathsf{K}} | \boldsymbol{k} \rangle_{\text{on}} - \mathrm{i} \frac{\pi m_0 k}{\hbar^2} \int \mathrm{d}\Omega_{k''} \langle \boldsymbol{k}' | \hat{\mathsf{K}} | \boldsymbol{k}'' \rangle_{\text{on}} \langle \boldsymbol{k}'' | \hat{\mathsf{T}} | \boldsymbol{k} \rangle_{\text{on}}$$

zu betrachten. Mit $K_l(k', k)_{\text{on}} = K_l(k)$ findet man nach Einsetzen der Entwicklungen

$$T_l(k) = K_l(k) - \mathrm{i} \frac{\pi m_0 k}{\hbar^2} K_l(k) T_l(k). \tag{3.50}$$

Die Partialwellenentwicklung der Dämpfungsgleichung ist eine algebraische Gleichung und keine Integralgleichung. Da der Operator $\hat{\mathsf{K}}$ hermitesch ist, folgt

$$K_l(k)^* = K_l(k).$$

Die On-shell K-Matrixelemente sind reell. Auflösung von (3.50) nach T_l

$$T_l(k) = \frac{K_l(k)}{1 + \mathrm{i} \frac{\pi m_0 k}{\hbar^2} K_l(k)} \tag{3.51}$$

zeigt, dass die On-shell T-Matrixelemente (wie erforderlich) komplex sind. Die Auswertung des optischen Theorems (vergleiche (2.42))

$$\hat{\mathsf{T}}^\dagger - \hat{\mathsf{T}} = 2\pi \mathrm{i} \hat{\mathsf{T}}^\dagger \delta(E_0 - \hat{H}_0) \hat{\mathsf{T}}$$

in der Partialwellendarstellung führt auf

$$\mathrm{Im}\, T_l(k) = -\frac{\pi m_0 k}{\hbar^2} |T_l(k)|^2. \qquad (3.52)$$

Man erkennt, dass das optische Theorem infolge der Relation (3.51) immer erfüllt ist, denn es ist zum Beispiel

$$\mathrm{Im} T_l(k) = \mathrm{Im} \frac{K_l(k)}{1 + \mathrm{i}\dfrac{\pi m_0 k}{\hbar^2} K_l(k)} = -\frac{\dfrac{\pi m_0 k}{\hbar^2} K_l(k)^2}{1 + \left(\dfrac{\pi m_0 k}{\hbar^2}\right)^2 K_l(k)^2}.$$

Zusätzlich gewinnt man durch Auflösung von (3.50) nach $K_l(k)$

$$K_l(k) = \frac{T_l(k)}{1 - \mathrm{i}\dfrac{\pi m_0 k}{\hbar^2} T_l(k)}$$

mit (3.48) eine Darstellung von $K_l(k)$ durch die Streuphasen

$$K_l(k) = -\frac{\hbar^2}{\pi m_0 k} \frac{\mathrm{e}^{\mathrm{i}\delta_l} \sin \delta_l}{(1 + \mathrm{i}\, \mathrm{e}^{\mathrm{i}\delta_l} \sin \delta_l)} = -\frac{\hbar^2}{\pi m_0 k} \tan \delta_l. \qquad (3.53)$$

Der *Heitlerformalismus* besteht in der approximativen oder iterativen Lösung der Integralgleichung (3.49) zur Bestimmung der On-shell K-Matrixelemente und anschließender Berechnung der On-shell T-Matrixelemente mit (3.51) oder der Streuphasen mit (3.53). So erhält man zum Beispiel anstelle der direkten Born'schen Näherung

$$T_l(k)_{\mathrm{Born}} = v_l(k)$$

über die Dämpfungsgleichung das Resultat

$$T_l(k)_{\mathrm{Heitler}} = \frac{v_l(k)}{1 + \mathrm{i}\dfrac{\pi m_0 k}{\hbar^2} v_l(k)},$$

das das optische Theorem erfüllt.

Die Partialwellenentwicklung für die S-Matrixelemente wird direkt in der Form

$$\langle \boldsymbol{k}' | \hat{\mathsf{S}} | \boldsymbol{k} \rangle = \sum_{lm} \delta(k - k') \frac{S_l(k)}{k^2} Y_{lm}(\Omega_{k'}) Y^*_{lm}(\Omega_k) \qquad (3.54)$$

angesetzt, da nur On-shell Elemente auftreten. Die Unitaritätsrelation (3.36) führt dann (Details in Abschn. 3.6.7) auf

$$S^*_l(k) S_l(k) = 1. \qquad (3.55)$$

Der Relation (3.27) zwischen den S-Matrixelementen und den T-Matrixelementen entnimmt man die Darstellung

$$S_l(k) = \mathrm{e}^{2\mathrm{i}\delta_l(k)}, \tag{3.56}$$

sodass sich letztlich mit (1.22) und (1.24) für den Wirkungsquerschnitt das (oft benutzte) Resultat

$$\sigma = \frac{\pi}{k^2}\sum_l (2l+1)|S_l(k)-1|^2 \tag{3.57}$$

ergibt.

3.5.2 Allgemeine lokale Potentiale: Auswahlregeln für die partiellen Streuamplituden

Die Diskussion der Streuphasen in Abschn. 1.4 für spinabhängige Kräfte, sowie für Spin-Bahn- oder Tensorkräfte, kann auf den Fall der drei Streumatrizen übertragen werden. Die Potentiale, die normalerweise eine Rolle spielen, sind lokal in Ort und Spin[11]

$$\langle \boldsymbol{r}', 1'2'|\hat{V}|\boldsymbol{r}, 12\rangle = \delta(\boldsymbol{r}-\boldsymbol{r}')\delta_{11'}\delta_{22'}\langle \boldsymbol{r}, 12|\hat{V}|\boldsymbol{r}, 12\rangle .$$

Man unterscheidet die folgenden Potentialtypen (jeweils mit kugelsymmetrischem Ortsanteil):

- reine Zentralpotentiale

$$\langle \boldsymbol{r}, 12|\hat{V}_c|\boldsymbol{r}, 12\rangle = v_c(r),$$

- Spin-Spin Potentiale

$$\langle \boldsymbol{r}, 12|\hat{V}_{\mathrm{ss}}|\boldsymbol{r}, 12\rangle = v_{\mathrm{ss}}(r)\ (\hat{\boldsymbol{s}}_1\cdot\hat{\boldsymbol{s}}_2),$$

- Spin-Bahn Potentiale

$$\langle \boldsymbol{r}, 12|\hat{V}_{\mathrm{sl}}|\boldsymbol{r}, 12\rangle = v_{\mathrm{sl}}(r)\ \hat{\boldsymbol{l}}\cdot(\hat{\boldsymbol{s}}_1+\hat{\boldsymbol{s}}_2) = v_{sl}(r)\ \hat{\boldsymbol{l}}\cdot\hat{\boldsymbol{S}},$$

- Tensorpotentiale

$$\langle \boldsymbol{r}, 12|\hat{V}_T|\boldsymbol{r}, 12\rangle = v_T(r)\left[\frac{3(\hat{\boldsymbol{s}}_1\cdot\boldsymbol{r})(\hat{\boldsymbol{s}}_2\cdot\boldsymbol{r})}{r^2} - (\hat{\boldsymbol{s}}_1\cdot\hat{\boldsymbol{s}}_2)\right].$$

[11] Der Spinfreiheitsgrad des Teilchens $i = 1, 2$ wird durch die Operatoren s_i charakterisiert.

Benutzt man eine Ortswellenfunktion in der Partialwellenentwicklung multipliziert mit einem Spinanteil in der Kanalspindarstellung

$$\langle \boldsymbol{r}, 12|\boldsymbol{k}, SM_S\rangle = \sum_{lm_l} \frac{R_l(k,r)}{r} Y_{lm_l}(\Omega_r) Y^*_{lm_l}(\Omega_k) \chi_{SM_S}(12),$$

so kann man ein allgemeines On-shell T-Matrixelement in der Form

$$\begin{aligned}\langle \boldsymbol{k}', S'M_S'|\hat{\mathsf{T}}|\boldsymbol{k}, SM_S\rangle|_{\text{on}} &= \langle k\Omega_{k'}, S'M_S'|\hat{\mathsf{T}}|k\Omega_k, SM_S\rangle \\ &= \sum_{lm_l l'm_l'} \langle \Omega_{k'}|l'm_l'\rangle \langle kl'm_l', S'M_S'|\hat{\mathsf{T}}|klm, SM_S\rangle \langle lm_l|\Omega_k\rangle \\ &= \sum_{ll'm_l'} T_{l'm_l',S'M_S',lm_l\,SM_S}(k)\; Y^*_{l'm_l'}(\Omega_{k'}) Y_{lm_l}(\Omega_k) \quad (3.58)\end{aligned}$$

schreiben. Weitere Details werden durch die Symmetrieeigenschaften der Potentiale bestimmt, die in entsprechenden Kommutatoren zum Ausdruck kommen. So folgt

- für ein Zentralpotential mit

  $$[\hat{V}_c, \hat{\boldsymbol{l}}] = [\hat{V}_c, \hat{\boldsymbol{S}}] = \boldsymbol{0}$$

  zunächst

  $$[\hat{\mathsf{T}}, \hat{\boldsymbol{l}}] = [\hat{\mathsf{T}}, \hat{\boldsymbol{S}}] = \boldsymbol{0}$$

  und daraus (da das Potential den Spin nicht anspricht)

  $$T_{l'm_l'\,S'M_S',lm_l\,SM_S} = \delta_{ll'}\delta_{m_l m_l'}\delta_{SS'}\delta_{M_S M_S'} T_l(k).$$

- Für ein Spin-Spin Potential gilt ebenfalls

  $$[\hat{V}_{\text{ss}}, \hat{\boldsymbol{l}}] = [\hat{V}_{ss}, \hat{\boldsymbol{S}}] = \boldsymbol{0}$$

  und somit

  $$T_{l'm_l'\,S'M_S',lm_l\,SM_S}(k) = \delta_{ll'}\delta_{m_l m_l'}\delta_{SS'}\delta_{M_S M_S'} T_{lS}(k).$$

  Die partielle T-Matrix ist für die zwei Spinkanäle verschieden, es finden jedoch keine Übergänge zwischen den Kanälen statt.
- Für das Spin-Bahn Potential gilt

  $$[\hat{V}_{\text{sl}}, \hat{\boldsymbol{l}}^2] = [\hat{V}_{\text{sl}}, \hat{\boldsymbol{S}}^2] = 0 \quad \text{und} \quad [\hat{V}_{\text{sl}}, \hat{\boldsymbol{j}}] = 0, \quad \text{wobei} \quad \hat{\boldsymbol{j}} = \hat{\boldsymbol{l}} + \hat{\boldsymbol{S}} \quad \text{ist},$$

  aber es gilt *nicht*

  $$[\hat{V}_{\text{sl}}, \hat{\boldsymbol{l}}] = [\hat{V}_{\text{sl}}, \hat{\boldsymbol{S}}] = 0.$$

Aus diesem Grund muss man von der (l, m_l, S, M_S)-Basis zu einer (j, m, l, S)-Basis übergehen und erhält für das Matrixelement

$$\langle k, j'm'l'S'|\hat{\mathsf{T}}_{\mathrm{sl}}|k, jmlS\rangle|_{\mathrm{on}} = \delta_{jj'}\delta_{mm'}\delta_{ll'}\delta_{SS'}T_{jlS}(k).$$

Bei der Streuung durch ein Spin-Bahn Potential kann sich die Spin- und die Bahndrehimpulsorientierung ändern. Die zwei Änderungen sind gekoppelt, denn es ist

$$m_l + M_S = m_l' + M_S' = m.$$

- Ein Tensorpotential wird durch

$$[\hat{V}_T, \hat{\boldsymbol{S}}^2] = [\hat{V}_T, \hat{\boldsymbol{j}}] = 0$$

charakterisiert. Der Operator $\hat{V}_T$ vertauscht mit den Operatoren für die Komponenten des Gesamtdrehimpulses und dem Operator für das Betragsquadrat des Kanal-Spinoperators. Er ist aber nicht mit dem Betragsquadrat des Bahndrehimpulses vertauschbar

$$[\hat{V}_T, \hat{\boldsymbol{l}}^2] \neq 0.$$

Es folgt aus diesem Grund

$$\langle k, j'm'l'S'|\hat{\mathsf{T}}_T|k, jmlS\rangle|_{\mathrm{on}} = \delta_{jj'}\delta_{mm'}\delta_{SS'}T_{jS;ll'}(k).$$

Das Tensorpotential vermittelt Übergänge zwischen den Partialwellen mit verschiedenen Drehimpulsquantenzahlen l. Die partielle Streumatrix weist, ebenso wie die Streuamplitude, eine kompliziertere Struktur auf.

Die Auswahlregeln für die Streuung an spinabhängigen Potentialen oder mit spinabhängigen Wechselwirkungen werden in dem nächsten Kapitel (in dem Abschn. 4.2) noch einmal im Rahmen der Diskussion von Erhaltungssätzen angesprochen.

3.6 Detailrechnungen zu Kap. 3

3.6.1 Existenz der asymptotischen Zeitgrenzwerte

In einem Hilbertraum kann man die Begriffe *starke* und *schwache* Konvergenz von Folgen von Vektoren diskutieren. Eine Folge von Vektoren $|\phi(t)\rangle$

- konvergiert für $t \to t_0$ *stark*, wenn die Länge der Vektoren gegen einen festen Wert strebt

$$\lim_{t\to t_0} \langle\phi(t)|\phi(t)\rangle = A_s.$$

- Die Folge konvergiert für $t \to t_0$ *schwach*, wenn das Skalarprodukt von $|\phi(t)\rangle$ mit jedem beliebigen zeitunabhängigen Vektor $|\chi\rangle$ gegen einen festen Wert strebt

$$\lim_{t \to t_0} \langle \chi | \phi(t) \rangle = A_\chi .$$

Um die Existenz der Grenzwerte

$$|\psi_S(0)\rangle \equiv |\psi_I(0)\rangle = \lim_{t \to -\infty} \hat{U}_I^\dagger(t,0)|\psi_{ein}\rangle = \lim_{t \to -\infty} \hat{U}_I(0,t)|\psi_{ein}\rangle \tag{3.59}$$

für den einlaufenden Anteil und

$$|\psi_S(0)\rangle \equiv |\psi_I(0)\rangle = \lim_{t \to +\infty} \hat{U}_I^\dagger(t,0)|\psi_{aus}\rangle$$

für die zweite Hälfte des Streuprozesses nachzuweisen, benutzt man die Integralgleichung (3.13)

$$\hat{U}_I(t,t_0) = \hat{1} - \frac{i}{\hbar} \int_{t_0}^{t} dt' \hat{V}_I(t') \hat{U}_I(t',t_0). \tag{3.60}$$

Es ist ausreichend, die Argumente für einen der Fälle (z. B. den auslaufenden Zweig mit $t_0 = 0$) vorzustellen, da die Detailschritte in beiden Fällen analog verlaufen.

3.6.2 Nachweis mit einem Wellenpaket

Die Voraussetzung ist: Der Anfangszustand ist in der Form eines Wellenpakets gegeben. Da in diesem Fall die Argumentation im Ortsraum zu führen ist, ist das Schrödingerbild vorzuziehen. Zur Umschreibung von (3.60) benutzt man im Fall von $t_0 = 0$

$$\hat{U}_I(t,0) = \hat{U}_0^\dagger(t,0)\hat{U}_S(t,0),$$
$$\hat{V}_I(t) = \hat{U}_0^\dagger(t,0)\hat{V}\hat{U}_0(t,0)$$

und findet die Integralgleichung

$$\hat{U}_0^\dagger(t,0)\hat{U}_S(t,0) = \hat{1} - \frac{i}{\hbar} \int_0^t dt' \hat{U}_0^\dagger(t',0)\hat{V}\hat{U}_S(t',0).$$

Anwendung der konjugierten Gleichung auf den Anfangszustand $|\psi_{ein}\rangle$ ergibt

$$\hat{U}_S^\dagger(t,0)\hat{U}_0(t,0)|\psi_{ein}\rangle = |\psi_{ein}\rangle + \frac{i}{\hbar} \int_0^t dt' \hat{U}_S^\dagger(t',0)\hat{V}\hat{U}_0(t',0)|\psi_{ein}\rangle. \tag{3.61}$$

Der Grenzwert $|\psi_S(0)\rangle$ existiert, wenn der zweite Term auf der rechten Seite für $t \to -\infty$ gegen einen konstanten Wert konvergiert. Die Bedingung dafür ist

$$\int_{-\infty}^{0} \mathrm{d}t ||\hat{U}_{\mathrm{S}}^{\dagger}(t,0)\hat{V}\hat{U}_0(t,0)|\psi_{\mathrm{ein}}\rangle|| = M < \infty$$

oder im Sinn einer starken Konvergenz

$$\int_{-\infty}^{0} \mathrm{d}t \left[\langle\psi_{\mathrm{ein}}|\hat{U}_0^{\dagger}(t,0)\hat{V}^2\hat{U}_0(t,0)|\psi_{\mathrm{ein}}\rangle\right]^{1/2} = M' < \infty .$$

Für ein lokales Potential hat das Matrixelement in dem Integranten die Form

$$\langle\psi_{\mathrm{ein}}|\hat{U}_0^{\dagger}(t,0)\hat{V}^2\hat{U}_0(t,0)|\psi_{\mathrm{ein}}\rangle = \int \mathrm{d}^3r\, v(\boldsymbol{r})^2 |\langle\boldsymbol{r}|\hat{U}_0(t,0)|\psi_{\mathrm{ein}}\rangle|^2 .$$

Zur Abschätzung des Matrixelements des Zeitentwicklungsoperators benutzt man ein Wellenpaket, z. B. ein Gaußpaket.[12] Für

$$\langle\boldsymbol{r}|\psi_{\mathrm{ein}}\rangle = \exp\left[-\frac{(r-a)^2}{2s^2}\right]$$

berechnet man (siehe Band 3, Aufg. 2.1)

$$|\langle\boldsymbol{r}|\hat{U}_0(t,0)|\psi_{\mathrm{ein}}\rangle|^2 = \left[1 + \frac{\hbar^2 t^2}{m_0^2 s^4}\right]^{-3/2} \exp\left[-\frac{(r-a)^2}{s^2 + \frac{\hbar^2 t^2}{m_0^2}}\right] .$$

Diese Funktion kann durch den ersten Faktor majorisiert werden, sodass man für die Abschätzung

$$\int_{-\infty}^{0} \mathrm{d}t ||\hat{V}\hat{U}_0(t,0)|\psi_{\mathrm{ein}}\rangle|| \le \left[\int \mathrm{d}^3r\, v(\boldsymbol{r})^2\right] \left[\int_{-\infty}^{0} \mathrm{d}t \left(1 + \frac{\hbar^2 t^2}{m_0^2 s^4}\right)^{-3/4}\right]$$

erhält. Das Integral auf der rechten Seite hat, bedingt durch die Verbreiterung des Wellenpakets, einen endlichen Wert. Konvergenz ist also garantiert, falls der erste Faktor konvergent ist. Dies erfordert, dass das Potential ausreichend stetig ist und für $r \to 0$ langsamer ansteigt als $1/r^{(3/2-\delta)}$ und für $r \to \infty$ schneller abfällt als $1/r^{(3/2+\delta)}$.

3.6.3 Nachweis mittels Regularisierung

Differentiation des Zeitentwicklungsoperators $\hat{U}_{\mathrm{I}}(t_2, t_1)$ (benutze Gl. (3.10) mit $t_0 = 0$)

$$\hat{U}_{\mathrm{I}}(t_2,t_1) = \hat{U}_0^{\dagger}(t_2,0)\hat{U}_{\mathrm{S}}(t_2,t_1)\hat{U}_0(t_1,0)$$

[12] Es gibt nur wenige Wellenpakete, deren Propagation analytisch berechnet werden kann. Die Abschätzung ergibt in jedem Fall ein ähnliches Resultat.

nach der Variablen t_1 liefert

$$\frac{\partial \hat{U}_{\mathrm{I}}(t_2, t_1)}{\partial t_1} = \frac{\mathrm{i}}{\hbar}\hat{U}_0^\dagger(t_2, 0)\hat{U}_{\mathrm{S}}(t_2, t_1)[\hat{H} - \hat{H}_0]\hat{U}_0(t_1, 0),$$

beziehungsweise

$$\begin{aligned}
\frac{\partial \hat{U}_{\mathrm{I}}(t_2, t_1)}{\partial t_1} &= \frac{\mathrm{i}}{\hbar}\hat{U}_0^\dagger(t_2, 0)\hat{U}_{\mathrm{S}}(t_2, t_1)\hat{V}\hat{U}_0(t_1, 0) \\
&= \frac{\mathrm{i}}{\hbar}\hat{U}_0^\dagger(t_2, 0)\hat{U}_{\mathrm{S}}(t_2, t_1)\hat{U}_0(t_1, 0)\hat{U}_0^\dagger(t_1, 0)\hat{V}\hat{U}_0(t_1, 0) \\
&= \frac{\mathrm{i}}{\hbar}\hat{U}_{\mathrm{I}}(t_2, t_1)\hat{V}_{\mathrm{I}}(t_1).
\end{aligned}$$

Integration führt auf die Integralgleichung

$$\hat{U}_{\mathrm{I}}(t_2, t_1) = \hat{1} - \frac{\mathrm{i}}{\hbar}\int_{t_1}^{t_2} \mathrm{d}t' \; \hat{U}_{\mathrm{I}}(t_2, t')\hat{V}_{\mathrm{I}}(t').$$

Dies ist eine Alternative zu Gl. (3.13).

Der Zustand $|\psi_{\mathrm{I}}(0)\rangle$ im Wechselwirkungsbild zum Zeitpunkt $t = 0$ kann aus einem Anfangszustand $|\boldsymbol{k}\rangle$ zum Zeitpunkt $t = -\infty$ durch

$$|\psi_{\mathrm{I}}(0)\rangle = \hat{U}_{\mathrm{I}}(0, -\infty)|\boldsymbol{k}\rangle$$

erzeugt werden. Das folgende Argument zeigt, dass dieser Zustand mit dem Zustand $|\psi_{\boldsymbol{k}}^{(+)}\rangle$ der stationären Formulierung übereinstimmt, vorausgesetzt, der Zeitentwicklungsoperator wird in der/einer regularisierten Form eingesetzt. Anwendung der Integralgleichung für den Zeitentwicklungsoperator und Regularisierung ergibt

$$\begin{aligned}
|\psi_{\mathrm{I}}(0)\rangle &= |\boldsymbol{k}\rangle - \lim_{\epsilon \to 0} \frac{\mathrm{i}}{\hbar}\int_{-\infty}^{0} \mathrm{d}t_2 \, \exp\{-\frac{\epsilon}{\hbar}|t_2|\}\hat{U}_{\mathrm{I}}(0, t_2)\hat{V}_{\mathrm{I}}(t_2)|\boldsymbol{k}\rangle \\
&= |\boldsymbol{k}\rangle - \lim_{\epsilon \to 0} \frac{\mathrm{i}}{\hbar}\int_{-\infty}^{0} \mathrm{d}t_2 \, \exp\left\{\frac{\mathrm{i}}{\hbar}(\hat{H} - \mathrm{i}\epsilon)t_2\right\}\hat{V}\exp\left\{-\frac{\mathrm{i}}{\hbar}\hat{H}_0 t_2\right\}|\boldsymbol{k}\rangle \\
&= |\boldsymbol{k}\rangle - \lim_{\epsilon \to 0} \frac{\mathrm{i}}{\hbar}\int_{-\infty}^{0} \mathrm{d}t_2 \, \exp\left\{\frac{\mathrm{i}}{\hbar}(\hat{H} - E(k) - \mathrm{i}\epsilon)t_2\right\}\hat{V}|\boldsymbol{k}\rangle.
\end{aligned}$$

Die Integration kann nun ausgeführt werden. Das Ergebnis ist

$$\begin{aligned}
|\psi_{\mathrm{I}}(0)\rangle &= |\boldsymbol{k}\rangle + \lim_{\epsilon \to 0} \frac{1}{(E(k) - \hat{H} + \mathrm{i}\epsilon)}\hat{V}|\boldsymbol{k}\rangle \\
&\equiv |\psi_{\boldsymbol{k}}^{(+)}\rangle.
\end{aligned}$$

Durch die Anknüpfung der regularisierten zeitabhängigen Formulierung an die stationäre Fassung ist gezeigt, dass der Grenzwert (3.16) (analog (3.17)) existiert, falls er mit der nötigen Sorgfalt ausgewertet wird.

3.6.4 Störungsentwicklung der S-Matrix: Beitrag in erster und in zweiter Ordnung

Die folgenden Hilfsmittel werden in diesem Abschnitt benötigt:

- Die Diracidentität (operatorwertig)

$$\frac{1}{\hat{a}+\mathrm{i}\epsilon}-\frac{1}{\hat{a}-\mathrm{i}\epsilon}=-2\pi\mathrm{i}\delta(\hat{a})$$

- und die Definition der δ-Funktion in einer Dimension

$$\int_{-\infty}^{\infty}\mathrm{d}x\,\exp(\pm\mathrm{i}kx)=2\pi\delta(k).$$

Durch die (einfache) Auswertung des Beitrags in *erster Ordnung* soll gezeigt werden, dass die Operationen $\epsilon\to 0$ und Integration in diesem Fall vertauscht werden können. Mit

$$\hat{U}_0(t,0)=\exp\Big[-\frac{\mathrm{i}}{\hbar}\hat{H}_0 t\Big]$$

und

$$\hat{V}_I(t)=\exp\Big[+\frac{\mathrm{i}}{\hbar}\hat{H}_0 t\Big]\hat{V}\exp\Big[-\frac{\mathrm{i}}{\hbar}\hat{H}_0 t\Big]$$

erhält man für das regularisierte S-Matrixelement

$$\langle\boldsymbol{k}'|\hat{\mathsf{S}}_\epsilon|\boldsymbol{k}\rangle_{(1)}=-\frac{\mathrm{i}}{\hbar}\int_{-\infty}^{\infty}\mathrm{d}t_1\,\exp\Big[-\frac{\epsilon}{\hbar}|t_1|\Big]\\ \exp\Big[-\frac{\mathrm{i}}{\hbar}(E(k)-E(k'))t_1\Big]\langle\boldsymbol{k}'|\hat{V}|\boldsymbol{k}\rangle.$$

Bei der expliziten Auswertung muss man das Zeitintegral infolge der Regularisierung in zwei Anteile zerlegen

$$I=\int_{-\infty}^{0}\mathrm{d}t_1\,\exp\Big[-\frac{\mathrm{i}}{\hbar}(E(k)-E(k')+\mathrm{i}\epsilon)t_1\Big]\\ +\int_{0}^{\infty}\mathrm{d}t_1\,\exp\Big[-\frac{\mathrm{i}}{\hbar}(E(k)-E(k')-\mathrm{i}\epsilon)t_1\Big].$$

Das Ergebnis der Standardintegration

$$I=-\frac{\hbar}{\mathrm{i}}\left\{\frac{1}{(E(k)-E(k')+\mathrm{i}\epsilon)}-\frac{1}{(E(k)-E(k')-\mathrm{i}\epsilon)}\right\}$$

ergibt im Grenzfall $\epsilon \to 0$ mit der Diracidentität für das S-Matrixelement

$$\langle \boldsymbol{k}'|\hat{\mathsf{S}}|\boldsymbol{k}\rangle_{(1)} = -2\pi\mathrm{i}\,\delta(E(k) - E(k'))\langle \boldsymbol{k}'|\,\hat{V}|\boldsymbol{k}\rangle.$$

Bei Vertauschung der Operationen folgt nach Substitution wegen

$$\langle \boldsymbol{k}'|\hat{\mathsf{S}}|\boldsymbol{k}\rangle_{(1)} = -\mathrm{i}\int_{-\infty}^{\infty} \mathrm{d}t\,\exp\Big[-\mathrm{i}(E(k) - E(k'))t\Big]\langle \boldsymbol{k}'|\,\hat{V}|\boldsymbol{k}\rangle$$

das gleiche Resultat.

Die Auswertung des Beitrags in *zweiter Ordnung* ist etwas langwieriger. Zu berechnen ist

$$\begin{aligned}\langle \boldsymbol{k}'|\hat{\mathsf{S}}|\boldsymbol{k}\rangle_{(2)} = \left(-\frac{\mathrm{i}}{\hbar}\right)^2 \lim_{\epsilon\to 0}\Bigg\{\iint \mathrm{d}^3k'' \int_{-\infty}^{\infty} \mathrm{d}t_2\ \langle \boldsymbol{k}'|\mathrm{e}^{\frac{\mathrm{i}}{\hbar}\hat{H}_0 t_2}\,\hat{V}\mathrm{e}^{-\frac{\mathrm{i}}{\hbar}\hat{H}_0 t_2}|\boldsymbol{k}''\rangle \\ \times\,\mathrm{e}^{-\frac{\epsilon}{\hbar}|t_2|}\int_{-\infty}^{t_2} \mathrm{d}t_1\,\mathrm{e}^{-\frac{\epsilon}{\hbar}|t_1|}\ \langle \boldsymbol{k}''|\mathrm{e}^{\frac{\mathrm{i}}{\hbar}\hat{H}_0 t_1}\,\hat{V}\mathrm{e}^{-\frac{\mathrm{i}}{\hbar}\hat{H}_0 t_1}|\boldsymbol{k}\rangle\Bigg\},\end{aligned}$$

beziehungsweise nach Einwirkung der Zeitentwicklungsoperatoren auf die ebenen Wellenzustände

$$\begin{aligned}\langle \boldsymbol{k}'|\hat{\mathsf{S}}|\boldsymbol{k}\rangle_{(2)} = \left(-\frac{\mathrm{i}}{\hbar}\right)^2 \lim_{\epsilon\to 0}\Bigg\{\int \mathrm{d}^3k''\langle \boldsymbol{k}'|\hat{V}|\boldsymbol{k}''\rangle\langle \boldsymbol{k}''|\hat{V}|\boldsymbol{k}\rangle \\ \cdot\int_{-\infty}^{\infty} \mathrm{d}t_2\,\mathrm{e}^{\frac{\mathrm{i}}{\hbar}(E(k')-E(k''))t_2}\,\mathrm{e}^{-\frac{\epsilon}{\hbar}|t_2|} \\ \cdot\int_{-\infty}^{t_2} \mathrm{d}t_1\,\mathrm{e}^{-\frac{\epsilon}{\hbar}|t_1|}\mathrm{e}^{\frac{\mathrm{i}}{\hbar}(E(k'')-E(k))t_1}\Bigg\}.\end{aligned} \tag{3.62}$$

Zur Auswertung des doppelten Zeitintegrals

$$\begin{aligned}I &= \int_{-\infty}^{\infty} \mathrm{d}t_2\,\mathrm{e}^{\frac{\mathrm{i}}{\hbar}(E(k')-E(k''))t_2}\,\mathrm{e}^{-\frac{\epsilon}{\hbar}|t_2|}\int_{-\infty}^{t_2} \mathrm{d}t_1\,\mathrm{e}^{-\frac{\epsilon}{\hbar}|t_1|}\mathrm{e}^{\frac{\mathrm{i}}{\hbar}(E(k'')-E(k))t_1} \\ &\equiv \int_{-\infty}^{\infty} \mathrm{d}t_2\,f_2(t_2)\int_{-\infty}^{t_2} \mathrm{d}t_1\,f_1(t_1)\end{aligned}$$

muss man den Integrationsbereich infolge der Struktur der Konvergenzfaktoren in drei Teilbereiche mit den Grenzen

- $-\infty \le t_1 \le t_2 \le 0$,
- $-\infty \le t_1 \le 0$ und $0 \le t_2 \le \infty$,
- $0 \le t_1 \le t_2 \le \infty$

unterteilen (Abb. 3.1). Das Integral I ist somit durch

$$I = I_1 + I_2 + I_3$$

mit

$$\begin{aligned} I_1 &= \int_{-\infty}^{0} \mathrm{d}t_2\ f_2(t_2) \int_{-\infty}^{t_2} \mathrm{d}t_1\ f_1(t_1), \\ I_2 &= \int_{0}^{\infty} \mathrm{d}t_2\ f_2(t_2) \int_{-\infty}^{0} \mathrm{d}t_1\ f_1(t_1), \\ I_3 &= \int_{0}^{\infty} \mathrm{d}t_2\ f_2(t_2) \int_{0}^{t_2} \mathrm{d}t_1\ f_1(t_1) \end{aligned}$$

gegeben.

Die Einzelintegrale sind: Das innere Integral in I_1

$$I_{11}(t_2) = \int_{-\infty}^{t_2} \mathrm{d}t_1\ \mathrm{e}^{\frac{\mathrm{i}}{\hbar}(E(k'')-E(k)-\mathrm{i}\epsilon)t_1} = \left(\frac{\hbar}{\mathrm{i}}\right) \frac{\mathrm{e}^{\frac{\mathrm{i}}{\hbar}(E(k'')-E(k)-\mathrm{i}\epsilon)t_2}}{(E(k'') - E(k) - \mathrm{i}\epsilon)}$$

führt auf I_1 mit

$$\begin{aligned} I_1 &= \left(\frac{\hbar}{\mathrm{i}}\right) \int_{-\infty}^{0} \mathrm{d}t_2\ \frac{\mathrm{e}^{\frac{\mathrm{i}}{\hbar}(E(k')-E(k)-2\mathrm{i}\epsilon)t_2}}{(E(k'') - E(k) - \mathrm{i}\epsilon)} \\ &= \left(\frac{\hbar}{\mathrm{i}}\right)^2 \frac{1}{(E(k'') - E(k) - \mathrm{i}\epsilon)(E(k') - E(k) - 2\mathrm{i}\epsilon)}. \end{aligned}$$

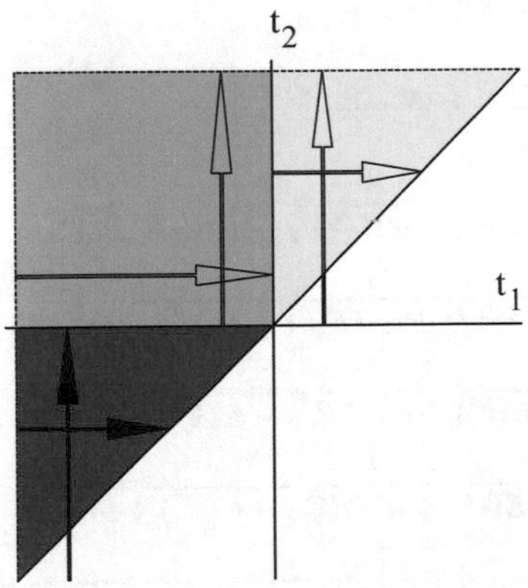

Abb. 3.1 Unterteilung des Integrationsbereichs zur Berechnung von $\langle \boldsymbol{k}'|\hat{\mathrm{S}}|\boldsymbol{k}\rangle_{(2)}$

Das Integral I_2 faktorisiert

$$
\begin{aligned}
I_2 &= \int_0^\infty \mathrm{d}t_2\, \mathrm{e}^{\frac{\mathrm{i}}{\hbar}(E(k')-E(k'')+\mathrm{i}\epsilon)t_2} \int_{-\infty}^0 \mathrm{d}t_1\, \mathrm{e}^{\frac{\mathrm{i}}{\hbar}(E(k'')-E(k)-\mathrm{i}\epsilon)t_1} \\
&= -\left(\frac{\hbar}{\mathrm{i}}\right)^2 \frac{1}{(E(k')-E(k'')+\mathrm{i}\epsilon)(E(k'')-E(k)-\mathrm{i}\epsilon)} .
\end{aligned}
$$

Die innere Integration in dem Integral I_3 erstreckt sich über einen endlichen Bereich. Es ist kein Konvergenzfaktor erforderlich, beziehungsweise ein solcher Faktor kann wegen $\epsilon \to 0$ beliebig gewählt werden. Die folgende Wahl erweist sich als zweckmäßig

$$
\begin{aligned}
I_{31} &= \int_0^{t_2} \mathrm{d}t_1\, \mathrm{e}^{\frac{\mathrm{i}}{\hbar}(E(k'')-E(k)-\mathrm{i}\epsilon)t_1} = \left(\frac{\hbar}{\mathrm{i}}\right) \frac{1}{(E(k'')-E(k)-\mathrm{i}\epsilon)} \\
&\quad \cdot \left\{ \mathrm{e}^{\frac{\mathrm{i}}{\hbar}(E(k'')-E(k)-\mathrm{i}\epsilon)t_2} - 1 \right\} .
\end{aligned}
$$

Die äußere Integration mit verschiedenen angepassten Konvergenzfaktoren für die zwei Terme ergibt dann

$$
\begin{aligned}
I_3 &= \left(\frac{\hbar}{\mathrm{i}}\right) \frac{1}{(E(k'')-E(k)-\mathrm{i}\,\epsilon)} \int_0^\infty \mathrm{d}t_2 \left\{ \mathrm{e}^{\frac{\mathrm{i}}{\hbar}(E(k')-E(k)+2\mathrm{i}\epsilon)t_2} \right. \\
&\quad \left. - \mathrm{e}^{\frac{\mathrm{i}}{\hbar}(E(k')-E(k'')+\mathrm{i}\epsilon)t_2} \right\} \\
&= \left(\frac{\hbar}{\mathrm{i}}\right)^2 \frac{1}{(E(k'')-E(k)-\mathrm{i}\epsilon)} \left\{ -\frac{1}{(E(k')-E(k)+2\mathrm{i}\epsilon)} \right. \\
&\quad \left. + \frac{1}{(E(k')-E(k'')+\mathrm{i}\epsilon)} \right\} .
\end{aligned}
$$

Das Resultat für das Integral I ist somit

$$
\begin{aligned}
\left(\frac{\mathrm{i}}{\hbar}\right)^2 I &= -\frac{1}{(E(k)-E(k'')+\mathrm{i}\epsilon)(E(k')-E(k)-2\mathrm{i}\epsilon)} \\
&\quad + \frac{1}{(E(k')-E(k'')+\mathrm{i}\epsilon)(E(k)-E(k'')+\mathrm{i}\epsilon)} \\
&\quad + \frac{1}{(E(k)-E(k'')+\mathrm{i}\epsilon)(E(k')-E(k)+2\mathrm{i}\epsilon)} \\
&\quad - \frac{1}{(E(k')-E(k'')+\mathrm{i}\epsilon)(E(k)-E(k'')+\mathrm{i}\epsilon)} \\
&= \frac{1}{(E(k)-E(k'')+\mathrm{i}\epsilon)} \left\{ \frac{1}{(E(k')-E(k)+2\mathrm{i}\epsilon)} - \frac{1}{(E(k')-E(k)-2\mathrm{i}\epsilon)} \right\} \\
&= -2\pi\mathrm{i} \frac{\delta(E(k)-E(k'))}{(E(k)-E(k'')+\mathrm{i}\epsilon)} .
\end{aligned}
$$

In dem letzten Schritt wurde die Diracidentität benutzt. Setzt man dieses Resultat in (3.62) ein, so erhält man in Übereinstimmung mit dem Resultat in Abschn. 3.3.2

$$\langle \boldsymbol{k}'|\hat{\mathsf{S}}|\boldsymbol{k}\rangle_{(2)} = -2\pi \mathrm{i}\delta(E(k) - E(k'))\left\langle \boldsymbol{k}' \left| \hat{V} \frac{1}{(E(k) - \hat{H}_0 + \mathrm{i}\epsilon)} \hat{V} \right| \boldsymbol{k} \right\rangle.$$

3.6.5 Relation zwischen der S- und der T-Matrix, allgemein

Die Argumentation stützt sich auf die Ausführungen in 3.2.2. Das S-Matrixelement

$$\langle \boldsymbol{k}'|\hat{\mathsf{S}}|\boldsymbol{k}\rangle = \langle \boldsymbol{k}'|\hat{U}_{\mathrm{I}}(\infty, -\infty)|\boldsymbol{k}\rangle$$

muss in der regularisierten Form ausgewertet werden. Mit der regularisierten Form der Integralgleichung (3.13) für den Zeitentwicklungsoperator erhält man

$$\langle \boldsymbol{k}'|\hat{\mathsf{S}}|\boldsymbol{k}\rangle = \delta(\boldsymbol{k} - \boldsymbol{k}') - \lim_{\epsilon \to 0} \frac{\mathrm{i}}{\hbar} \int_{-\infty}^{\infty} \mathrm{d}t_2 \; \mathrm{e}^{-\frac{\epsilon}{\hbar}|t_2|} \langle \boldsymbol{k}'|\hat{V}_{\mathrm{I}}(t_2)\hat{U}_{\mathrm{I}}(t_2, -\infty)|\boldsymbol{k}\rangle.$$

Man benutzt nun das Multiplikationstheorem

$$\hat{U}_{\mathrm{I}}(t_2, -\infty) = \hat{U}_{\mathrm{I}}(t_2, 0)\hat{U}_{\mathrm{I}}(0, -\infty),$$

sowie (siehe Abschn. 3.6.3)

$$\hat{U}_{\mathrm{I}}(0, -\infty)|\boldsymbol{k}\rangle = |\psi_{\boldsymbol{k}}^{(+)}\rangle$$

und

$$\begin{aligned}
\hat{U}_{\mathrm{I}}(t_2, 0)|\psi_{\boldsymbol{k}}^{(+)}\rangle &= \hat{U}_0^{\dagger}(t_2, 0)\hat{U}_{\mathrm{S}}(t_2, 0)|\psi_{\boldsymbol{k}}^{(+)}\rangle \\
&= \mathrm{e}^{\frac{\mathrm{i}}{\hbar}\hat{H}_0 t_2}\mathrm{e}^{-\frac{\mathrm{i}}{\hbar}\hat{H}t_2}|\psi_{\boldsymbol{k}}^{(+)}\rangle = \mathrm{e}^{\frac{\mathrm{i}}{\hbar}\hat{H}_0 t_2}\mathrm{e}^{-\frac{\mathrm{i}}{\hbar}E(k)t_2}|\psi_{\boldsymbol{k}}^{(+)}\rangle.
\end{aligned}$$

Damit findet man

$$\langle \boldsymbol{k}'|\hat{\mathsf{S}}|\boldsymbol{k}\rangle = \delta(\boldsymbol{k} - \boldsymbol{k}') - \lim_{\epsilon \to 0} \frac{\mathrm{i}}{\hbar} \int_{-\infty}^{\infty} \mathrm{d}t_2 \; \mathrm{e}^{-\frac{\epsilon}{\hbar}|t_2|}\mathrm{e}^{-\frac{\mathrm{i}}{\hbar}(E(k)-E(k'))t_2} \langle \boldsymbol{k}'|\hat{V}|\psi_{\boldsymbol{k}}^{(+)}\rangle.$$

Der Grenzfall $\epsilon \to 0$ ist unkritisch, sodass man mit einer der Definitionen der δ-Funktion

$$\begin{aligned}
\langle \boldsymbol{k}'|\hat{\mathsf{S}}|\boldsymbol{k}\rangle &= \delta(\boldsymbol{k} - \boldsymbol{k}') - 2\pi \mathrm{i}\delta(E(k) - E(k'))\langle \boldsymbol{k}'|\hat{V}|\psi_{\boldsymbol{k}}^{(+)}\rangle \\
&= \delta(\boldsymbol{k} - \boldsymbol{k}') - 2\pi \mathrm{i}\delta(E(k) - E(k'))\langle \boldsymbol{k}'|\hat{\mathsf{T}}|\boldsymbol{k}\rangle
\end{aligned}$$

erhält.

3.6.6 Orthogonalität der Streuzustände

Zur expliziten Diskussion der Orthogonalitätsrelationen

$$\langle \psi_{\boldsymbol{k}}^{(+)} | \psi_{\boldsymbol{k}'}^{(\pm)} \rangle$$

benutzt man zunächst die Lippmann-Schwinger Gleichung (2.22) für $|\psi_{\boldsymbol{k}}^{(+)}\rangle$ und erhält

$$\begin{aligned}\langle \psi_{\boldsymbol{k}}^{(+)} | \psi_{\boldsymbol{k}'}^{(\pm)} \rangle &= \langle \boldsymbol{k} | \psi_{\boldsymbol{k}'}^{(\pm)} \rangle + \left\langle \boldsymbol{k} \left| \hat{V} \frac{1}{(E(k) - \hat{H} - \mathrm{i}\epsilon)} \right| \psi_{\boldsymbol{k}'}^{(\pm)} \right\rangle \\ &= \langle \boldsymbol{k} | \psi_{\boldsymbol{k}'}^{(\pm)} \rangle + \frac{1}{(E(k) - E(k') - \mathrm{i}\epsilon)} \langle \boldsymbol{k} | \hat{V} | \psi_{\boldsymbol{k}'}^{(\pm)} \rangle .\end{aligned}$$

Dieser Schritt folgt wegen

$$\hat{H} | \psi_{\boldsymbol{k}'}^{(\pm)} \rangle = E(k') | \psi_{\boldsymbol{k}'}^{(\pm)} \rangle .$$

Benutze nun die Lippmann-Schwinger Gleichung (2.13) für $|\psi_{\boldsymbol{k}'}^{(\pm)}\rangle$ in dem ersten Term

$$\begin{aligned}\langle \psi_{\boldsymbol{k}}^{(+)} | \psi_{\boldsymbol{k}'}^{(\pm)} \rangle &= \langle \boldsymbol{k} | \boldsymbol{k}' \rangle + \left\langle \boldsymbol{k} \left| \frac{1}{(E(k') - \hat{H}_0 \pm \mathrm{i}\epsilon)} \hat{V} \right| \psi_{\boldsymbol{k}'}^{(\pm)} \right\rangle \\ &\quad + \frac{1}{(E(k) - E(k') - \mathrm{i}\epsilon)} \langle \boldsymbol{k} | \hat{V} | \psi_{\boldsymbol{k}'}^{(\pm)} \rangle \\ &= \langle \boldsymbol{k} | \boldsymbol{k}' \rangle + \left[\frac{1}{(E(k') - E(k) \pm \mathrm{i}\epsilon)} + \frac{1}{(E(k) - E(k') - \mathrm{i}\epsilon)} \right] \\ &\quad \cdot \langle \boldsymbol{k} | \hat{V} | \psi_{\boldsymbol{k}'}^{(\pm)} \rangle .\end{aligned}$$

Für den Ausdruck in den eckigen Klammern findet man

$$\begin{aligned}[\ldots] &= \left[\frac{1}{(E(k) - E(k') - \mathrm{i}\epsilon)} - \frac{1}{(E(k) - E(k') - \mathrm{i}\epsilon)} \right] = 0 \\ &\text{bzw.} \\ &= \left[\frac{1}{(E(k) - E(k') - \mathrm{i}\epsilon)} - \frac{1}{(E(k) - E(k') + \mathrm{i}\epsilon)} \right] \neq 0 .\end{aligned}$$

Er verschwindet für gleiche, aber nicht für ungleiche Randbedingungen, sodass Orthogonalität nur für gleiche Randbedingungen gegeben ist.

3.6.7 Unitaritätsrelation für die partiellen S-Matrixelemente

Ausgangspunkt ist die allgemeine Unitaritätsrelation (3.33)

$$\int \mathrm{d}^3k'' \langle \boldsymbol{k}'|\hat{S}^\dagger|\boldsymbol{k}''\rangle\langle \boldsymbol{k}''|\hat{S}|\boldsymbol{k}\rangle = \delta(\boldsymbol{k}-\boldsymbol{k}').$$

Setze hier die Entwicklung (3.54) ein und erhalte für die linke Seite

$$LS = \int (k'')^2 \mathrm{d}k'' \int \mathrm{d}\Omega_{k''} \sum_{lm}\sum_{l'm'} \delta(k''-k')\frac{S_l(k'')^*}{(k'')^2} Y^*_{lm}(\Omega_{k''})$$
$$Y_{lm}(\Omega_{k'})\delta(k''-k)\frac{S_{l'}(k)}{k^2} Y_{l'm'}(\Omega_{k''})Y^*_{l'm'}(\Omega_k).$$

Integration über die doppeltgestrichenen Koordinaten ergibt

$$LS = \frac{\delta(k-k')}{k^2}\sum_l S_l(k)^* S_l(k) \sum_m Y^*_{lm}(\Omega_k)Y_{lm}(\Omega_{k'}).$$

Die dreidimensionale Deltafunktion auf der rechten Seite kann in der Form

$$\delta(\boldsymbol{k}-\boldsymbol{k}') = \frac{\delta(k-k')}{k^2}\sum_{lm} Y^*_{lm}(\Omega_k)Y_{lm}(\Omega_{k'})$$

geschrieben werden. Vergleich (oder Multiplikation mit geeigneten Kugelflächenfunktionen und Integration über die zwei Raumwinkel) ergibt

$$S_l(k)^* S_l(k) = 1.$$

3.7 Literatur in Kap. 3

1. C. Møller, Danske Videnskab. Selskab, Mat-fys. Medd. **23**, 1 (1948)
2. J. A. Wheeler, Phys. Rev. **52**, S. 1107 (1937)
3. W. Heisenberg, Z. Phys. **120**, S. 513 (1943)

4 Erhaltungssätze in der Streutheorie

Das Thema Erhaltungssätze klang in dem Abschn. 1.4.2 an. Dort wurden die Auswahlregeln für die elastische Streuung von zwei Teilchen anhand der Vertauschungsrelationen von Hamiltonoperatoren mit Drehimpulsoperatoren diskutiert. Der Hamiltonoperator

$$\hat{H} = \hat{T} + \hat{V}$$

bestand aus der kinetischen Energie für die Relativbewegung der Teilchen und einer spinabhängigen Zweiteilchenwechselwirkung

$$\langle \boldsymbol{r}', \sigma_1', \sigma_2' | \hat{V} | \boldsymbol{r}, \sigma_1, \sigma_2 \rangle = \delta(\boldsymbol{r}' - \boldsymbol{r}) \delta_{\sigma_1', \sigma_1} \delta_{\sigma_2', \sigma_2} v(\boldsymbol{r}, \sigma_1, \sigma_2).$$

Hier soll der Hamiltonoperator etwas verallgemeinert werden, sodass

$$\hat{H} = \hat{H}_0 + \hat{V}$$

ist, wobei $\hat{H}_0$ neben der kinetischen Energie zusätzliche Einteilchenoperatoren enthalten kann. Die Anzahl der Symmetrieoperationen im Orts-Spinraum oder im Impuls-Spinraum des Quantensystem soll, neben Raumdrehungen, auch Verschiebungen des Systems, Raumspiegelungen und Zeitumkehr – also alle Symmetrieoperationen, die im nichtrelativistischen Bereich von Interesse sind – ansprechen. Die Ergebnisse, die man gewinnt, sind unabhängig von der speziellen Form des Hamiltonoperators und gelten auch für inelastische Prozesse, zum Beispiel, wenn angeregte Teilchen oder mehr als zwei Teilchen in den Ausgangskanälen auftreten.

Die Auswirkungen der Symmetrieoperationen werden durch die Einwirkung von Operatoren auf die Quantenzustände $|\psi\rangle$ des Systems beschrieben. Die Operatoren

R. M. Dreizler et al., *Streutheorie in der nichtrelativistischen Quantenmechanik*,
https://doi.org/10.1007/978-3-662-57897-1_4

werden durch einen Parameter oder einen Satz von Parametern $\boldsymbol{a}$ bestimmt, die die Operation charakterisieren

$$|\psi_{\boldsymbol{a}}\rangle = \hat{O}(\boldsymbol{a})|\psi\rangle.$$

Vertauscht ein Operator $\hat{O}(\boldsymbol{a})$, für den die Gültigkeit von $\hat{O}^\dagger(\boldsymbol{a})\hat{O}(\boldsymbol{a}) = 1$ vorausgesetzt wird, mit dem Hamiltonoperator des Systems

$$\hat{O}(\boldsymbol{a})\hat{H} = \hat{H}\hat{O}(\boldsymbol{a}) \quad \text{oder} \quad \hat{\mathrm{O}}^\dagger(\boldsymbol{a})\hat{\mathrm{H}}\hat{\mathrm{O}}(\boldsymbol{a}) = \hat{\mathrm{H}},$$

so kann das Ergebnis von Experimenten sowohl durch den stationären Zustand $|\psi\rangle$ als auch durch den stationären Zustand $|\psi_{\boldsymbol{a}}\rangle$ erfasst werden. Physikalisch relevante Größen, wie Wirkungsquerschnitte, werden durch die Symmetrieoperationen nicht verändert. Man spricht auch von der Gültigkeit von Erhaltungssätzen.

Das Muster für den Nachweis der Gültigkeit von Erhaltungssätzen in Streuexperimenten für jede der vier – hier betrachteten – Symmetrieoperationen beinhaltet die folgenden Schritte:

1. Untersuche die Vertauschung der Operatoren $\hat{O}(\boldsymbol{a})$ mit dem Hamiltonoperator $\hat{H}$ und den Mølleroperatoren $\hat{\Omega}_\pm$, die durch (3.18) definiert sind.
2. Falls Vertauschung mit den Mølleroperatoren vorliegt, so vertauscht der Operator $\hat{O}(\boldsymbol{a})$ auch mit dem S-Matrixoperator $\hat{\mathsf{S}}$, der durch (3.22) gegeben ist.
3. Zwischen den S-Matrixelementen mit den ursprünglichen und mit den transformierten Zuständen gilt somit

$$\langle\psi'_{\boldsymbol{a}}|\hat{\mathsf{S}}|\psi_{\boldsymbol{a}}\rangle = \langle\psi'|\hat{O}^\dagger(\boldsymbol{a})\hat{\mathsf{S}}\hat{O}(\boldsymbol{a})|\psi\rangle = \langle\psi'|\hat{\mathsf{S}}|\psi\rangle.$$

   Die zwei S-Matrixelemente sind gleich.
4. Daraus folgt aufgrund der Relation

$$\langle\boldsymbol{k}'|(\hat{\mathsf{S}} - 1)|\boldsymbol{k}\rangle = \frac{\mathrm{i}\hbar^2}{2\pi m_0}\delta(E(k) - E(k'))f(\boldsymbol{k} \to \boldsymbol{k}')$$

   (vergleiche (2.27) und (3.27)), dass sich die Streuamplituden $f(\boldsymbol{k} \to \boldsymbol{k}')$ bei Transformation der Zustände nicht ändern.

Dieses Kapitel beginnt mit einer kurzen Klassifikation der angesprochenen Klassen von Operationen. Für eine vollständige Liste ihrer Eigenschaften und für explizite Beispiele wird auf Lehrbücher der Quantenmechanik und der Funktionalanalysis verwiesen. Im Anschluss wird die Invarianz der Streuamplituden – oder allgemeiner der S-Matrixelemente – nachgewiesen.

4.1 Zur Klassifikation von Operatoren

In der Quantenmechanik wird ein Operator als *linear* bezeichnet, wenn er eine lineare Kombination von Elementen eines Hilbertraumes $\sum_{i=1}^{N} a_i |\psi_i\rangle$ in eine lineare Kombination der transformierten Elemente überführt. Ein linearer Operator $\hat{O}_{\text{lin}}$ erfüllt also die Relation

$$\hat{O}_{\text{lin}} \left(\sum_{i=1}^{N} a_i |\psi_i\rangle \right) = \sum_{i=1}^{N} a_i \left(\hat{O}_{\text{lin}} |\psi_i\rangle \right) \tag{4.1}$$

und zwar für beliebige komplexe Zahlen a_i und für beliebige Elemente $|\psi_i\rangle$ des Hilbertraums.

Ein Operator $\hat{O}_{\text{alin}}$ wird als *antilinear* bezeichnet, wenn er der Relation

$$\hat{O}_{\text{alin}} \left(\sum_{i=1}^{N} a_i |\psi_i\rangle \right) = \sum_{i=1}^{N} a_i^* \left(\hat{O}_{\text{alin}} |\psi_i\rangle \right) \tag{4.2}$$

genügt. Anstelle der Koeffizienten a_i treten die komplex konjugierten Größen a_i^* auf.

Eine Klasse von linearen Operatoren, die in der Physik von besonderem Interesse sind, bilden die *hermiteschen* Operatoren. Die Definition dieser Operatoren, die hier benutzt wird, lautet: Ein linearer Operator $\hat{O}_{\text{herm}}$ wird als hermitesch bezeichnet, wenn er zusätzlich die Bedingung

$$\left\langle (\hat{O}_{\text{herm}} \psi_1) | \psi_2 \right\rangle = \left\langle \psi_1 | (\hat{O}_{\text{herm}} \psi_2) \right\rangle \tag{4.3}$$

erfüllt. Ein explizites Beispiel für eine Einteilchensituation im Ortsraum ist

$$\int d^3r \left[O_{\text{herm}}(\boldsymbol{r}, \nabla) \psi_1(\boldsymbol{r}) \right]^* \psi_2(\boldsymbol{r}) = \int d^3r \; \psi_1(\boldsymbol{r})^* \left[O_{\text{herm}}(\boldsymbol{r}, \nabla) \psi_2(\boldsymbol{r}) \right].$$

Diese Eigenschaft garantiert, dass Erwartungswerte solcher Operatoren reell sind und mit den Messwerten von physikalischen Größen identifiziert werden können.[1] Die Bedeutung von hermiteschen Operatoren wird dadurch unterstrichen, dass sie zu der Formulierung der Eigenwertprobleme der Quantenmechanik nützlich sind, da sie Eigenschaften wie Orthonormalität und Vollständigkeit der Lösungen erhalten. Ein Operator $\hat{O}_{\text{herm}}^{\dagger}$, der durch die Relation

$$\int d^3r \left[O_{\text{herm}}(\boldsymbol{r}, \nabla) \psi_1(\boldsymbol{r}) \right]^* \psi_2(\boldsymbol{r}) = \int d^3r \; \psi_1^*(\boldsymbol{r}) \left[O_{\text{herm}}^{\dagger}(\boldsymbol{r}, \nabla) \psi_2(\boldsymbol{r}) \right] \tag{4.4}$$

[1] In der mathematischen Literatur werden auch andere Definitionen benutzt.

oder formal durch

$$\big\langle(\hat{O}_{\mathrm{herm}}\psi_1)|\psi_2\big\rangle = \langle\psi_1|\hat{O}^{\dagger}_{\mathrm{herm}}|\psi_2\rangle$$

definiert ist, wird der *hermitesch adjungierte* Operator zu $\hat{O}_{\mathrm{herm}}$ genannt. Ein Operator, für den die Relation

$$\hat{O}^{\dagger}_{\mathrm{herm}} \equiv \hat{O}_{\mathrm{herm}} \tag{4.5}$$

erfüllt ist, wird auch als *sebstadjungiert* bezeichnet.

Lineare Operatoren, für die der inverse Operator und der adjungierte Operator übereinstimmen, werden als *unitär* bezeichnet. Die Bedingung

$$\hat{O}^{-1}_{\mathrm{uni}} = \hat{O}^{\dagger}_{\mathrm{uni}} \tag{4.6}$$

kann auch in der Form

$$\hat{O}_{\mathrm{uni}}\hat{O}^{\dagger}_{\mathrm{uni}} = \hat{O}^{\dagger}_{\mathrm{uni}}\hat{O}_{\mathrm{uni}} = \hat{1}$$

geschrieben werden. Es gilt dann

$$\langle\hat{O}_{\mathrm{uni}}\psi_1|\hat{O}_{\mathrm{uni}}\psi_2\rangle = \langle\psi_1|\hat{O}^{\dagger}_{\mathrm{uni}}\hat{O}_{\mathrm{uni}}|\psi_2\rangle = \langle\psi_1|\psi_2\rangle .$$

Wird ein unitärer Operator auf alle Elemente des Vektorraums angewandt, so bleiben die *Längen der Vektoren* und die *Winkel zwischen den Vektoren,* ausgedrückt (zum Beispiel) durch bra-ket Skalarprodukte, erhalten. Benutzt man die abzählbaren (oder abzählbar unendlichen) Eigenvektoren eines hermiteschen Eigenwertproblems

$$|\psi_1\rangle, |\psi_2\rangle, |\psi_3\rangle, \ldots,$$

so kann man eine Matrixdarstellung von physikalischen Größen, charakterisiert durch einen Operator $\hat{G}$, mit den Matrixelementen

$$G_{m,n} = \langle\psi_m|\hat{G}|\psi_n\rangle$$

erzeugen. Mit solchen Darstellungen kann man quantenmechanische Probleme mit algebraischen Methoden erschließen.[2]

Zur Diskussion der Zeitumkehr werden *antiunitäre* Operatoren benötigt. Ein antiunitärer Operator $\hat{O}_{\mathrm{auni}}$ ist antilinear, und er wird formal durch

$$\langle\hat{O}_{\mathrm{auni}}\psi_1|\hat{O}_{\mathrm{auni}}\psi_2\rangle = \langle\psi_1|\psi_2\rangle^* \tag{4.7}$$

definiert. Die explizite Form für Einteilchensysteme ist

$$\int \mathrm{d}^3r\,[\hat{O}^{\dagger}_{\mathrm{auni}}\psi_1^*(\boldsymbol{r})][\hat{O}_{\mathrm{auni}}\psi_2(\boldsymbol{r})] = \Big[\int \mathrm{d}^3r\,\psi_1^*(\boldsymbol{r})\psi_2(\boldsymbol{r})\Big]^* .$$

[2]In der mathematischen Literatur wird meist die zusätzliche Forderung gestellt, dass unitäre Operatoren beschränkt sind, also dass $\big|\langle\psi|\hat{O}_{\mathrm{uni}}|\psi\rangle\big| < M$ ist.

Eine alternative, formale Charakterisierung lautet (wie in (4.2) definiert)

$$\hat{O}_{\mathrm{auni}}\Big(a|\psi\rangle\Big) = a^*\Big(\hat{O}_{\mathrm{auni}}|\psi\rangle\Big).$$

Der zu $\hat{O}_{\mathrm{auni}}$ adjungierte Operator $\hat{O}^{\dagger}_{\mathrm{auni}}$ wird durch

$$\langle\hat{O}_{\mathrm{auni}}\psi_1|\psi_2\rangle = \langle\psi_1|\hat{O}^{\dagger}_{\mathrm{auni}}|\psi_2\rangle^*$$

definiert. Sind die zwei Zustände gleich, $|\psi_2\rangle = |\psi_1\rangle$, so ergibt die Definition (4.7) für einen normierten Zustand

$$\langle\psi_1|\hat{O}^{\dagger}_{\mathrm{auni}}\hat{O}_{\mathrm{auni}}|\psi_1\rangle = \langle\psi_1|\psi_1\rangle^* = 1.$$

Da $|\psi_1\rangle$ beliebig gewählt werden kann, folgt die Relation

$$\hat{O}^{\dagger}_{\mathrm{auni}}\hat{O}_{\mathrm{auni}} = \hat{1}. \tag{4.8}$$

Die einfachste Situation, in der die so charakterisierten Klassen von Operatoren in der Streutheorie diskutiert werden, ist die Betrachtung der elastischen Streuung von spinlosen Teilchen.

4.2 Elastische Streuung: spinlose Teilchen

4.2.1 Translation: Impulserhaltung

Eine Translation der Streuanordnung um die Strecke $\boldsymbol{a}$ wird durch einen unitären Verschiebungsoperator im dreidimensionalen Raum $\hat{O}_{\mathrm{trans}}(\boldsymbol{a})$ beschrieben

$$\hat{O} \longrightarrow \hat{O}_{\mathrm{trans}}(\boldsymbol{a}) = \mathrm{e}^{-\mathrm{i}\boldsymbol{a}\cdot\hat{\boldsymbol{P}}/\hbar}.$$

Der Operator $\hat{\boldsymbol{P}}$ ist der Operator für den Gesamtimpuls des Zweiteilchensystems. Die Ortsdarstellung des Operators $\hat{O}_{\mathrm{trans}}$ lautet

$$\langle\boldsymbol{r}'_1, \boldsymbol{r}'_2|\hat{O}_{\mathrm{trans}}(\boldsymbol{a})|\boldsymbol{r}_1, \boldsymbol{r}_2\rangle = \delta(\boldsymbol{r}_1 - \boldsymbol{r}'_1)\delta(\boldsymbol{r}_2 - \boldsymbol{r}'_2)\mathrm{e}^{-\boldsymbol{a}\cdot(\nabla_1+\nabla_2)}.$$

Die transformierte Wellenfunktion

$$\langle\boldsymbol{r}_1, \boldsymbol{r}_2|\hat{O}_{\mathrm{trans}}(\boldsymbol{a})|\psi\rangle = \mathrm{e}^{-\boldsymbol{a}\cdot(\nabla_1+\nabla_2)}\langle\boldsymbol{r}_1, \boldsymbol{r}_2|\psi\rangle \tag{4.9}$$

entspricht der Taylorentwicklung von $\psi(\boldsymbol{r}_1 - \boldsymbol{a}, \boldsymbol{r}_2 - \boldsymbol{a})$ (Details in Abschn. 4.4.1).

Der Impulsoperator $\hat{\boldsymbol{P}}$ vertauscht sowohl mit $\hat{H}$ als auch mit $\hat{H}_0$, folglich vertauscht er auch mit den Mølleroperatoren $\hat{\Omega}_\pm$ und mit dem S-Matrixoperator $\hat{\mathsf{S}}$. Für das S-Matrixelement mit zwei Streuzuständen gilt

$$\langle\psi'(\boldsymbol{a})|\hat{\mathsf{S}}|\psi(\boldsymbol{a})\rangle = \langle\psi'|\hat{O}^\dagger_{\text{trans}}(\boldsymbol{a})\hat{\mathsf{S}}\hat{O}_{\text{trans}}(\boldsymbol{a})|\psi\rangle = \langle\psi'|\hat{\mathsf{S}}|\psi\rangle.$$

Diese Gleichung beschreibt die Tatsache, dass ein Experiment an jeder Stelle des Ortsraums das gleiche Ergebnis liefert.

Charakterisiert man die Bewegung von zwei Teilchen durch ebene Wellen mit

$$\hat{P}|\boldsymbol{k}_1, \boldsymbol{k}_2\rangle = \hbar(\boldsymbol{k}_1 + \boldsymbol{k}_2)|\boldsymbol{k}_1, \boldsymbol{k}_2\rangle,$$

so kann man das Matrixelement des Kommutators von $\hat{\boldsymbol{P}}$ und $\hat{\mathsf{S}}$

$$\langle\boldsymbol{k'}_1, \boldsymbol{k'}_2|[\hat{\boldsymbol{P}}, \hat{\mathsf{S}}]|\boldsymbol{k}_1, \boldsymbol{k}_2\rangle = 0.$$

durch Auftrennung der Zustände in Relativbewegung und die Schwerpunktbewegung auswerten. Anhand der Transformationen

$$\boldsymbol{K} = \boldsymbol{k}_1 + \boldsymbol{k}_2, \qquad \boldsymbol{k}_{\text{rel}} = \frac{m_{20}\boldsymbol{k}_1 - m_{10}\boldsymbol{k}_2}{m_{10} + m_{20}}$$

und

$$\boldsymbol{R} = \frac{m_{10}\boldsymbol{r}_1 + m_{20}\boldsymbol{r}_2}{m_{10} + m_{20}}, \qquad \boldsymbol{r} = \boldsymbol{r}_1 - \boldsymbol{r}_2$$

berechnet man für die Argumente der Wellenfunktionen

$$\boldsymbol{k}_1 \cdot \boldsymbol{r}_1 + \boldsymbol{k}_2 \cdot \boldsymbol{r}_2 = \boldsymbol{k}_{\text{rel}} \cdot \boldsymbol{r} + \boldsymbol{K} \cdot \boldsymbol{R}.$$

Der Operator für den Gesamtimpuls wirkt nur auf den Schwerpunktanteil, sodass sich die Aussage

$$\langle\boldsymbol{k}'_{\text{rel}}, \boldsymbol{K}'|[\hat{\boldsymbol{P}}, \hat{\mathsf{S}}]|\boldsymbol{k}_{\text{rel}}, \boldsymbol{K}\rangle = \boldsymbol{K}\ \delta(\boldsymbol{K}' - \boldsymbol{K})\langle\boldsymbol{k}'_{\text{rel}}, \boldsymbol{K}|\hat{\mathsf{S}}|\boldsymbol{k}_{\text{rel}}, \boldsymbol{K}\rangle = 0$$

ergibt. Der Gesamtimpuls ist eine Erhaltungsgröße. In einem Schwerpunktsystem ist $\boldsymbol{K}_{\text{sp}} = \boldsymbol{0}$. Das S-Matrixelement wird in diesem System nur durch die Relativbewegung bestimmt, und es gilt $|\boldsymbol{k}_{\text{rel}}| = |\boldsymbol{k}'_{\text{rel}}|$. Das S-Matrixelement ist, wie erwartet, on-shell.

In einem Vielteilchensystem mit $\boldsymbol{K} = \sum_i \boldsymbol{k}_i$ folgt durch Auswertung des Matrixelements des Kommutators $[\hat{P}, \hat{\mathsf{S}}]$ in gleicher Weise

$$\langle\boldsymbol{k}'_1, \boldsymbol{k}'_2, \ldots|[\hat{\boldsymbol{P}}, \hat{\mathsf{S}}]|\boldsymbol{k}_1, \boldsymbol{k}_2, \ldots\rangle = \boldsymbol{K}\ \delta(\boldsymbol{K} - \boldsymbol{K}')\langle\tilde{\boldsymbol{k}}'_1, \tilde{\boldsymbol{k}}'_2, \ldots, \boldsymbol{K}|\hat{\mathsf{S}}|\tilde{\boldsymbol{k}}_1, \tilde{\boldsymbol{k}}_2, \ldots, \boldsymbol{K}\rangle = 0,$$

also ebenfalls Impulserhaltung. Die Wellenzahlen $\tilde{k}$ sind auf den *Schwerpunkt* bezogen.

4.2.2 Drehung: Drehimpulserhaltung

Ein unitärer Operator, der beliebige Raumdrehungen beschreibt, kann durch die drei Eulerwinkel $\Omega \to \{\alpha, \beta, \gamma\}$ (siehe Band 1, Abschn. 6.3.5) ausgedrückt werden.[3]

$$\hat{O}_{\mathrm{rot}}(\Omega) = \mathrm{e}^{-\mathrm{i}\alpha \hat{J}_z/\hbar} \mathrm{e}^{-\mathrm{i}\beta \hat{J}_y/\hbar} \mathrm{e}^{-\mathrm{i}\gamma \hat{J}_z/\hbar}.$$

Eine einfachere Form erhält man durch Vorgabe einer Drehachse, die durch einen Einheitsvektor $\boldsymbol{n}$ beschrieben wird, und eines Drehwinkels ω

$$\hat{O}_{\mathrm{rot}}(\boldsymbol{n}, \omega) = \mathrm{e}^{-\mathrm{i}\omega(\boldsymbol{n}\cdot\hat{\boldsymbol{J}})/\hbar}.$$

Alternativ kann man den vektoriellen Drehwinkel $\boldsymbol{\omega} = \omega\, \boldsymbol{n}$ benutzen. Der gesamte Drehimpuls J von zwei Teilchen, die jeweils den Spin $\boldsymbol{s}_i$ tragen, ist die Summe aus dem Bahndrehimpuls des Schwerpunkts, dem Bahndrehimpuls der Relativbewegung sowie dem Spin der beiden Teilchen

$$\hat{\boldsymbol{J}} = \hat{\boldsymbol{R}} \times \hat{\boldsymbol{P}} + \hat{\boldsymbol{r}} \times \hat{\boldsymbol{p}} + \hat{\boldsymbol{s}}_1 + \hat{\boldsymbol{s}}_2.$$

In der elastischen Streuung mit einem spinunabhängigem Wechselwirkungspotential[4] spielt nur die Relativbewegung eine Rolle, sodass man sich auf die Betrachtung von

$$\hat{\boldsymbol{j}}_{\mathrm{rel}} = \hat{\boldsymbol{l}}_{\mathrm{rel}} = \hat{\boldsymbol{r}} \times \hat{\boldsymbol{p}} \tag{4.10}$$

beschränken kann. Besitzt das Wechselwirkungspotential sphärische Symmetrie $v(\boldsymbol{r}) = v(r)$, so vertauscht der Streuoperator $\hat{\mathsf{S}}$ mit $\hat{O}_{\mathrm{rot}}(\omega) = \mathrm{e}^{-\mathrm{i}\omega(\boldsymbol{n}\cdot\hat{\boldsymbol{l}}_{\mathrm{rel}})/\hbar}$

$$\hat{O}_{\mathrm{rot}}(\omega)\hat{\mathsf{S}} = \hat{\mathsf{S}}\hat{O}_{\mathrm{rot}}(\omega).$$

Eine Konsequenz dieser Vertauschungsrelation ist die Aussage

$$\langle \boldsymbol{k}_1|\hat{\mathsf{S}}|\boldsymbol{k}_2\rangle = \langle \boldsymbol{k}_{\boldsymbol{R}1}|\hat{\mathsf{S}}|\boldsymbol{k}_{\boldsymbol{R}2}\rangle \quad \text{mit} \quad |\boldsymbol{k}_{\boldsymbol{R}}\rangle = \hat{O}_{\mathrm{rot}}|\boldsymbol{k}\rangle. \tag{4.11}$$

Das S-Matrixelement mit zwei Impulszuständen ist genauso groß wie das Matrixelement zwischen den entsprechenden Impulszuständen in einem System, das mit einem Winkel ω um die Achse $\boldsymbol{n}$ gedreht wurde. Bei elastischer Streuung sind die Impulsbeträge der Zustände in (4.11) paarweise gleich groß. Da sich bei einer Drehung der Winkel zwischen den Impulsvektoren auf der linken und der rechten Seite der Gl. (4.11) nicht ändert, kann man schließen, dass die zugehörige Streuamplitude

[3] M.E. Rose: Elementary Theory of Angular Momentum. J. Wiley, New York (1957); Nachdruck: Dover Publications, New York (1995), S. 51.

[4] Die Streuung mit explizit spinabhängigen Potentialen wird in Abschn. 4.1 betrachtet.

bei der Streuung mit einem spinunabhängigen Potential mit Kugelsymmetrie nur von zwei Größen abhängt, nämlich der Energie und einem Streuwinkel θ, der zum Beispiel in Bezug auf die z-Achse, der Richtung des einfallenden Strahls, gemessen wird

$$f(\boldsymbol{k} \to \boldsymbol{k}') = f(E_{\text{rel}}, \theta). \tag{4.12}$$

Dieses Resultat liefert die Begründung für die Partialwellenentwicklung, einer Entwicklung nach Streueigenzuständen der Operatoren $\hat{H}_0$, $\hat{l}^2$ und $\hat{l}_z$, in Abschn. 1.2. In dieser Basis ist das On-shell T-Matrixelement diagonal

$$\begin{aligned}\langle E, l', m'|\hat{\mathsf{T}}|E, l, m\rangle &= \delta_{l,l'}\, \delta_{m,m'}\, \frac{(2l+1)}{2ik}(\mathrm{e}^{2i\delta_l(E)} - 1)\\ &= \delta_{l,l'}\, \delta_{m,m'}\, f_l(E)\end{aligned}$$

und entspricht der partiellen Streuamplitude in (1.22).

4.2.3 Spiegelsymmetrie: Parität

Bei der Paritätsoperation $\hat{O}_{\text{par}}$ geht ein Zustandsvektor eines spinlosen Teilchens im Ortsraum ebenso wie ein Zustandsvektor im Impulsraum in einen Zustandsvektor in der entgegengesetzten Richtung über

$$\hat{O}_{\text{par}}|\boldsymbol{r}\rangle = |-\boldsymbol{r}\rangle, \qquad \hat{O}_{\text{par}}|\boldsymbol{k}\rangle = |-\boldsymbol{k}\rangle.$$

Weitere Eigenschaften sind

$$\hat{O}_{\text{par}} = \hat{O}^{\dagger}_{\text{par}} = \hat{O}^{-1}_{\text{par}}, \qquad \hat{O}^{2}_{\text{par}} = \hat{1}.$$

Ein möglicher Phasenfaktor, der im Orts- oder im Impulsraum auftreten könnte, kann vernachlässigt werden. Für die Wirkung des Paritätsoperator auf einen Zustand eines Teilchen mit gutem Bahndrehimpuls ist jedoch die Phasenwahl

$$\hat{O}_{\text{par}}|l, m\rangle = (-1)^{l-m}|l, -m\rangle.$$

Dies entspricht der meistbenutzten Wahl zur Beschreibung des Verhaltens von Kugelflächenfunktionen bei Raumspiegelungen.

Ist das Potential spiegelsymmetrisch $v(\boldsymbol{r}) = v(-\boldsymbol{r})$, so vertauscht der Hamiltonoperator für die Relativbewegung mit dem Paritätsoperator

$$[\hat{H}_{\text{rel}}, \hat{O}_{\text{par}}] = 0,$$

und es folgt

$$\hat{O}^{\dagger}_{\text{par}}\hat{\mathsf{S}}\hat{O}_{\text{par}} = \hat{\mathsf{S}}$$

sowie

$$\langle \boldsymbol{r}'|\hat{\mathsf{S}}|\boldsymbol{r}\rangle = \langle -\boldsymbol{r}'|\hat{\mathsf{S}}|-\boldsymbol{r}\rangle \quad \text{und} \quad \langle \boldsymbol{k}'|\hat{\mathsf{S}}|\boldsymbol{k}\rangle = \langle -\boldsymbol{k}'|\hat{\mathsf{S}}|-\boldsymbol{k}\rangle .$$

Dieses Ergebnis besagt, dass unter den genannten Bedingungen, die Streuamplitude invariant ist

$$f(\boldsymbol{k} \to \boldsymbol{k}') = f(-\boldsymbol{k} \to -\boldsymbol{k}'). \tag{4.13}$$

Ein *Teilchen,* das sich in der Richtung $-\boldsymbol{k}$ bewegt, wird mit gleicher Wahrscheinlichkeit in die Richtung $-\boldsymbol{k}'$ gestreut wie das Teilchen in Richtung $\boldsymbol{k}$ in die Richtung $\boldsymbol{k}'$.

Eine Zusatzbemerkung lautet: Rotationsinvarianz impliziert für einfache Systeme die Paritätsinvarianz, da die Paritätsoperation einer Drehung um 180° um eine Achse senkrecht zu $\boldsymbol{k}$ und $\boldsymbol{k}'$ entspricht.

4.2.4 Zeitumkehr

Ein Operator $\hat{O}_{\text{time}}$, der einen Zustand $|\psi\rangle$ in seinen zeitumgekehrten überführt, ist anti-unitär. Dies ergibt sich aus der Forderung, dass die Wirkung des entsprechenden Operators $\hat{O}_{\text{time}}$ auf einen Ortszustand diesen Zustand nicht verändert. Wirkt der Operator auf einen Impulszustand, so wird die Richtung des Impulses umgekehrt

$$\hat{O}_{\text{time}}|\boldsymbol{r}\rangle = |\boldsymbol{r}\rangle. \quad \hat{O}_{\text{time}}|\boldsymbol{k}\rangle = |-\boldsymbol{k}\rangle \,. \tag{4.14}$$

Diese Forderung bedingt, dass der anti-unitäre Operator anti-linear sein muss (vergleiche Abschn. 4.1). Jede Linearkombination von Zuständen wird durch einen anti-linearen Operator $\hat{O}_{\text{alin}}$ in eine entsprechende Linearkombination mit komplex konjugierten Koeffizienten übergeführt

$$\hat{O}_{\text{alin}}\Big(a_1|\psi_1\rangle + a_2|\psi_2\rangle + \ldots\Big) = a_1^*\hat{O}_{\text{alin}}|\psi_1\rangle + a_2^*\hat{O}_{\text{alin}}|\psi_2\rangle + \ldots \tag{4.15}$$

Ein anti-linearer Operator mit der Eigenschaft (4.15) ist normerhaltend, denn die Produkte von $\hat{O}^\dagger_{\text{alin}}$ mit $\hat{O}_{\text{alin}}$ entsprechen dem Einheitsoperator

$$\hat{O}^\dagger_{\text{alin}}\hat{O}_{\text{alin}} = \hat{O}_{\text{alin}}\hat{O}^\dagger_{\text{alin}} = \hat{1}. \tag{4.16}$$

So hat zum Beispiel für einen Zustand

$$|\psi\rangle = \sum_i a_i|\psi_i\rangle$$

das direkte Skalarprodukt

$$\langle\psi|\psi\rangle = \sum_{i,k} a_i^* a_k \langle\psi_i|\psi_k\rangle$$

bei einer orthonormalen Basis $\langle\psi_i|\psi_k\rangle = \delta_{i,k}$ den Wert

$$\langle\psi|\psi\rangle = \sum_i a_i^* a_i .$$

Den gleichen Wert erhält man auch für

$$\langle\psi|\hat{O}_{\text{alin}}^{\dagger}\hat{O}_{\text{alin}}|\psi\rangle = \sum_{i,k} a_i a_k^* \langle\psi_i|\psi_k\rangle = \sum_i a_i a_i^* .$$

Vergleicht man die Entwicklung eines zeitumgekehrten Zustands

$$|\psi_t\rangle = \hat{O}_{\text{time}}|\psi\rangle$$

im Ortsraum und im Impulsraum, so findet man mit den Aussagen (4.14) und der Definition (4.15)

- im *Ortsraum:*

$$\begin{aligned}|\psi_t\rangle &= \hat{O}_{\text{time}} \int \mathrm{d}^3r\ \langle\boldsymbol{r}|\psi\rangle|\boldsymbol{r}\rangle = \int \mathrm{d}^3r\ \langle\boldsymbol{r}|\psi\rangle^* \hat{O}_{\text{time}}|\boldsymbol{r}\rangle \\ &= \int \mathrm{d}^3r\ \langle\boldsymbol{r}|\psi\rangle^*|\boldsymbol{r}\rangle = \int \mathrm{d}^3r\ \psi^*(\boldsymbol{r})|\boldsymbol{r}\rangle\end{aligned}$$

und

- im *Impulsraum:*

$$\begin{aligned}|\psi_t\rangle &= \hat{O}_{\text{time}} \int \mathrm{d}^3k\ \langle\boldsymbol{k}|\psi\rangle|\boldsymbol{k}\rangle = \int \mathrm{d}^3k\ \langle\boldsymbol{k}|\psi\rangle^* \hat{O}_{\text{time}}|\boldsymbol{k}\rangle \\ &= \int \mathrm{d}^3k\ \langle\boldsymbol{k}|\psi\rangle^*|-\boldsymbol{k}\rangle = \int \mathrm{d}^3k\ \psi^*(\boldsymbol{k})|-\boldsymbol{k}\rangle .\end{aligned}$$

Bildet man im ersten Fall eine bra-ket Kombination mit $\langle\boldsymbol{r}|$ und im zweiten Fall mit $\langle-\boldsymbol{k}|$, so findet man

$$\begin{aligned}\langle\boldsymbol{r}|\psi_t\rangle &= \psi_t(\boldsymbol{r}) = \psi^*(\boldsymbol{r}), \\ \langle\boldsymbol{k}|\psi_t\rangle &= \psi_t(\boldsymbol{k}) = \psi^*(-\boldsymbol{k}).\end{aligned}$$

Die zeitumgekehrte Wellenfunktion in der Ortsdarstellung gewinnt man durch komplexe Konjugation. In der Impulsdarstellung wird zusätzlich der Impuls durch den negativen Impuls ersetzt.

Der Zeitumkehroperator vertauscht mit dem Hamiltonoperator, falls die Wechselwirkung zwischen spinlosen Teilchen lokal und reell ist

$$\hat{O}_{\text{time}}\ \hat{H} = \hat{H}\ \hat{O}_{\text{time}} .$$

Auf der Basis der Antilinearität (4.15) zeigt man somit durch Entwicklung der Exponentialfunktion, dass die Vertauschungsrelation

$$\hat{O}_{\text{time}} e^{\mathrm{i}\hat{H}t/\hbar} = e^{-\mathrm{i}\hat{H}t/\hbar} \hat{O}_{\text{time}}$$

sowohl für den Hamiltonoperator $\hat{H}$ als auch für $\hat{H}_0$ gültig ist. Weiterhin gilt dann – vorausgesetzt die Operationen Vertauschung von Operatoren und Bildung des Grenzwertes $t \to \infty$ können vertauscht werden –

$$\hat{O}_{\text{time}} \hat{\Omega}_{\pm} = \hat{\Omega}_{\mp} \hat{O}_{\text{time}} \quad \text{oder} \quad \hat{\Omega}_{\pm} = \hat{O}^{\dagger}_{\text{time}} \hat{\Omega}_{\mp} \hat{O}_{\text{time}}.$$

Einwirkung von $\hat{O}_{\text{time}}$ auf die Mølleroperatoren vertauscht diese. Für den S-Matrixoperator findet man schließlich

$$\hat{O}_{\text{time}} \hat{\mathsf{S}} = \hat{\mathsf{S}}^{\dagger} \hat{O}_{\text{time}} \quad \text{oder} \quad \hat{\mathsf{S}} = \hat{O}^{\dagger}_{\text{time}} \hat{\mathsf{S}}^{\dagger} \hat{O}_{\text{time}}. \tag{4.17}$$

Mithilfe von (4.17) kann man die Auswirkung von Zeitumkehrinvarianz auf die S-Matrixelemente oder die Streuamplituden in dem hier betrachteten Spezialfall (spinlose Teilchen und lokale Wechselwirkung) gewinnen. Es ist in diesem Fall allgemein

$$\begin{aligned} \langle \psi_a | \hat{\mathsf{S}} | \psi_b \rangle &= \langle \psi_a | \hat{O}^{\dagger}_{\text{time}} \hat{\mathsf{S}}^{\dagger} \hat{O}_{\text{time}} | \psi_b \rangle = \langle \psi_{ta} | \hat{\mathsf{S}}^{\dagger} | \psi_{tb} \rangle^* \\ &= \langle \psi_{tb} | \hat{\mathsf{S}} | \psi_{ta} \rangle, \end{aligned} \tag{4.18}$$

Die Wahrscheinlichkeit für den Übergang von ψ_b nach ψ_a ist genauso groß wie für den Übergang von dem zeitumgekehrten Zustand ψ_{ta} in den zeitumgekehrten Zustand ψ_{tb}. Insbesondere für ebene Wellenzustände gilt dann

$$\langle \boldsymbol{k}' | \hat{\mathsf{S}} | \boldsymbol{k} \rangle = \langle -\boldsymbol{k} | \hat{\mathsf{S}} | -\boldsymbol{k}' \rangle.$$

Die Wahrscheinlichkeit für einen Prozess mit $\boldsymbol{k} \to \boldsymbol{k}'$ ist genauso groß wie für einen Prozess, in dem die Teilchen in der entgegengesetzten Richtung laufen und deren Rolle vertauscht ist

$$f(\boldsymbol{k} \to \boldsymbol{k}') = f(-\boldsymbol{k}' \to -\boldsymbol{k}).$$

Diese Eigenschaft wird als Reziprozität bezeichnet. Gilt zusätzlich Paritätsinvarianz, so folgt mit (4.13) die Aussage

$$f(\boldsymbol{k} \to \boldsymbol{k}') = f(\boldsymbol{k}' \to \boldsymbol{k}),$$

die ein detailliertes Gleichgewicht des Reaktionsablaufes (detailed balance) kennzeichnet.

4.3 Elastische Streuung: Teilchen mit Spin

Tragen die Teilchen einen Spin, so werden die Detailbetrachtungen etwas aufwendiger. In diesem Abschnitt wird nur noch einmal der Rahmen der Überlegungen herausgestellt. Explizite Auswahlregeln für die Streuamplituden bei verschiedenen, in der Praxis benutzten Formen der Spinabhängigkeit der Wechselwirkungspotentialen in Zweiteilchensystem wurden schon in Abschn. 3.5.2 vorgestellt.

Eine Einteilchenbasis für Teilchen mit Spin wird durch Zustände der Form

- Ort-Spin-Raum: $|\boldsymbol{r}, \boldsymbol{\sigma}\rangle = |\boldsymbol{r}\rangle \otimes |\boldsymbol{\sigma}\rangle$,
- Impuls-Spin-Raum: $|\boldsymbol{k}, \boldsymbol{\sigma}\rangle = |\boldsymbol{k}\rangle \otimes |\boldsymbol{\sigma}\rangle$

aufgespannt. Die zugeordneten Wellenfunktionen entsprechen den bra-ket Kombinationen mit Zuständen wie

$$|\alpha, s\mu_s\rangle \quad \rightarrow \quad |lm, s\mu_s\rangle = |lm\rangle \otimes |s\mu_s\rangle,$$

also zum Beispiel

$$\Psi_{l,m,s,\mu_s}(\boldsymbol{r}, \boldsymbol{\sigma}) = \langle \boldsymbol{r}, \boldsymbol{\sigma} | lm, s\mu_s\rangle = \langle \boldsymbol{r} | lm\rangle\langle \boldsymbol{\sigma} | s\mu_s\rangle = \psi_{l,m}(\boldsymbol{r})\chi_{s,\mu_s}(\sigma).$$

Operationen im Spinraum können analog zu den Operationen im Orts- oder im Impulsraum gehandhabt werden.[5]

Die Wirkung von Drehungen kann im Spinraum durch den Spinanteil des Drehoperators

$$\hat{O}_{\text{rot,s}}(\boldsymbol{\omega}) = \mathrm{e}^{-\mathrm{i}\boldsymbol{\omega}\cdot\hat{s}/\hbar}$$

beschrieben werden

$$\hat{O}_{\text{rot,s}}(\boldsymbol{\omega})|\boldsymbol{\sigma}\rangle = |\boldsymbol{\sigma}_{\text{rot}}\rangle.$$

Es gilt allgemein

$$\hat{O}_{\text{rot,s}}(\boldsymbol{\omega})|\boldsymbol{\sigma}\rangle = \sum_{\sigma'} |\boldsymbol{\sigma}'\rangle\langle\boldsymbol{\sigma}'|\hat{O}_{\text{rot,s}}(\boldsymbol{\omega})|\boldsymbol{\sigma}\rangle,$$

wobei $\langle\boldsymbol{\sigma}'|\hat{O}_{\text{rot,s}}|\boldsymbol{\sigma}\rangle$ eine unitäre Matrix der Dimension $(2s+1)$ darstellt. Im Fall von Spin-1/2 Teilchen läuft die Summe über den Zustand mit Spin nach oben ($\sigma' = \uparrow$) und mit Spin nach unten ($\sigma' = \downarrow$). Für eine Drehung um die z-Achse mit $\boldsymbol{\omega} = \omega\boldsymbol{e}_z$ erhält man bei Einwirkung auf einen Zustand $|s\mu_s\rangle$ einen Phasenfaktor

$$\hat{O}_{\text{rot,s}}(\omega\boldsymbol{e}_z)|s\mu_s\rangle = \mathrm{e}^{-\mathrm{i}\omega\mu_s}|s\mu_s\rangle.$$

[5] Da der Spin eine innere Eigenschaft der Teilchen ist, ist das Verhalten des Spins bei Translationen nicht gefragt.

Der Paritätsoperator vertauscht mit Drehimpulsoperatoren und somit auch mit Spinoperatoren, da diese die gleichen Eigenschaften (bezüglich der Vertauschungsrelationen) aufweisen. Es gilt deswegen

$$\hat{O}_{\text{par}}|\sigma\rangle = |\sigma\rangle \text{ und } \hat{O}_{\text{par}}|s\mu_s\rangle = |s\mu_s\rangle .$$

Bei Zeitumkehr ändert sich, anschaulich gesehen, die *Drehrichtung des inneren Kreisels des Teilchens*. Diese Vorstellung bedingt den Ansatz

$$\hat{O}_{\text{time}}|\sigma\rangle = |-\sigma\rangle \text{ und } \hat{O}_{\text{time}}|s\mu_s\rangle = (-1)^{s-\mu_s}|s-\mu_s\rangle .$$

Die Phase $(-1)^{s-\mu_s}$ entspricht der üblichen Konvention[6].

Die Angaben für den Spin eines Teilchens können auf den Gesamtspin von Mehrteilchensystemen übertragen werden. Der Drehoperator im Spinraum von zwei Teilchen ist, wie schon in Abschn. 4.2.2 angedeutet

$$\hat{O}_{\text{rot,S}}(\boldsymbol{\omega}) = \mathrm{e}^{-\mathrm{i}\boldsymbol{\omega}\cdot\hat{\boldsymbol{S}}/\hbar} ,$$

wobei $\hat{\boldsymbol{S}} = \hat{\boldsymbol{s}}_1 + \hat{\boldsymbol{s}}_2$ der Gesamtspin dieses Systems ist. In allen weiteren Formeln muss man nur den Teilchenspin $\boldsymbol{s}$ durch den Gesamtspin $\boldsymbol{S}$ ersetzen. Die allgemeine Diskussion von Zweiteilchensystemen mit Spin stellt sich somit als eine Kombination der Aussagen von Abschn. 4.2 für den Orts- oder den Impulsraum kombiniert mit den direkt erweiterten Aussagen dieses Abschnitts heraus. Einige explizite Resultate, wie zum Beispiel die Auswahlregeln für die Streuamplituden bei Spin-Spin oder Spin-Bahn Wechselwirkung, wurden in Abschn. 3.5.2 angegeben. Eine weitere notwendige Ergänzung, die Diskussion der elastischen Streuung von *spinpolarisierten* Teilchen findet man in Kap. 6.

4.4 Detailrechnungen zu Kap. 4

4.4.1 Translation

Zum Nachweis der Aussage (4.9) kann man voraussetzen, dass die Zweiteilchenwellenfunktion in der Form

$$\phi(\boldsymbol{r}_1, \boldsymbol{r}_2) \equiv \langle \boldsymbol{r}_1, \boldsymbol{r}_2|\phi\rangle = \sum_{n_1,n_2} \phi_{n_1}(\boldsymbol{r}_1)\phi_{n_2}(\boldsymbol{r}_2)$$

[6]Vergleiche C. Itzykson and J.-B. Zuber: Quantum Field Theory. McGraw-Hill, New York (1985), S. 244.

entwickelt wird. Es ist dann ausreichend, den Nachweis in einem Einteilchenraum zu führen. Gesucht wird ein Operator, der durch die Relation

$$\hat{O}_{\text{trans}}(\boldsymbol{a})|\boldsymbol{r}\rangle = |\boldsymbol{r} + \boldsymbol{a}\rangle$$

definiert ist, sodass man die Matrixdarstellung

$$\langle \boldsymbol{r}'|\hat{O}_{\text{trans}}(\boldsymbol{a})|\boldsymbol{r}\rangle = \langle \boldsymbol{r}'|\boldsymbol{r} + \boldsymbol{a}\rangle = \delta(\boldsymbol{r}' - \boldsymbol{r} - \boldsymbol{a}) \tag{4.19}$$

erhält. Der Operator $\hat{O}_{\text{trans}}$ hat die Eigenschaft, dass die Anwendung von zwei aufeinanderfolgenden Verschiebungen um $\boldsymbol{a}$ und $\boldsymbol{b}$ durch die Relationen

$$\hat{O}_{\text{trans}}(\boldsymbol{a})\hat{O}_{\text{trans}}(\boldsymbol{b}) = \hat{O}_{\text{trans}}(\boldsymbol{b})\hat{O}_{\text{trans}}(\boldsymbol{a}) = \hat{O}_{\text{trans}}(\boldsymbol{a} + \boldsymbol{b}) \tag{4.20}$$

charakterisiert wird. Da der Operator $\hat{O}_{\text{trans}}$ die Orthonormalität und die Vollständigkeit der Basis erhält, ist er unitär[7] und kann in der Form

$$\hat{O}_{\text{trans}}(\boldsymbol{a}) = \mathrm{e}^{-\mathrm{i}\hat{A}(\boldsymbol{a})}$$

angesetzt werden. Zu der Bestimmung des hermiteschen Operators $\hat{A}(\boldsymbol{a})$ benutzt man (4.20). Führt man eine Verschiebung um den gleichen Vektor $\boldsymbol{a}$ n-mal aus, so folgt aus

$$\left(\hat{O}_{\text{trans}}(\boldsymbol{a})\right)^n = \hat{O}_{\text{trans}}(n\boldsymbol{a}).$$

oder

$$\hat{A}(n\boldsymbol{a}) = n\hat{A}(\boldsymbol{a})$$

die Aussage

$$\hat{A}(\boldsymbol{a}) = \boldsymbol{a} \cdot \hat{\boldsymbol{B}}.$$

Der Operator $\hat{A}$ ist proportional zu $\boldsymbol{a}$.

Um ein Muster für die weitere Auswertung zu gewinnen, beschränkt man sich zunächst auf die Betrachtung einer Raumdimension und analysiert das Matrixelement

$$\langle x'|x + a\rangle = \langle x'|\mathrm{e}^{-\mathrm{i}a\hat{B}}|x\rangle,$$

das der Gl. (4.19) entspricht. Entwicklung des Exponentialoperators in niedriger Ordnung ergibt

$$\langle x'|x + a\rangle = \delta(x' - x) - \mathrm{i}a\langle x'|\hat{B}|x\rangle + \ldots$$

[7] Vergleiche die Definition in Abschn. 4.1.

Betrachtet man hingegen eine Taylorentwicklung der Funktion $\langle x'|x+a\rangle$ nach dem Parameter a, so erhält man

$$\langle x'|x+a\rangle = \delta(x'-x) + a\frac{\partial}{\partial x}\langle x'|x\rangle + \dots$$

Durch Vergleich der ersten Ordnung der zwei Entwicklungen in der Größe a findet man

$$\langle x'|\hat{B}|x\rangle = \mathrm{i}\frac{\partial}{\partial x}\delta(x'-x).$$

Für ein Matrixelement des Kommutators von $\hat{x}$ mit $\hat{B}$ erhält man somit

$$\begin{aligned}\langle x'|[\hat{x},\hat{B}]|\phi\rangle &= \int\int \mathrm{d}x\mathrm{d}x''\{\langle x'|\hat{x}|x\rangle\langle x|\hat{B}|x''\rangle - \langle x'|\hat{B}|x\rangle\langle x|\hat{x}|x''\rangle\}\langle x''|\phi\rangle \\ &= \mathrm{i}\int dx''\{x'[\partial_{x''}\delta(x''-x')] - [\partial_{x'}\delta(x'-x'')]x''\}\phi(x'') \\ &= -\mathrm{i}\{x'\partial_{x'}\phi(x') - \partial_{x'}[x'\phi(x')]\} = +\mathrm{i}\phi(x').\end{aligned}$$

Der Ausgangspunkt und die letzte Zeile ergeben nach Multiplikation mit $\hbar$ und der Umschreibung $x' \to x$

$$\Big[x(-\mathrm{i}\hbar\partial_x\phi(x)) + \mathrm{i}\hbar\partial_x(x\phi(x))\Big] = \mathrm{i}\hbar\phi(x).$$

Man erkennt den Kommutator $[\hat{x},\hat{p}_x] = \mathrm{i}\hbar$, falls man $(-\mathrm{i}\hbar\partial_x)$ mit dem Impulsoperator $\hat{p}_x$ identifiziert.

Zur Erweiterung der Diskussion auf einen Raum mit drei Dimensionen ersetzt man x durch $\boldsymbol{r}$ und ∂_x durch ∇. Die entsprechende Entwicklung des Matrixelements (4.19) in drei Raumdimensionen ergibt in wenigen Schritten die in Abschn. 4.2.1 angegebene Formel.

4.5 Literatur in Kap. 4

1. M.E.Rose: Elementary Theory of Angular Momentum. J. Wiley, New York (1957); Nachdruck: Dover Publications, New York (1995)
2. C. Itzykson and J.-B. Zuber: Quantum Field Theory. McGraw-Hill, New York (1985)

5 Elastische Streuung: Die analytische Struktur der S-Matrix

Das Theorem von Levinson, das in Abschn. 1.2.3 angesprochen wurde, weist auf einen Zusammenhang zwischen den gebundenen Zuständen und den Streuzuständen für ein Quantenteilchen hin, das sich in einem Potential bewegt. Da Streulösungen durch reelle Wellenzahlen und gebundene Zustände durch imaginäre Wellenzahlen charakterisiert werden, kann man erwarten, dass eine analytische Fortsetzung der Diskussion des Streuproblems in die gesamte komplexe Wellenzahlebene diesen Zusammenhang erläutert. Durch Untersuchung der S-Matrixelemente, die eine eindeutige Funktion der Energie sind, kann man versuchen, diesen Zusammenhang zu verstehen. Die Methode, die zu diesem Zweck eingesetzt wird, ist die Kombination von Lösungen der radialen Differentialgleichungen des Potentialproblems mit verschiedenen Randbedingungen. So kann man neben der physikalischen Lösung, die man mit den in Kap. 1 benannten Randbedingungen gewinnt, Randbedingungen betrachten, die auf andere Lösungen führen, die

- am Koordinatenursprung regulär und in bestimmter Weise normiert sind (reguläre Lösungen),
- die ein bestimmtes, asymptotisches Verhalten aufweisen (Jostlösungen).

Für Jostlösungen kann man, in Abhängigkeit von der Art der Beschränktheit der Potentialfunktion, Bereiche der komplexen Wellenzahlebene angeben, in denen diese analytisch sind. Aus den Jostlösungen und den regulären Lösungen kann man einen Satz von Funktionen der Wellenzahl gewinnen, die Jostfunktionen, deren analytische Eigenschaften angegeben werden können. Zusätzlich kann man die partiellen S-Matrixelemente durch die Jostfunktionen ausdrücken.

Mit dieser Darstellung der partiellen S-Matrixelemente ist es möglich, neben der Interpretation von physikalischen Aspekten der Kollisionsphysik, wie Resonanzen und virtuellen Zuständen, einen Beweis des Levinsontheorems zu geben.

R. M. Dreizler et al., *Streutheorie in der nichtrelativistischen Quantenmechanik*,
https://doi.org/10.1007/978-3-662-57897-1_5

5.1 Die regulären Lösungen des Potentialstreuproblems

Die Partialwellenentwicklung der Streuwellenfunktion (vergleiche Abschn. 1.2 und 3.5)

$$\langle \boldsymbol{r}|\psi_{\boldsymbol{k}}^{(+)}\rangle = \left(\frac{2}{\pi}\right)^{1/2} \sum_{lm} \mathrm{i}^l \frac{R_l(k,r)}{r} Y_{lm}(\Omega_r) Y_{lm}^*(\Omega_k)$$

führt für ein Zentralpotential auf einen Satz von Differentialgleichungen für die Radialfunktionen R_l

$$R_l{}''(k,r) + \left[k^2 - \frac{l(l+1)}{r^2} - \frac{2m_0}{\hbar^2} v(r)\right] R_l(k,r) = 0. \tag{5.1}$$

Eine explizite Abhängigkeit der Radialfunktionen von der Wellenzahl k ist in der Notation angedeutet. Die Standardrandbedingungen ergeben die *physikalische Lösung* mit der asymptotischen Form

$$R_l(k,r) \overset{r\to\infty}{\longrightarrow} N_l \sin(kr - \frac{l\pi}{2} + \delta_l(k)) \,.$$

Benutzt man die Relation (3.56) zwischen der Streuphase und dem partiellen S-Matrixelement, so kann man auch

$$R_l(k,r) \overset{r\to\infty}{\longrightarrow} A_l \left[\mathrm{e}^{-\mathrm{i}kr} - S_l(k)\mathrm{e}^{\mathrm{i}kr}\right] \tag{5.2}$$

schreiben, wobei der (im Weiteren nicht relevante) Normierungsfaktor

$$A_l = -(\mathrm{i})^{(l-1)} \frac{N_l}{2} \mathrm{e}^{-\mathrm{i}\delta_l(k)}$$

ist. Da die Lösungen nicht *nur* durch die Differentialgleichung, sondern *auch* durch die Randbedingungen bestimmt werden, ist es möglich, anders strukturierte Lösungen von (5.1) zu finden. Von Interesse in der folgenden Diskussion sind Lösungen $\varphi_l(k,r)$, die durch folgende Randbedingungen definiert sind:

- Die Funktionen $\varphi_l(k,r)$ sind regulär für $r \longrightarrow 0$.
- Die Funktionen besitzen für $r \to 0$ den Grenzwert

$$\lim_{r\to 0} \frac{\varphi_l(k,r)}{r^{l+1}} = 1.$$

Die erste Bedingung ist eine Standardrandbedingung für die Lösung der Radialgleichung (5.1). Sie bedingt, dass in der Umgebung von $r = 0$ die physikalischen Lösungen $R_l(k,r)$ und die Funktionen $\varphi_l(k,r)$ zueinander proportional sind. Die zweite Bedingung legt die Normierung der Funktionen $\varphi_l(k,r)$ fest. Dies hat weitreichende Konsequenzen. Die eben benannten Randbedingungen sind im Gegensatz zu den Randbedingungen, die auf die physikalische Lösung (5.2) führen *unabhängig* von der Wellenzahl. An dieser Stelle kann man auf ein Theorem von Poincaré zurückzugreifen, welches besagt[1]:

Wenn in einer Differentialgleichung ein Parameter als ganze Funktion auftritt, so ist jede Lösung, die Randbedingungen erfüllt, die unabhängig von diesem (komplexen) Parameter sind, eine analytische Funktion dieses Parameters in der gesamten komplexen Ebene.

Da k^2 eine ganze Funktion[2] ist, erfüllen die Lösungen $\varphi_l(k,r)$ die Bedingungen dieses Theorems. Diese Funktionen sind an keiner Stelle der komplexen k-Ebene singulär. Sie werden somit als *reguläre Lösungen* bezeichnet. Einige Eigenschaften dieser Funktionen sind:

- Die Lösung $\varphi_l(k,r)$ ist eine gerade Funktion von k

$$\varphi_l(-k,r) = \varphi_l(k,r).$$

  Diese Aussage folgt direkt aus der Invarianz der Differentialgleichung (5.1) (mit φ_l an der Stelle von R_l) unter der Transformation $k \to -k$.
- Betrachtet man die komplex konjugierte Differentialgleichung zu (5.1) (für φ_l) in dem Fall, dass die Drehimpulswerte, die Potentiale und die Radialkoordinate reell sind

$$\frac{\mathrm{d}^2\varphi_l^*(k^*,r)]}{\mathrm{d}r^2} + \left[(k^*)^2 - \frac{l(l+1)}{r^2} - \frac{2m_0}{\hbar^2}v(r)\right]\varphi_l^*(k^*,r) = 0,$$

  so zeigt der Vergleich mit (5.1), dass die Funktion $\varphi_l^*(k^*,r)$ bei gleichen Randbedingungen mit der Funktion $\varphi_l(k,r)$ übereinstimmt

$$\varphi_l^*(k^*,r) = \varphi_l(k,r).$$

  Sind die Wellenzahlen reell, $k^* = k$, so folgt $\varphi_l^*(k,r) = \varphi_l(k,r)$. Die regulären Lösungen sind reell für reelle Wellenzahlen.

5.2 Die Jostlösungen und die Jostfunktionen

Die regulären Lösungen haben zwar einfache Eigenschaften in der komplexen Ebene, sie unterscheiden sich jedoch von den physikalischen Lösungen $R_l(k,r)$. Um einen Zusammenhang zwischen den Funktionen $\varphi_l(k,r)$ und $R_l(k,r)$ zu gewinnen, ist

[1] H. Poincaré, Acta Math. **4**, S. 201 (1884).

[2] Ganze Funktionen sind in der gesamten komplexen Ebene analytisch, also lokal durch eine konvergente Potenzreihe darstellbar. Beispiele sind Polynome oder die Exponentialfunktion sowie Summen oder Produkte dieser Funktionen.

es notwendig, einen dritten Satz von Lösungen der Differentialgleichung (5.1) zu betrachten. Diese Lösungen[3], die als *Jostlösungen* $f_l^{(\pm)}(k,r)$ bezeichnet werden, werden durch die folgenden Randbedingungen bestimmt:

Die asymptotischen Grenzfunktionen der Jostlösungen sind Exponentialfunktionen und zwar

$$\lim_{r\to\infty}(\mathrm{e}^{\pm ikr} f_l^{(\pm)}(k,r)) = 1 \quad \text{oder} \quad \lim_{r\to\infty} f_l^{(\pm)}(k,r) = \mathrm{e}^{\mp ikr}. \tag{5.3}$$

Die Funktionen $f_l^{(\pm)}(k,r)/r$ entsprechen (für positive Werte der Wellenzahl) asymptotisch auf das Streuzentrum bei $r = 0$ zulaufende ($f_l^{(+)}$), beziehungsweise von dem Streuzentrum weglaufende ($f_l^{(-)}$), Kugelwellen.[4] Bezüglich des Verhaltens für $r \to 0$ werden keine Bedingungen gestellt, sodass die Jostlösungen am Ursprung im Allgemeinen nicht regulär sein werden. Da die Randbedingungen von der Wellenzahl abhängen, greift das Poincarétheorem nicht. Es wird sich jedoch zeigen, dass die Jostlösungen einfachere analytische Eigenschaften haben als die physikalischen Lösungen.

5.2.1 Jostlösungen

Einige Eigenschaften der Jostlösungen kann man direkt der Differentialgleichung (5.1) und den Randbedingungen entnehmen: Es gilt:

- Ersetzt man k durch $-k$, so folgt

$$f_l^{(+)}(-k,r) = f_l^{(-)}(k,r). \tag{5.4}$$

  Diese Aussage entspricht der Invarianz der Differentialgleichung gegenüber der Ersetzung $k \to -k$.
- Sind die Drehimpulswerte und die Koordinate reell, so ergibt komplexe Konjugation der Randbedingungen

$$f_l^{(+)}(k^*,r)^* = f_l^{(-)}(k,r), \tag{5.5}$$

  wiederum in Konformität mit der Differentialgleichung (vorausgesetzt das Potential ist ebenfalls reell). Ist die Wellenzahl reell, so vereinfacht sich diese Aussage zu $f_l^{(+)}(k,r)^* = f_l^{(-)}(k,r)$.

---

[3]R. Jost, Helv. Phys. Acta **20**, S. 256 (1947).

[4]Beachte: In der Literatur wird auch die Definition $f_l^{(\pm)}(k,r) \to \mathrm{e}^{\pm ikr}$ benutzt. Die unten diskutierte Verknüpfung von $f_l^{(\pm)}(k,0)$ mit den partiellen S-Matrixelementen muss in diesem Fall entsprechend modifiziert werden.

Diese Relationen spiegeln die analytischen Eigenschaften der Jostlösungen wider. So führt zum Beispiel ein bestimmtes Verhalten von $f_l^{(-)}$ in der unteren Halbebene zu einem entsprechenden Verhalten von $f_l^{(+)}$ in der oberen Halbebene. Der Beweis der Details dieser analytischen Eigenschaften ist jedoch durchaus langwierig[5]. Das Ergebnis der Untersuchungen ist:

- Ist das Integral $I_1 = \int_0^\infty r|v(r)|\mathrm{d}r$ mit der Potentialfunktion $v(r)$ beschränkt, also $I_1 < M_1$, so gilt
  - $f_l^{(-)}(k, r)$ ist analytisch in k in der oberen Halbebene ($\mathrm{Im}(k) \geq 0$), außer für $k = 0$,
  - $f_l^{(+)}(k, r)$ ist analytisch in k in der unteren Halbebene ($\mathrm{Im}(k) \leq 0$), außer für $k = 0$.
- Fällt das Potential in $I_2 = \int_0^\infty r|v(r)|\mathrm{e}^{2pr}\mathrm{d}r$ jedoch schneller ab, sodass $I_2 < M_2$ mit positivem $p > 0$ ist, so gilt
  - $f_l^{(-)}(k, r)$ ist analytisch in k für k-Werte mit $\mathrm{Im}(k) \geq -p$ (der Bereich wird in die untere Halbebene erweitert),
  - $f_l^{(+)}(k, r)$ ist analytisch in k für k-Werte mit $\mathrm{Im}(k) \leq p$.

Diese präzisen Aussagen kann man in der einfachen Form zusammenfassen: Je stärker $v(r)$ für $r \to \infty$ gegen 0 strebt, desto größer ist das Gebiet der komplexen k-Ebene, in dem die Funktionen $f_l^{(\pm)}(k, r)$ analytisch sind.

Die beiden Jostlösungen sind linear unabhängig. Zum Beweis kann man die Wronskideterminante mit der asymptotischen Form auswerten und findet

$$W(f_l^{(+)}(k,r),\ f_l^{(-)}(k,r)) \to f_l^{(+)}(k,r)\frac{\partial f_l^{(-)}(k,r)}{\partial r} - f_l^{(-)}(k,r)\frac{\partial f_l^{(+)}(k,r)}{\partial r} = 2\mathrm{i}k.$$

Man kann aus diesem Grund andere Lösungen der Differentialgleichung (5.1), so zum Beispiel die regulären Lösungen, als Linearkombination der Jostlösungen darstellen. Mit dem Ansatz

$$\varphi_l(k, r) = \frac{1}{2\mathrm{i}k}\left[F_l^{(+)}(k) f_l^{(-)}(k, r) - F_l^{(-)}(k) f_l^{(+)}(k, r)\right] \tag{5.6}$$

werden die nur von der Wellenzahl abhängigen Koeffizienten $F_l^{(\pm)}(k)$ eingeführt. Man bezeichnet sie als *Jostfunktionen*. Sie spielen in der weiteren Diskussion eine zentrale Rolle. Sie sind so zu wählen, dass der Ansatz (5.6) die Randbedingungen $\varphi_l(k, 0) = 0$ am Koordinatenursprung erfüllt.

[5]Interessenten finden eine Zusammenfassung der Argumente z. B. in R.G. Newton, J. Math. Phys. **1**, S. 319 (1960).

5.2.2 Jostfunktionen

Die Jostfunktionen können alternativ über die Wronskideterminante der Jostlösungen und der regulären Lösungen definiert werden. Es ist mit (5.6)

$$\begin{aligned} W(f_l^{(-)}(k,r), \varphi_l(k,r)) &= \frac{1}{2ik}\Big[F_l^{(-)}(k)W(f_l^{(+)}(k,r), f_l^{(-)}(k,r)) \\ &\quad -F_l^{(+)}(k)W(f_l^{(-)}(k,r), f_l^{(-)}(k,r))\Big] \\ &\longrightarrow \frac{1}{2ik}F_l^{(-)}(k)(2ik) = F_l^{(-)}(k), \end{aligned} \tag{5.7}$$

sowie

$$W(f_l^{(+)}(k,r), \varphi_l(k,r)) \longrightarrow \frac{1}{2ik}F_l^{(+)}(k)(2ik) = F_l^{(+)}(k). \tag{5.8}$$

Die Eigenschaften der Jostfunktionen sind eine direkte Folge der Eigenschaften der regulären Lösungen und der Jostlösungen:

- Die Aussagen

  $$\varphi_l(k,r) = \varphi_l(-k,r) \quad \text{und} \quad f_l^{(-)}(k,r) = f_l^{(+)}(-k,r)$$

  für reelle und komplexe k-Werte ergeben mit (5.6)

  $$F_l^{(+)}(k) = F_l^{(-)}(-k). \tag{5.9}$$

  Diese Symmetrie zeigt, dass es eigentlich ausreichend ist, für jeden Drehimpulswert eine Jostfunktion, zum Beispiel

  $$F_l(k) \equiv F_l^{(+)}(k) \tag{5.10}$$

  zu betrachten. Es ist dann $F_l^{(-)}(k) = F_l(-k)$. Der Ansatz (5.6) für die reguläre Lösung kann somit auch in der Form

  $$\varphi_l(k,r) = \frac{1}{2ik}\Big[F_l(k)f_l^{(-)}(k,r) - F_l(-k)f_l^{(+)}(k,r)\Big] \tag{5.11}$$

  geschrieben werden.
- Aus den Aussagen bezüglich der komplexen Konjugation

  $$\varphi_l^*(k^*,r) = \varphi_l(k,r) \quad \text{und} \quad f_l^{(+)}(k^*,r)^* = f_l^{(-)}(k,r)$$

  folgt die Symmetrierelation (Details in Abschn. 5.5.1)

  $$F_l^*(k^*) = F_l(-k) \tag{5.12}$$

  für die Jostfunktion $F_l(k)$.

In Zusammenfassung dieser Liste von Eigenschaften der Jostfunktion kann man die Darstellung der regulären Lösung durch die Jostlösungen $f_l^{(\pm)}(k,r)$ in der Form

$$\varphi_l(k,r) = -\frac{F_l(-k)}{2ik}\left[f_l^{(+)}(k,r) - \frac{F_l(k)}{F_l(-k)}f_l^{(-)}(k,r)\right] \tag{5.13}$$

notieren. Diese Form erlaubt es, eine Darstellung der partiellen S-Matrixelemente durch die Jostfunktion(en) zu extrahieren. Die gemeinsamen Randbedingungen für die regulären und die physikalischen Lösungen am Ursprung erfordern strikte Proportionalität der zwei Funktionen

$$\varphi_l(k,r) = c_l(k)R_l(k,r) \tag{5.14}$$

für alle r-Werte, also auch für den asymptotischen Bereich. In diesem ist

$$\varphi_l(k,r) \overset{r\to\infty}{\longrightarrow} \frac{\mathrm{i}F_l(-k)}{2k}\left[\mathrm{e}^{-ikr} - \frac{F_l(k)}{F_l(-k)}\mathrm{e}^{ikr}\right]$$

auf der einen Seite und

$$R_l(k,r) \overset{r\to\infty}{\longrightarrow} A_l(k)\left[(-1)^l\mathrm{e}^{-ikr} - S_l(k)\mathrm{e}^{ikr}\right]$$

auf der anderen (siehe (5.2)). Ein Vergleich der rechten und der linken Seite von (5.14) ergibt somit

$$S_l(k) = (1)^l\frac{F_l(k)}{F_l(-k)}. \tag{5.15}$$

Anhand der Relation (5.15) kann man mit den Eigenschaften der Jostfunktionen sofort die Eigenschaften der S-Matrix, die in Abschn. 3.3.2 und 3.6.7 erarbeitet wurden, bestätigen. Es ist

$$S_l^*(k^*)S_l(k) = \frac{F_l^{(-)}(k^*)^*}{F_l^{(+)}(k^*)^*}\frac{F_l^{(-)}(k)}{F_l^{(+)}(k)} = \frac{F_l^{(+)}(k)}{F_l^{(-)}(k)}\frac{F_l^{(-)}(k)}{F_l^{(+)}(k)} = 1. \tag{5.16}$$

Diese Aussage entspricht der analytischen Fortsetzung der Unitaritätseigenschaft der S-Matrix. Die einfachere Form des optischen Theorems

$$S_l^*(k)S_l(k) = 1$$

folgt für reelle k-Werte. Zusätzlich findet man mit (5.15) direkt

$$S_l(k)S_l(-k) = 1 \quad \text{oder} \quad S_l^{-1}(k) = S_l(-k), \tag{5.17}$$

eine Gleichung, die das Verhalten der S-Matrix bei Zeitumkehr (naiv: $\boldsymbol{k} \to -\boldsymbol{k}$, vergleiche mit den Ausführungen in Abschn. 4.2) zum Ausdruck bringt. Die Untersuchung der analytischen Struktur der S-Matrix ist mit (5.15) auf die Frage nach den analytischen Eigenschaften der Jostfunktionen in der komplexen Wellenzahlebene zurückgeführt. Ein Kernpunkt für diese Untersuchungen ist die Symmetrie der Jostfunktion $F_l(k)$ in der komplexen k-Ebene, die durch die Relation (5.12)

$$F_l^*(k^*) = F_l(-k)$$

ausgedrückt wird. Sie besagt, dass die Funktion F_l^* an der Stelle k^* identisch mit der Funktion F_l an der Stelle $-k$ ist. Details zu den Eigenschaften der partiellen S-Matrix werden in dem nächsten Abschnitt vorgestellt.

5.3 Die partiellen S-Matrixelemente

Aussagen zu den analytischen Eigenschaften der S-Matrix in der komplexen Wellenzahlebene kann man aus dem Verhalten der Jostfunktionen als Funktionen der komplexen k-Werte gewinnen. Anhand der Gl. (5.19) und (5.16) findet man, dass man bei Kenntnis der Werte der S-Matrix in einem Quadranten entsprechende Werte der S-Matrix in den drei angrenzenden Quadranten berechnen kann: Der Wert der S-Matrix an der Stelle k

$$S_l(k) = S_l$$

bestimmt die Werte an den zu k symmetrischen Stellen k^*, $-k^*$ und $-k$

$$S_l(k) = S_l \;\rightarrow\; S_l(k^*) = \frac{1}{S_l^*},\; S_l(-k^*) = S_l^*,\; S_l(-k) = \frac{1}{S_l}.$$

Diese in Abb. 5.1 illustrierten Aussagen bezeugen eine Symmetrie bezüglich der Position von Nullstellen und Polen der S-Matrix in der komplexen k-Ebene. Findet man (eine entsprechende Aussage würde für eine Polstelle gelten) eine Nullstelle an dem Punkt k, so wird man an der Stelle $-k$ einen Pol finden. Ein Pol existiert auch an der Stelle k^*. Sowohl die Nullstellen als auch die Pole der S-Matrix treten paarweise symmetrisch zu der imaginären k-Achse auf, beziehungsweise als Paare von Nullstelle und Pol symmetrisch zu der reellen Achse. Um die Angelegenheit genauer zu betrachten, ist es nützlich, mit der Diskussion der Punkte auf den Achsen in der komplexen k-Ebene zu beginnen. Punkte außerhalb der Achsen werden im nächsten Abschnitt angesprochen.

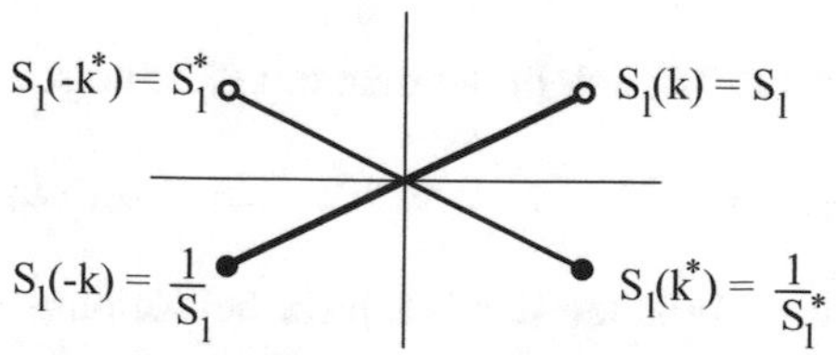

Abb. 5.1 Symmetrie der partiellen S-Matrix $S_l(k)$ in der komplexen k-Ebene

5.3.1 Streuzustände und gebundene Zustände

Werte von k auf der reellen Achse entsprechen positiven reellen Energiewerten $E = (\hbar^2 k^2)/(2m_0)$. Dies ist der Bereich von Streuzuständen. Die Darstellung der asymptotischen regulären Lösung durch die Jostlösungen ist

$$\varphi_l(k, r) \xrightarrow{r\to\infty} \frac{1}{2\mathrm{i}k}\left[F_l(-k)\mathrm{e}^{-\mathrm{i}kr} - F_l(k)\mathrm{e}^{\mathrm{i}kr}\right].$$

Das Vorzeichen von k markiert, nach entsprechender Festlegung im dreidimensionalen Raum, eine Bewegung auf das Streuzentrum zu oder von ihm weg. Für die S-Matrixelemente gilt die Relation

$$S_l(-k) = 1/S_l(k).$$

Sie erlaubt die Darstellung der S-Matrix durch die Streuphasen δ_l

$$S_l(k) = \exp(2\mathrm{i}\delta_l(k)) \qquad \text{mit} \qquad \delta_l(-k) = -\delta_l(k).$$

Auch für Werte der Variablen k auf der imaginären Achse

$$k = \pm\mathrm{i}\, e_n \quad \text{mit reellem} \quad e_n > 0$$

ist es nützlich, den asymptotischen Grenzfall der regulären Wellenfunktion, z. B. auf der Basis von (5.13) und (5.3), zu betrachten. Die Punkte auf der imaginären Achse ergeben negative reelle Energiewerte

$$E_n = -\frac{\hbar^2}{2m_0}e_n^2.$$

Sie stellen somit mögliche diskrete gebundene Eigenzustände in dem Potential $v(r)$ oder gebundene Zustände eines Zweiteilchensystems mit einer Wechselwirkung zwischen den Teilchen $v(r) = w(|\boldsymbol{r}_2 - \boldsymbol{r}_1|)$ dar. Nicht alle relevanten Punkte dieser Art auf der imaginären Achse entsprechen jedoch, wie unten ausgeführt, gebundenen Zuständen.

Betrachtet man einen Punkt auf der positiven imaginären Achse mit $k = +\mathrm{i}e_n$, so erhält man

$$\varphi_l(\mathrm{i}e_n, r) \longrightarrow -\frac{1}{2e_n}\left[F_l(-\mathrm{i}e_n)\mathrm{e}^{e_n r} - F_l(\mathrm{i}e_n)\mathrm{e}^{-e_n r}\right].$$

Damit die erwartete asymptotische Form für einen normierbaren Zustand vorliegt, müssen

$$F_l(-\mathrm{i}e_n) = 0 \quad \text{und} \quad F_l(\mathrm{i}e_n) \neq 0$$

sein. Die Streumatrix hat in diesem Fall den Wert $\pm\infty$

$$S_l(\mathrm{i}e_n) = (-)^l \frac{F_l(k)}{F_l(-k)} = (-)^l \frac{F_l(\mathrm{i}e_n)}{F_l(-\mathrm{i}e_n)} \to \pm\infty.$$

Für Punkte auf der negativen imaginären Achse $k = -\mathrm{i}e_n$ gilt entsprechend

$$\varphi_l(-\mathrm{i}e_n, r) \longrightarrow \frac{1}{2e_n}\left[F_l(\mathrm{i}e_n)\mathrm{e}^{-e_n r} - F_l(-\mathrm{i}e_n)\mathrm{e}^{e_n r}\right]. \tag{5.18}$$

In diesem Fall benötigt man

$$F_l(\mathrm{i}e_n) \neq 0 \quad \text{und} \quad F_l(-\mathrm{i}e_n) = 0,$$

sodass

$$S_l(-\mathrm{i}e_n) = (-1)^l \frac{F_l(-\mathrm{i}e_n)}{F_l(\mathrm{i}e_n)} = 0$$

ist. Das Auftreten von (bezüglich der reellen Achse) symmetrisch angeordneten Pol- und Nullstellen ist, wie am Anfang dieses Kapitels gezeigt, eine Konsequenz der Bedingung (5.16). Die Diskussion der Singularitäten oder Nullstellen auf der negativen imaginären Achse ist jedoch, wie von Ma[6] anhand von expliziten Beispielen und von Jost[7] in allgemeiner Form gezeigt wurde, nicht so einfach.

Gemäß der Gl. (5.18) hat die reguläre Lösung für k-Werte mit einem verschwindendem S-Matrixelement die asymptotische Form

$$\varphi_l(-\mathrm{i}e_n, r) \longrightarrow \frac{1}{2e_n} F_l(\mathrm{i}e_n)\mathrm{e}^{-e_n r}.$$

Es stellt sich jedoch heraus, dass der Betrag der Jostfunktion für diese k-Werte unendlich groß ist

$$|F_l(\mathrm{i}e_n)| = \infty.$$

Das bedeutet, dass die Funktion $\varphi_l(-\mathrm{i}e_n, r)$ nicht normierbar ist. Man bezeichnet die Nullstellen der S-Matrix auf der negativen imaginären Achse aus diesem Grund als *redundante Nullstellen*. Eines der Beispiele für die Berechnung der Jostlösungen und der Jostfunktionen, die von Ma untersucht wurden, sind S-Zustände in einem Exponentialpotential. Diese Rechnungen werden in Abschn. 5.5.2 vorgestellt.

Nimmt man für eine zusammenfassende Diskussion an, dass die Reichweite des Potentials kurz genug ist, sodass die Singularitäten der S-Matrix nur durch die Nullstellen der Nennerfunktion $F_l^{(-)}(k)$ gegeben sind, so kann man die folgenden Aussagen beweisen (siehe Details in Abschn. 5.5.3):

[6] S. T. Ma, Phys. Rev. **69**, S. 668 (1946) und **71**, S. 195 (1947).
[7] R. Jost, Helv. Physica Acta **20**, S. 256 (1947).

- In der oberen Halbebene $\mathrm{Im}(k) > 0$ findet man nur Nullstellen von $F_l^{(-)}(k)$ auf der imaginären Achse. Da die Energie für $k = \mathrm{i}e_n$ ($e_n > 0$, reell) negativ und reell ist, $E = -\frac{\hbar^2 e_n^2}{2m_0}$, entsprechen diese Pole der S-Matrixelemente gebundenen Zuständen.
- Es können keine Nullstellen von $F_l^{(-)}(k)$ auf der reellen Achse auftreten. Dies ist der Bereich von positiven Energien (Streuzuständen). Für die S-Matrixelemente gilt die Unitaritätsrelation

$$S_l(-k) = 1/S_l(k).$$

- In der gesamten unteren Halbebene ($k = a - \mathrm{i}b$, $b > 0$) besteht keine Einschränkung der Nullstellenverteilung von $F_l^{(-)}(k)$. Es besteht jedoch wegen der Relationen (5.9) und (5.12)

$$F_l^{(+)}(-k^*) = F_l^{(-)}(-k) = F_l^{(+)}(k)$$

eine Links-Rechts-Symmetrie von Polen und Nullstellen Die physikalische Interpretation der Polstellen der S-Matrix in der unteren komplexen k-Ebene außerhalb der imaginären Achse wird in dem nächsten Abschnitt erläutert.

5.3.2 Resonanzen und virtuelle Zustände

Polstellen in der unteren Halbebene entsprechen *quasistationären* Zuständen, die Einfang und Entweichen eines Teilchens in einen, beziehungsweise aus einem Potentialbereich[8] charakterisieren. Für eine einfache Erläuterung dieser Behauptung kann man die reguläre Lösung des Streuproblems einschließlich des zeitabhängigen Faktors

$$\Phi_l(k; r, t) = \frac{1}{r}\varphi_l(k, r) \exp\left[-\frac{\mathrm{i}}{\hbar}E(k)t\right]$$

an einer Stelle der unteren Halbebene

$$k \equiv k_{\mathrm{res}} = \pm a - \mathrm{i}b \qquad \text{mit} \quad a > 0,\ b > 0$$

betrachten. Der Energiewert

$$\begin{aligned} E_{\mathrm{res}} &= \frac{\hbar^2}{2m_0}k_{\mathrm{res}}^2 = \frac{\hbar^2}{2m_0}\left\{[a^2 - b^2] \mp \frac{\mathrm{i}}{2}[4ab]\right\} \\ &= \bar{E}_{\mathrm{res}} \mp \frac{\mathrm{i}}{2}\Gamma \end{aligned} \tag{5.19}$$

[8] Alternativ im Fall eines Zweiteilchensystems: die Bildung eines temporär gebundenen Zustandes und der Zerfall eines solchen Zustandes.

führt auf eine zeitabhängige Aufenthaltswahrscheinlichkeit für ein Teilchen in der Entfernung r von dem Koordinatenursprung

$$|\Phi_l(k_{\rm res}; r, t)|^2 = \frac{1}{r^2}|\varphi_l(k_{\rm res}, r)|^2 \exp\left[\pm\frac{\Gamma}{\hbar}t\right].$$

Der Zeitfaktor besagt:

- Liegt die Stelle im dritten Quadranten (positives Vorzeichen), so wächst die Aufenthaltswahrscheinlichkeit mit der Zeit. Es findet Einfang von Teilchen statt.
- Liegt die Stelle im vierten Quadranten (negatives Vorzeichen), so nimmt die Aufenthaltswahrscheinlichkeit mit der Zeit ab. Der *Zustand* zerfällt.

Die mittlere Lebensdauer dieser Zustände wird durch die Formel $\tau = \hbar/\Gamma$ bestimmt. Entsprechend der Definition $\Gamma = 4ab$ in (5.19) findet man für einen gegebenen Realteil der Wellenzahl, dass die Lebensdauer umso größer ist, je kleiner der Imaginärteil ist.

Der Ortsanteil der Wellenfunktion für einen Pol der S-Matrix in der unteren Halbebene hat die asymptotische Form

$$\frac{1}{r}\varphi_l(k, r) \overset{r\to\infty}{\longrightarrow} \frac{1}{r}\mathrm{e}^{\pm iar}\mathrm{e}^{br},$$

das heißt die Form einer einlaufenden (auslaufenden) Kugelwelle im dritten (vierten) Quadranten, jeweils multipliziert mit einem Faktor, der mit dem Abstand wächst.

Für eine genauere Charakterisierung der quasistationären Zustände betrachtet man die S-Matrix in der Form

$$S_l(k) = (-1)^l \frac{F_l^{(+)}(k)}{F_l^{(-)}(k)} = (-1)^l \frac{F_l(k)}{F_l^*(k^*)}$$

und entwickelt die Jostfunktion $F_l^{(+)}(k)$ in eine Potenzreihe um eine Polstelle $k_{\rm res}$

$$F_l(k) = A_l(k_{\rm res})(k - k_{\rm res}) + \ldots$$

In einem Streuexperiment wird die Variation von $S_l(k)$ als Funktion von reellen k-Werten untersucht. In niedrigster Ordnung erhält man somit für die S-Matrix in der Nähe der Polstelle $k_{\rm res}$

$$S_l(k) = \frac{A_l}{A_l^*}\frac{(k - k_{\rm res})}{(k - k_{\rm res}^*)}.$$

Der von k unabhängige Anteil kann mittels einer Streuphase dargestellt werden

$$S_l(k) = \mathrm{e}^{2\mathrm{i}\delta_l(k_{\rm res})}\frac{(k - k_{\rm res})}{(k - k_{\rm res}^*)}. \qquad (5.20)$$

Der Beitrag von $S_l(k)$ zu dem partiellen Wirkungsquerschnitt ist gemäß (3.57)

$$\sigma_l = \frac{\pi}{k^2}(2l+1)|1 - S_l(k)|^2 .$$

Setzt man, zum Beispiel $k_{\text{res}} = a - ib$, so ergibt die Auswertung wegen

$$|1 - S_l(k)|^2 = (1 - \mathsf{Re}[S_l(k)])^2 + (\mathsf{Im}[S_l(k)])^2$$

das Resultat

$$|1 - S_l(k)|^2 = 4\frac{((k-a)^2 - b^2)}{((k-a)^2 + b^2)} \sin^2 \delta_l + \frac{8b(k-a)}{((k-a)^2 + b^2)} \sin \delta_l \cos \delta_l$$
$$+ \frac{4b^2}{((k-a)^2 + b^2)} .$$

Man erkennt in dem ersten Term einen Beitrag, der einer modifizierten Potentialstreuung entspricht. Der letzte Term ist eine direkte Auswirkung des Pols der Streumatrix, zusätzlich tritt ein Interferenzterm auf. Der Polbeitrag hat die Form einer Lorentzkurve (Abb. 5.2). Das Maximum an der Stelle $k = a$ hat den Wert 4, die Halbwertsbreite ist $\Delta = 2b$. Er weist also eine typische Resonanzstruktur auf, falls b klein ist (vergleiche Band 1, Abschn. 4.4.2). Die Resonanzstruktur hat nur einen merklichen Einfluß auf den Wirkungsquerschnitt, wenn die Polstelle nicht zu weit von der reellen Achse entfernt ist. Die Modifikation und die zusätzlichen Terme verschwinden jedoch auf der reelen Achse ($b = 0$).

Die in (5.20) definierte *Einpolnäherung* der S-Matrix erfüllt für reelle k-Werte die Unitaritätsbedingung (5.16)

$$S_l(k)^* S_l(k) = 1,$$

jedoch nicht die Bedingung (5.17) für Reflexionssymmetrie bezüglich der reellen Achse

$$S_l(k) S_l(-k) = 1.$$

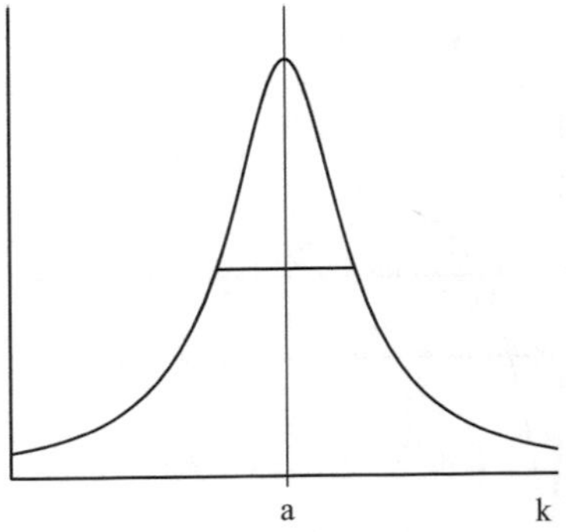

Abb. 5.2 Lorentzkurve

Die Symmetrie kann jedoch durch Einbeziehung der mit dem Pol assoziierten Nullstelle in der oberen Halbebene wiederhergestellt werden.

Die Abb. 5.3 veranschaulicht eine Situation, für die Resonanz beobachtet werden kann. Die Kombination eines Zentralpotentials mit dem Zentrifugalpotential

$$v_{\text{eff}}(r) = v_c(r) + \frac{\hbar^2\, l(l+1)}{2m_0\, r^2}$$

kann eine *Potentialtasche* erzeugen. Ein einfallendes Teilchen, dessen kinetische Energie geringer als die Höhe der Schwelle ist, wird entweder direkt reflektiert (das ist der Beitrag der Untergrundphase $\exp[2\mathrm{i}\delta_l]$) oder kann durch die Barriere tunneln. Falls das Teilchen für einen Zeitraum in einem quasistationären Zustand in der Tasche verharrt, bevor es die Tasche durch Tunneln verlässt, tritt der resonante Beitrag zu dem Wirkungsquerschnitt auf.

Pole der S-Matrix auf der negativen, imaginären Achse werden infolge der Links-Rechts-Symmetrie zu einem Doppelpol. Die reguläre Lösung hat in diesem Fall die asymptotische Form

$$\varphi(k,r) \overset{r\to\infty}{\longrightarrow} \mathrm{e}^{\mathrm{i}k_r r} \to \mathrm{e}^{br}, \qquad k_r = -\mathrm{i}b,\ b > 0.$$

Die Wellenfunktion kann nicht normiert werden. Man bezeichnet diese *Zustände* mit der Energie $E = -\hbar^2 b^2/2m_0$ als *virtuelle Zustände*. Auch diese Pole können die Wirkungsquerschnitte beeinflussen. Liegt ein solcher Zustand in der Nähe der reellen Achse, so ergibt die Einpolnäherung für die S-Matrix

$$S_l(k) \propto \frac{k - \mathrm{i}b}{k + \mathrm{i}b}.$$

Der Beitrag zu dem Wirkungsquerschnitt ist

$$\frac{4b^2}{k^2 + b^2}.$$

Er verschwindet im Grenzfall $k \to 0$ nicht.

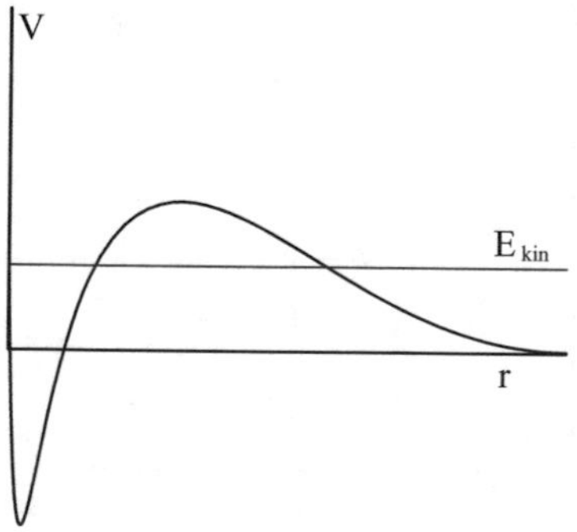

Abb. 5.3 Potentialtasche

5.3.3 Theorem von Levinson

Das Theorem von Levinson verknüpft, wie in Abschn. 1.2 angedeutet, die Anzahl der gebundenen Zustände in einem Potential (endlicher Tiefe) mit der Differenz der Streuphasen für $k = 0$ und $k \to \infty$. Es ist eine Konsequenz der analytischen Struktur der S-Matrix, beziehungsweise der analytischen Eigenschaften der Jostfunktionen. Ausgangspunkt der Diskussion ist die partielle S-Matrix für reelle Werte der Wellenzahl, die entweder in der Form

$$S_l(k) = \mathrm{e}^{2\mathrm{i}\delta_l(k)} \qquad \text{oder} \qquad S_l(k) = (-1)^l \frac{F_l(k)}{F_l(-k)}$$

geschrieben werden kann. Der Beweis des Theorems erfordert zwei Schritte (zusätzliche Anmerkungen zu dem Beweis findet man in Abschn. 5.5.4):

- Die logarithmische Ableitung der ersten Form ergibt

$$\frac{\mathrm{d} \ln S_l(k)}{\mathrm{d}k} = 2\mathrm{i} \frac{\mathrm{d}\,\delta_l(k)}{\mathrm{d}k}.$$

Bei der Berechnung des Integrals

$$I = \int_{-\infty}^{\infty} \mathrm{d}k \frac{\mathrm{d} \ln S_l(k)}{\mathrm{d}k} = 2\mathrm{i} \int_{-\infty}^{\infty} \mathrm{d}k \frac{\mathrm{d}\,\delta_l(k)}{\mathrm{d}k}$$

findet man

$$I = 4\mathrm{i} \int_{0}^{\infty} \mathrm{d}k \frac{\mathrm{d}\,\delta_l(k)}{\mathrm{d}k} = 4\mathrm{i}\,[\delta_l(\infty) - \delta_l(0)],$$

da die Streuphasen ungerade Funktionen von k sind.

- Mit der zweiten Form berechnet man die logarithmische Ableitung der S-Matrix zu

$$\frac{\mathrm{d} \ln S_l(k)}{\mathrm{d}k} = \frac{\mathrm{d}}{\mathrm{d}k} \ln \left[(-1)^l \frac{F_l(k)}{F_l(-k)} \right] = \frac{\mathrm{d}}{\mathrm{d}k} [\ln F_l(k) - \ln F_l(-k)] .$$

In dem Integral

$$I = \int_{-\infty}^{\infty} \mathrm{d}k \frac{\mathrm{d}}{\mathrm{d}k} [\ln F_l(k) - \ln F_l(-k)]$$

kann man in dem zweiten Term die Substitution $k \to -k$ benutzen und findet

$$I = 2 \int_{-\infty}^{\infty} \mathrm{d}k \frac{\mathrm{d}}{\mathrm{d}k} \ln F_l(-k).$$

Die Jostfunktion $F_l(-k)$ geht für $|k| \to \infty$ in der unteren Halbebene gegen null. Man kann somit das Integral I mit einem unendlich großen, negativ orientierten Halbkreis in der unteren Halbebene in ein Konturintegral umschreiben (Abb. 5.4)

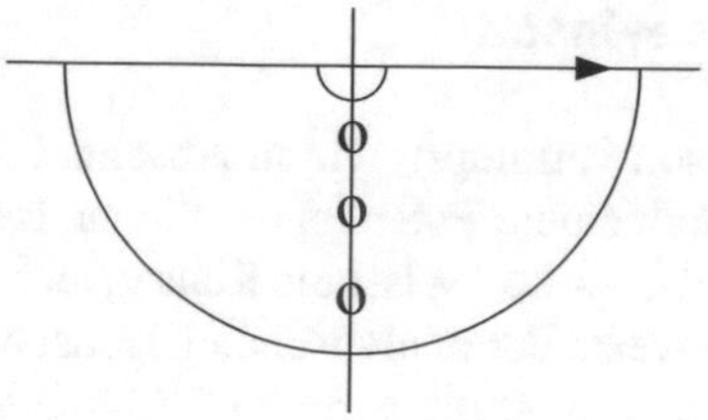

Abb. 5.4 Kontur zum Nachweis des Theorems von Levinson

$$I = 2\int_C \mathrm{d}k \frac{\mathrm{d}}{\mathrm{d}k} \ln F_l(k).$$

Nach dem Residuensatz ergeben die isolierten Nullstellen von

$$F_l(-k) = F(-\mathrm{i}e_n) \qquad \text{für} \quad e_n > 0$$

an den (endlich vielen) Stellen der unteren Halbebene, die gebundenen Zuständen mit Drehimpuls l innerhalb der Kontur entsprechen, je einen Beitrag mit dem Residuum 1. Somit folgt

$$I = 4\pi\mathrm{i}N_l(\mathrm{geb})$$

und

$$[\delta_l(0) - \delta_l(\infty)] = \pi N_l(\mathrm{geb}). \tag{5.21}$$

Es ist üblich, die Streuphasen so zu definieren, dass $\delta_l(\infty)$ gleich null ist.
Eine Modifikation ergibt sich für den Drehimpulswert $l = 0$ und zwar dann, wenn die Jostfunktion $F_0(k)$ für $k = 0$ den Wert null hat. Es kann gezeigt werden[9], dass diese Nullstelle einfach ist und dass die Jostfunktion sich exakt wie

$$F_0(k) = k \quad \text{für} \quad k \to 0$$

verhält. In diesem Fall muss man den Ursprung der k-Ebene durch einen kleinen Halbkreis umgehen (Radius ϵ mit $\epsilon \to 0$) und erhält einen zusätzlichen Beitrag

$$\Delta I = -2\pi\mathrm{i},$$

sodass (5.21) für $l = 0$ durch

$$[\delta_0(\infty) - \delta_0(0)] = -\pi\left(N_0(\mathrm{geb}) + \frac{1}{2}\right)$$

ersetzt werden muss.

[9] R. G. Newton: J. Math. Phys., **1**, S. 319 (1960).

5.4 Zur Illustration: Der sphärische Potentialtopf

Die Ausführungen der letzten Abschnitte können durch das Beispiel des sphärischen Potentialtopfs (vergleiche Abschn. 1.2.3 sowie Band 3, Abschn. 5.2 und 6.3)

$$v(r) = \begin{cases} \pm v_0 & \text{für} \quad r \le R, \\ 0 & \text{für} \quad r > R \end{cases}$$

illustriert werden (der Einfachheit halber für Zustände mit $l = 0$). Benutzt man $v_0 > 0$, so beschreibt das positive Vorzeichen eine Barriere, das negative Vorzeichen einen Topf. Für die effektive Wellenzahl K in dem Potentialbereich gilt

$$K^2 = k^2 - U(r) = k^2 \mp \frac{2m_0}{\hbar^2} v_0 = k^2 \mp U_0.$$

Die zuständige Schrödingergleichung ist eine Bessel-Riccati'sche Differentialgleichung

$$R_0''(r) + K^2 R_0(r) = 0.$$

Die Jostlösungen mit den Randbedingungen (5.3) kann man jedoch direkter durch komplexe Exponentialfunktionen darstellen

$$f_0^{(\mp)}(k,r) = \begin{cases} A^{(\mp)} \mathrm{e}^{\mathrm{i}Kr} + B^{(\mp)} \mathrm{e}^{-\mathrm{i}Kr}, & r \le R, \\ \mathrm{e}^{\pm \mathrm{i}kr}, & r > R. \end{cases}$$

Für die Koeffizienten erhält man aus den Anschlussbedingungen bei $r = R$

$$A^{(-)}(k) = \frac{1}{2}\left(1 + \frac{k}{K}\right) \mathrm{e}^{\mathrm{i}(k-K)R}, \qquad B^{(-)}(k) = \frac{1}{2}\left(1 - \frac{k}{K}\right) \mathrm{e}^{\mathrm{i}(k+K)R},$$
$$A^{(+)}(k) = \frac{1}{2}\left(1 - \frac{k}{K}\right) \mathrm{e}^{-\mathrm{i}(k+K)R}, \qquad B^{(+)}(k) = \frac{1}{2}\left(1 + \frac{k}{K}\right) \mathrm{e}^{-\mathrm{i}(k-K)R}.$$

Die Lösungen erfüllen die Eigenschaften (5.4) und (5.5). Die Jostfunktionen gewinnt man zum Beispiel aus der Relation (5.6) für $r = 0$

$$F_0(k) \equiv F_0^{(+)}(k) = A^{(+)}(k) + B^{(+)}(k) = \mathrm{e}^{-\mathrm{i}kR}\left(\cos KR + \mathrm{i}\frac{k}{K} \sin KR\right).$$

Aus diesen Angaben kann man die reguläre Lösung und alle weiteren Relationen der vorherigen Abschnitte konstruieren. Von besonderem Interesse ist jedoch die S-Matrix

$$S_0(k) = \frac{F_0(k)}{F_0(-k)} = \mathrm{e}^{2\mathrm{i}kR} \frac{K \cot KR + \mathrm{i}k}{K \cot KR - \mathrm{i}k}.$$

Der exponentielle Vorfaktor ist der Anteil, der durch die Streuung an der Stufe bei $r = R$ erzeugt wird. Einfache Pole der S-Matrix werden durch die Relation

$$K \cot KR = \mathrm{i}k, \tag{5.22}$$

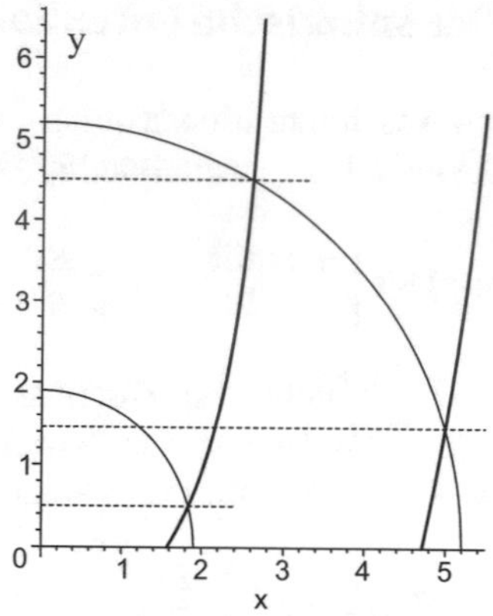

Abb. 5.5 Bestimmung von gebundenen Zuständen

einfache Nullstellen durch

$$K \cot KR = -\mathrm{i}k$$

bestimmt.

5.4.1 Der Topf

Für einen vorgegebenen Satz von Parametern v_0, R kann man die gebundenen Zustände (Pole auf der positiven imaginären Achse) wegen $k = \mathrm{i}\kappa$, $\kappa > 0$, aus den Gleichungen

$$KR \cot KR = -\kappa R, \qquad K^2R^2 = U_0R^2 - \kappa^2R^2,$$

beziehungsweise mit den Größen $x = KR$ und $y = \kappa R$ als Schnittpunkte der Kurven $y = -x \cot x$ mit den Kreisen $x^2 + y^2 = U_0R^2$ bestimmen (siehe Band 3, Abschn. 6.3 und 1.2.3). Man erhält je nach Größe des Parameters U_0R^2 keinen, einen, zwei etc. gebundene Zustände (Abb. 5.5).

Pole auf der negativen imaginären Achse entsprechen virtuellen Zuständen. Sie werden durch die positive Wellenzahl $\bar{\kappa}$ mit $k = -\mathrm{i}\bar{\kappa}$, beziehungsweise als Schnittpunkte der Kurven $y = x \cot x$ mit den Kreisen $x^2 + y^2 = U_0R^2$ charakterisiert, wobei nun $y = -\bar{\kappa}R$ ist. Abb. 5.6 illustriert die möglichen Schnittpunkte der zwei Kurven. Man erkennt zum Beispiel, dass für Kreise mit der Parameterkombination $s = \sqrt{U_0}R < 1$ kein virtueller Zustand existiert, für $1 < s < \pi/2$ ist es ein Zustand. Für $s > \pi/2$ bis zu einem Wert für den Kreis, der den zweiten Ast der kotangensähnlichen Kurve gerade berührt, existiert wiederum kein virtueller Zustand.

Quasistationäre Zustände werden ebenfalls durch (5.22) bestimmt, so zum Beispiel für einen zerfallenden Zustand im vierten Quadranten durch

$$K \cot KR = \mathrm{i}k \quad \text{mit} \quad k = a - \mathrm{i}b, \ (a, b > 0, \ \text{reell}).$$

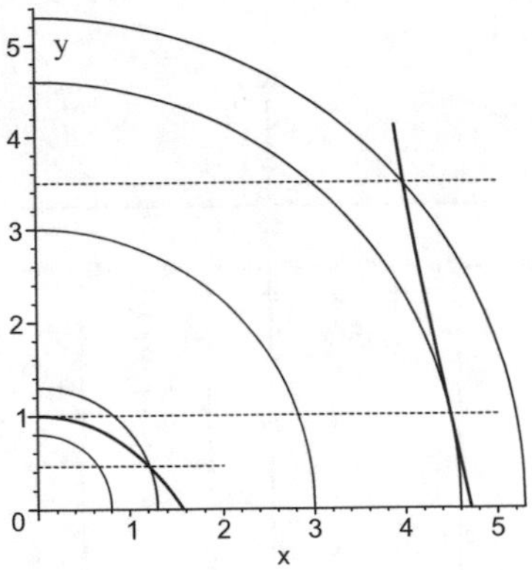

Abb. 5.6 Bestimmung von virtuellen Zuständen

Zur Bestimmung der komplexen Wellenzahlen greift man auf numerische Methoden oder Näherungen zurück. Dieser Punkt soll jedoch nur durch die Präsentation einiger Ergebnisse illustriert werden.

Eine interessante Studie zu der Verteilung der Pole der S-Matrix für den sphärischen Potentialtopf wird in einer Veröffentlichung von H. M. Nussenzveig[10] vorgestellt: Sie beschäftigt sich mit der Veränderung der Polstellen durch Variation der Potentialparameter, zum Beispiel der Tiefe des Topfes bei festem Radius. Für $U_0 = 0$ fndet man Pole bei

$$(kR)_n = n\pi - \mathrm{i}\infty, \qquad n = 0, \pm 1, \pm 2, \ldots$$

als Lösung der Gleichung $\cot kR = \mathrm{i}$. Sie charakterisieren quasistionäre Zustände, symmetrisch zur imaginären Achse, und einen virtuellen Zustand. Mit wachsendem U_0 bewegen sich die Polstellen mehr oder weniger entlang der Geraden $k = n\pi$ (Abb. 5.7). Die Polstelle mit $n = 0$ nähert sich als erste dem Koordinatenursprung, überschreitet die reelle Achse und wird zu einem gebundenen Zustand. Bei einer weiteren Vertiefung des Topfes schwenken die Pole mit $n = \pm 1$ auf die Gerade mit $k = -\mathrm{i}$ ein. Kurz vor dem Punkt $(0, -\mathrm{i})$ dreht der linke Pol nach oben ab und bewegt sich auf den Ursprung zu. Nach der Durchquerung des Ursprungs entspricht dieser Pol einem gebundenen Zustand. Der rechte Pol in der komplexen k-Ebene dreht nach unten ab und folgt der negativen imaginären Achse. Er wird zu einem virtuellen Zustand. Die Pole mit $n = \pm 2, \pm 3, \ldots$ folgen diesem Muster mit entsprechender Verzögerung. Für den Fall $l = 0$ existiert keine Zentrifugalbarriere. Dies bedingt, dass keine Resonanzeffekte auftreten.

Eine entsprechende Rechnung und Diskussion ist auch für $l > 0$ möglich, wenn auch aufwendiger. Der Unterschied zu dem Fall $l = 0$ besteht darin, dass sich die wandernden Polstellen für ausreichend tiefe Potentiale nicht auf einer Parallelen zur reellen Achse bewegen, sondern sich (in Abhängigkeit von l) mehr und mehr

[10] H. M. Nussenzveig, Nucl. Phys. **11**, S. 499 (1959).

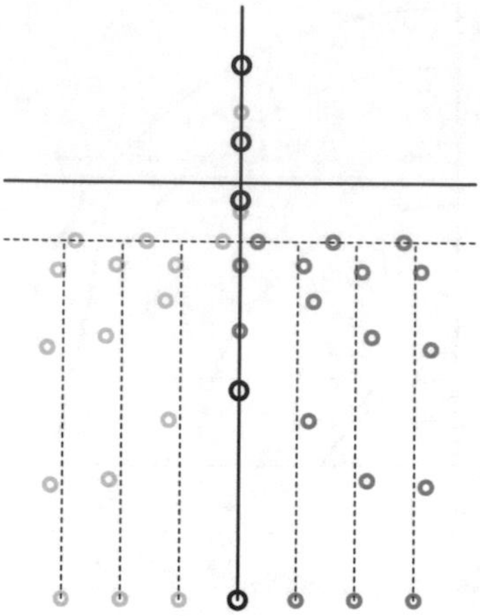

Abb. 5.7 Verschiebung der Polstellen mit U_0

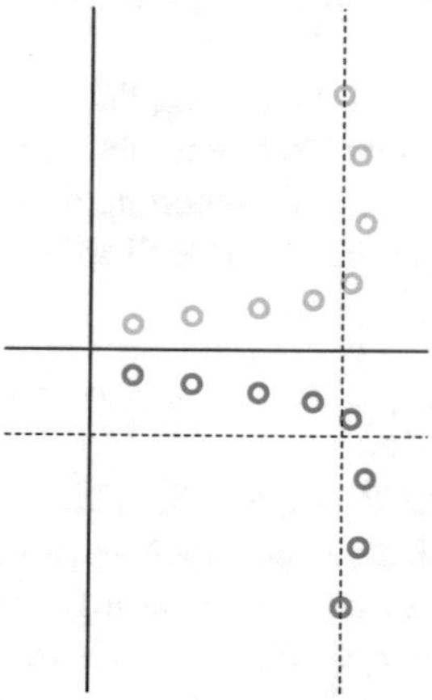

Abb. 5.8 Polwanderung für $l > 0$

der reellen Achse nähern. Es treten echte Resonanzen auf, die formal durch die Kombination eines Pols in Nähe der Achse (Abb. 5.8) in der unteren Halbebene und einer Nullstelle in der oberen Halbebene – dies entspricht in der Realität dem Auftreten einer Potentialtasche – charakterisiert werden.

5.4.2 Die Barriere

Für die Potentialbarriere findet man (bei gleicher Ausgangssituation), dass die Polstellen bei wachsender Höhe der Barriere nach außen abbiegen und sich zusammen mit der Nullstelle in der oberen Halbebene an die reelle Achse anschmiegen (Abb. 5.9). Dies deutet wiederum die Möglichkeit von Resonanzstrukturen an, doch ist deren Mechanismus ein anderer: Die Barriere ist für bestimmte Energiewerte bei

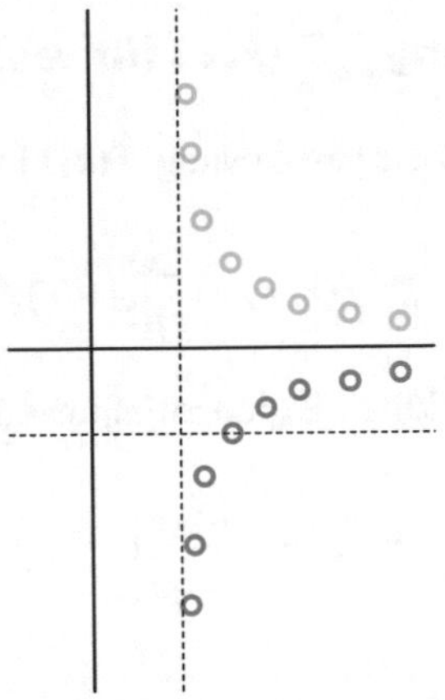

Abb. 5.9 Polstellen- und Nullstellenwanderung im Fall der Barriere

einer gewissen Breite durchlässig. Teilchen werden für einen gewissen Zeitraum eingefangen, bevor dieser quasistationäre Zwischenzustand wieder zerfällt.

5.5 Detailrechnungen zu Kap. 5

5.5.1 Komplexe Konjugation der Jostfunktionen

Es ist ausreichend, die Darstellungen der Funktionen $\varphi_l(k^*, r)^*$ und $\varphi_l(k, r)$ gemäß der Definition (5.6) auszuschreiben und zu vergleichen. Aus

$$\varphi_l(k, r) = \frac{\mathrm{i}}{2k}\left[F_l^{(+)}(k) f_l^{(-)}(k, r) - F_l^{(-)}(k) f_l^{(+)}(k, r)\right]$$

folgt

$$\varphi_l(k^*, r)^* = -\frac{\mathrm{i}}{2k}\left[F_l^{(+)}(k^*)^* f_l^{(-)}(k^*, r)^* - F_l^{(-)}(k^*)^* f_l^{(+)}(k^*, r)^*\right]$$

und mit den Eigenschaften von $f_l^{(\pm)}(k^*, r)^*$ in (5.5)

$$\varphi_l(k^*, r)^* = -\frac{\mathrm{i}}{2k}\left[F_l^{(+)}(k^*)^* f_l^{(+)}(k, r) - F_l^{(-)}(k^*)^* f_l^{(-)}(k, r)\right].$$

Aus $\varphi_l(k, r) = \varphi_l(k^*, r)^*$ folgt durch Koeffizientenvergleich

$$F_l^{(+)}(k^*)^* = F_l^{(-)}(k)$$

oder

$$F_l(k^*)^* = F_l(-k).$$

5.5.2 Pole der Jostlösung $f_0^{(-)}(k,r)$ für das Exponentialpotential

Die Differentialgleichung für eine Jostlösung $f(k,r)$ mit $l=0$ lautet

$$\frac{\mathrm{d}^2 f(k,r)}{\mathrm{d}r^2} + k^2 f(k,r) - \frac{2m_0}{\hbar^2} v(r) f(k,r) = 0,$$

beziehungsweise für ein attraktives Exponentialpotential

$$v(r) = -\frac{\hbar^2 v_0}{2m_0} \mathrm{e}^{-ar},$$

$$\frac{\mathrm{d}^2 f(k,r)}{\mathrm{d}r^2} + k^2 f + v_0 \mathrm{e}^{-ar} f = 0.$$

Zur Lösung bietet sich die Substitution

$$x = A\mathrm{e}^{-ar/2}$$

mit

$$x' = -\frac{a}{2}x, \qquad x'' = \frac{a^2}{4}x$$

an. Die Substitutionsregel

$$\frac{\mathrm{d}^2 f}{\mathrm{d}r^2} = \frac{\mathrm{d}f}{\mathrm{d}x}(x'') + \frac{\mathrm{d}^2 f}{\mathrm{d}x^2}(x')^2$$

und die Wahl

$$A = \frac{2\sqrt{v_0}}{a}$$

ergibt die transformierte Differentialgleichung

$$\frac{\mathrm{d}^2 f}{\mathrm{d}x^2} + \frac{1}{x}\frac{\mathrm{d}f}{\mathrm{d}x} + \left(1 + \frac{\kappa^2}{x^2}\right) f = 0 \quad \text{mit} \quad \kappa = \frac{2k}{a}.$$

Setzt man $\kappa = \mathrm{i}\nu$, so erkennt man die Differentialgleichung der Besselfunktionen (siehe Band 2, Math. Abschn. 4.4)

$$\frac{\mathrm{d}^2 f}{\mathrm{d}x^2} + \frac{1}{x}\frac{\mathrm{d}f}{\mathrm{d}x} + \left(1 - \frac{\nu^2}{x^2}\right) f = 0.$$

Die allgemeine Lösung ist

$$f_\nu(x) = aJ_\nu(x) + bJ_{-\nu}(x),$$

solange ν keine ganze Zahl ($\nu \neq n$) ist.

Die Jostlösung $f_0^{(-)}(k,r)$ soll die Randbedingung $f_0^{(-)} \to \mathrm{e}^{ikr}$ für $r \to \infty$ erfüllen. Die Variable x geht für $r \to \infty$ gegen null $x(r \to \infty) \to 0$. Setzt man die ursprünglichen Parameter ein, so findet man mit $\nu = \mp\mathrm{i}\kappa$ und dem Grenzwert der Besselfunktion

$$J_{\pm\mathrm{i}\kappa}(x) \to \frac{1}{\Gamma(\pm\mathrm{i}\kappa+1)}\left(\frac{x}{2}\right)^{\pm\mathrm{i}\kappa} = \frac{1}{\Gamma(\pm\mathrm{i}\kappa+1)}\left(\frac{A}{2}\right)^{\pm\mathrm{i}\kappa}\left(\mathrm{e}^{-ar/2}\right)^{\pm\mathrm{i}\kappa}$$
$$= \frac{1}{\Gamma(\pm\mathrm{i}\kappa+1)}\left(\frac{A}{2}\right)^{\pm\mathrm{i}\kappa}\mathrm{e}^{\mp\mathrm{i}kr}.$$

Die (normierte) Funktion

$$f_0^{(-)}(k,r) = \left(\frac{A}{2}\right)^{+\mathrm{i}\kappa}\Gamma(1-\mathrm{i}\kappa)J_{-\mathrm{i}\kappa}(x)$$

mit

$$A = \frac{2\sqrt{v_0}}{a} \qquad \kappa = \frac{2k}{a} \qquad x = A\mathrm{e}^{-ar/2}$$

ist die gesuchte Jostlösung mit der Asymptotik

$$f_0^{(-)}(k,r) \stackrel{r\to\infty}{\longrightarrow} \mathrm{e}^{ikr}.$$

Die zugehörige Jostfunktion ist

$$F_0(k) = f_0^{(-)}(k,0) = \left(\frac{\sqrt{v_0}}{a}\right)^{\frac{2ik}{a}}\Gamma(1-\frac{2\mathrm{i}k}{a})J_{-2\mathrm{i}k/a}\left(\frac{2\sqrt{v_0}}{a}\right).$$

Vorschlag: Berechne $f_0^{(-)}(k,r)$ sowie $F_0^{(-)}(k)$ für das Exponentialpotential und diskutiere das Resultat. Berechne die Jostfunktion für ein repulsives Exponentialpotential und vergleiche.

5.5.3 Verteilung der Nullstellen der Jostfunktion $F_l^{(+)}(k)$

Der Nachweis der Liste der Nullstellen von $F_l^{(+)}(k)$, beziehungsweise der Pole der S-Matrix beinhaltet die folgenden Punkte:

- Nullstellen von $F_l^{(+)}(k)$ in der oberen Halbebene $\mathrm{Im}(k) > 0$ können nur auf der imaginären Achse liegen.

Nachweis: Liegt eine Nullstelle von $F_l^{(+)}(k)$ vor, so lautet die reguläre Lösung

$$\varphi_l(k,r) = -\frac{\mathrm{i}}{2k} F_l^{(-)}(k) f_l^{(+)}(k,r).$$

Aus der Schrödingergleichung

$$\varphi_l''(k,r) + \left[k^2 - \frac{l(l+1)}{r^2} - \frac{2m_0}{\hbar^2} v(r)\right] \varphi_l(k,r) = 0$$

und der komplex konjugierten Differentialgleichung gewinnt man (für reelles l und r) die Aussage

$$\varphi_l(k,r)\varphi_l''(k^*,r)^* - \varphi_l''(k,r)\varphi_l(k^*,r)^* = ((k^*)^2 - k^2)\varphi_l(k,r)\varphi_l(k^*,r)^*.$$

Die linke Seite dieser Gleichung stellt die Ableitung der Wronskideterminante der Funktionen φ_l und φ_l^* dar

$$\frac{\mathrm{d}}{\mathrm{d}r} W(\varphi_l, \varphi_l^*) = ((k^*)^2 - k^2)\varphi_l(k,r)\varphi_l(k^*,r)^*.$$

Integration dieser Relation ergibt

$$\begin{aligned}\int_0^\infty \mathrm{d}r \left(\frac{\mathrm{d}W}{\mathrm{d}r}\right) &= W(r)\Big|_0^\infty = \Big(\varphi_l(k,r)\varphi_l'(k^*,r)^* - \varphi_l'(k,r)\varphi_l(k^*,r)^*\Big)_0^\infty \\ &= ((k^*)^2 - k^2)\int_0^\infty \mathrm{d}r\ \varphi_l(k^*,r)^*\varphi_l(k,r).\end{aligned}$$

Für eine Nullstelle von $F_l^{(+)}(k)$ in der oberen Halbebene mit

$$k = a + \mathrm{i}b, \qquad b > 0$$

findet man (da die Randbedingung der Regularitätsbedingung entspricht)

$$\begin{aligned}&\varphi_l(k,r) \overset{r\to 0}{\longrightarrow} 0 \qquad \text{sowie} \\ &\varphi_l(k,r) \overset{r\to\infty}{\longrightarrow} \mathrm{const}_1\, \mathrm{e}^{\mathrm{i}(a+\mathrm{i}b)r} = \mathrm{const}_2\, \mathrm{e}^{-br} \to 0.\end{aligned}$$

Entsprechende Aussagen gelten für φ_l^*. Daraus folgen die Aussagen:

- Die Funktion φ_l ist quadratintegrabel, da sie analytisch ist und an den Grenzen verschwindet

$$\int_0^\infty \mathrm{d}r \varphi_l(k^*,r)^*\varphi_l(k,r) = A_l \neq 0.$$

- Die Wronskideterminante verschwindet (an den Grenzen).

Setzt man den Wert von k ein, so verbleibt die Aussage

$$-4\mathrm{i}abA_l = 0.$$

Da b und A_l ungleich null sind, muss a gleich null sein. Die Nullstellen von $F_l^{(+)}(k)$ in der oberen Halbebene liegen auf der imaginären Achse.

- Auf der reellen k-Achse können keine Nullstellen von $F_l^{(+)}(k)$ auftreten. Für relle Werte von $k = k^*$ gilt

$$F_l^{(-)}(k)^* = F_l^{(+)}(k).$$

Somit ist mit $F_l^{(+)}(k) = 0$ auch $F_l^{(-)}(k) = 0$ und so auch $\varphi_l(k, r) \equiv 0$.
Eine Ausnahme kann der Punkt $k = 0$ sein. Für $k = 0$ sind die zwei Jostlösungen nicht linear unabhängig, und der Ansatz

$$\varphi_l(k, r) = c_1 f_l^{(+)}(k, r) + c_2 f_l^{(-)}(k, r)$$

für die reguläre Lösung ist nicht ausreichend. Eine explizite Betrachtung der jeweils vorliegenden Situation ist erforderlich.

5.5.4 Material zu Levinsons Theorem

Das Verhalten der Jostlösungen für $r \to 0$ und $r \to \infty$ wird durch die Differentialgleichung

$$f_l''(k, r) + \left[k^2 - \frac{l(l+1)}{r^2} - \frac{2m_0}{\hbar^2}v(r)\right] f_l(k, r) = 0$$

und die Randbedingung

$$\lim_{r\to\infty} (\mathrm{e}^{\pm ikr}(k, r) f_l^{(\pm)}(k, r)) = 1$$

bestimmt. Für die zwei Grenzfälle kann (bis auf Ausnahmen) der Potentialterm gegenüber dem Zentrifugalterm vernachlässigt werden. Die Funktion $f_l^{(+)}(k, r)$ wird dann durch eine Bessel-Riccati Differentialgleichung bestimmt. Infolge der Randbedingung für $r \to \infty$ ist die gesuchte Lösung in den Grenzfällen eine Hankel-Riccati Funktion[11] mit

$$f_l^{(+)}(k, r) \propto w_l^{(-)}(k, r) \quad \begin{cases} \overset{r\to\infty}{\longrightarrow} \; \mathrm{e}^{-ikr} \\ \overset{r\to 0}{\longrightarrow} \; \frac{1}{(kr)^l} \end{cases} .$$

[11] Abramovitz/Stegun S. 437.

Daraus gewinnt man für die Jostfunktion

$$F_l(k) \stackrel{r\to 0}{\longrightarrow} (l+1)r^l f_l^{(+)}(k,r) = \frac{(l+1)}{k^l}.$$

Der Integrand des Konturintegrals kann in der Form

$$\frac{\mathrm{d}}{\mathrm{d}k} \ln F_l(k) = \frac{F_l{}'(k)}{F_l(k)}$$

angegeben werden. Hier erkennt man noch einmal das Verhalten für große k-Werte ($\ln F_l(k) \to 1/k$), zum anderen kann man das Theorem[12] für holomorphe Funktionen von Rouché direkt anwenden

$$I = -2 \int_C \mathrm{d}k\, \frac{F_l{}'(k)}{F_l(k)} = -2\,(2\pi\,\mathrm{i}\,N_{\mathrm{geb}}).$$

Zur Berechnung des Kurvenintegrals über den kleinen Halbkreis, das sich durch Ausschluss des Koordinatenursprungs ergibt, benutzt man die Aussage, dass sich $F_0(k)$ für $k \to 0$ wie $F_0(k) \to k$ verhält. Man findet somit für die Korrektur

$$\Delta I = 2 \int_{\mathrm{HK}} \mathrm{d}k\, \frac{\mathrm{d}}{\mathrm{d}k} \ln k,$$

da der Umlaufsinn negativ ist und danach mit der Substitution $k = \epsilon \mathrm{e}^{\mathrm{i}\phi}$

$$\Delta I = 2 \int_{\mathrm{HK}} \mathrm{d}k\, \frac{1}{k} = 2\mathrm{i} \int_{\pi}^{0} \mathrm{d}\phi = -2\pi \mathrm{i}.$$

5.5.5 Die komplexe Gleichung *K* cot *KR* = i*k*

Ist kein Potential vorhanden, so geht die Gleichung $K \cot KR = \mathrm{i}k$ in die Gleichung $\cot kR = \mathrm{i}$ über. Setzt man auf der linken Seite die Darstellung der Sinus- und Kosinusfunktion durch komplexe Exponentialfunktionen ein, so erhält man

$$\frac{\mathrm{e}^{\mathrm{i}kR} + \mathrm{e}^{-\mathrm{i}kR}}{\mathrm{e}^{\mathrm{i}kR} - \mathrm{e}^{-\mathrm{i}kR}} = 1.$$

Auflösung ergibt

$$\mathrm{e}^{-\mathrm{i}kR} = -\mathrm{e}^{-\mathrm{i}kR} \quad \text{oder} \quad \mathrm{e}^{-\mathrm{i}kR} = 0.$$

Dies erfordert (bei festem R) $k = -\mathrm{i}\infty$. Infolge der Periodizität der Kotangensfunktion lautet die vollständige Lösung der Gleichung $\cot kR = \mathrm{i}$

$$k = n\pi - \mathrm{i}\infty \quad \text{mit} \quad n = 0,\ \pm 1,\ \pm 2,\ \ldots$$

[12]Siehe zum Beispiel K. Knopp: Theory of Functions. Dover Publications, New York (1996), Band 2, S. 111.

5.6 Literatur in Kap. 5

1. H. Poincaré, Acta Math. **4**, S. 201 (1884)
2. R. Jost, Helv. Physica Acta **20**, S. 256 (1947)
3. R. Newton, J. Math.Phys. **1**, S. 319 (1960)
4. S. T. Ma, Phys. Rev. **69**, S. 668 (1946) und **71**, S. 195 (1947)
5. H. M. Nussenzveig, Nucl. Phys. **11**, S. 499 (1959)
6. K. Knopp: Theory of Functions. Dover Publications, New York (1996)

6 Elastische Streuung mit spinpolarisierten Teilchen

Es ist möglich, Teilchenstrahlen und Targets so aufzubereiten, dass die Spinvektoren der Teilchen in Bezug auf eine Raumrichtung ausgerichtet sind. Experimente mit polarisierten Strahlen und/oder mit polarisierten Targets vermitteln einen weitergehenden Einblick in die Eigenschaften von quantenmechanischen Stoßsystemen. Die einfachsten Möglichkeiten

- Spin-1/2 Teilchen streut an Spin-0 Teilchen (und die Vertauschung von Strahl und Target, Spin-0 Teilchen streut an Spin-1/2 Teilchen)
- Spin-1/2 Teilchen streut an Spin-1/2 Teilchen

werden in diesem Kapitel vorgestellt.

In einem Streuexperiment ist eine Raumrichtung ausgezeichnet, die Strahlrichtung. Diese wird üblicherweise als z-Achse gewählt. Tragen die Strahlteilchen einen Spin $\boldsymbol{s}$, so kann dieser in Bezug auf die Strahlrichtung oder in Bezug auf eine Richtung senkrecht dazu quantisiert sein. Man bezeichnet diese Richtung als Polaristionsrichtung. Sie kann, im Fall von Spin-1/2 Teilchen (streut an Spin-0 Teilchen), wie folgt definiert werden:
Aus den Zweierspinoren

$$\chi = c_1 \begin{pmatrix} 1 \\ 0 \end{pmatrix} + c_2 \begin{pmatrix} 0 \\ 1 \end{pmatrix} = \begin{pmatrix} c_1 \\ c_2 \end{pmatrix}$$

wird die Spindichtematrix $[\varrho]$ konstruiert

$$[\varrho] = [\chi\chi^\dagger] = \begin{pmatrix} c_1 c_1^* & c_1 c_2^* \\ c_2 c_1^* & c_2 c_2^* \end{pmatrix} .$$

Ein Polarisationsvektor $\boldsymbol{P}$ wird damit durch die Relation

$$[\varrho] = \frac{1}{2}\left\{\begin{pmatrix} 1 & 0 \\ 0 & 1 \end{pmatrix} + \boldsymbol{P}\cdot[\boldsymbol{\sigma}]\right\}$$

R. M. Dreizler et al., *Streutheorie in der nichtrelativistischen Quantenmechanik*,
https://doi.org/10.1007/978-3-662-57897-1_6

definiert. Der Vektor $[\boldsymbol{\sigma}]$ bezeichnet einen Vektor aus den drei Paulimatrizen. Aus der Definitionsgleichung kann man die alternative Form

$$\boldsymbol{P} = \langle \boldsymbol{\sigma} \rangle = \mathrm{tr}\left[[\varrho][\boldsymbol{\sigma}]\right]$$

gewinnen, die den Polarisationsvektor $\boldsymbol{P}$ als einen *Vektor* in Richtung des *Spinvektors* ausweist und seine Konstruktion aus den Spinorkomponenten ermöglicht.

Um den differentiellen Wirkungsquerschnitt zu betrachten, fasst man die Streuamplituden für die einzelnen Übergänge zu einer Streumatrix zusammen

$$[F] = \begin{pmatrix} f_{11} & f_{12} \\ f_{21} & f_{22} \end{pmatrix}$$

und schreibt den Ausdruck für den differentiellen Wirkungsquerschitt in Matrixform als

$$\frac{\mathrm{d}\sigma}{\mathrm{d}\Omega} = \left[[\varrho][F]^{\dagger}[F]\right].$$

Dieser Ausdruck erlaubt es, die Wirkungsquerschnitte für beliebige Anfangssituationen (zum Beispiel in einem Strahl mit gemischten Spineinstellungen: p % in die x-Richtung, $(1-p)$ % in die y-Richtung polarisiert) zu berechnen.

Die Diskussion des Streusystems Spin-1/2 Teilchen streut an Spin-1/2 Teilchen wird in gleicher Weise behandelt, nur sind die Spindichtematrix und die Streumatrix (4×4)-Matrizen, entsprechend der 16 Spin-nach-Spin Kanälen,

$$\begin{array}{lcl}
(++) & \longrightarrow & (++),\ (+-),\ (-+),\ (--), \\
(+-) & \longrightarrow & (++),\ (+-),\ (-+),\ (--), \\
(-+) & \longrightarrow & (++),\ (+-),\ (-+),\ (--), \\
(--) & \longrightarrow & (++),\ (+-),\ (-+),\ (--).
\end{array}$$

Beide der genannten Optionen werden in diesem Kapitel durch zahlreiche Beispiele illustriert.

6.1 Der statistische Dichteoperator und die Dichtematrix

Der statistische Dichteoperator $\hat{\varrho}$ eines Gemisches aus N Quantenzuständen $|\varphi_n\rangle$ ist durch

$$\hat{\varrho} = \sum_{n=1}^{N} p_n \, |\varphi_n\rangle\langle\varphi_n| \tag{6.1}$$

definiert. Die statistischen Gewichte $p_n \geq 0$ erfüllen für ein vollständiges Gemisch die Bedingung

$$\sum_{n=1}^{N} p_n = 1.$$

Die Tatsache, dass bei dieser Definition eine inkohärente Überlagerung von Zuständen benutzt wird, zeigt, dass sich auch ein Ensemble von Quantenteilchen wie ein klassisches Ensemble verhalten kann.

Matrixelemente des Dichteoperators, zum Beispiel im Impulsraum (im Ortsraum entsprechend),

$$\langle \boldsymbol{k}' | \hat{\varrho} | \boldsymbol{k} \rangle = \sum_n p_n \langle \boldsymbol{k}' | \varphi_n \rangle \langle \varphi_n | \boldsymbol{k} \rangle = \sum_n p_n \varphi_n(\boldsymbol{k}') \varphi_n(\boldsymbol{k})^* \equiv \varrho(\boldsymbol{k}', \boldsymbol{k}) \qquad (6.2)$$

bilden eine *statistische Matrix* oder *Dichtematrix* in der Impuls- (oder Orts-) Darstellung. Die Diagonalelemente sind positiv definit

$$\varrho(\boldsymbol{k}, \boldsymbol{k}) = \sum_n p_n |\varphi_n(\boldsymbol{k})|^2 \geq 0,$$

und es ist[1]

$$\int \mathrm{d}^3 k \, \varrho(\boldsymbol{k}, \boldsymbol{k}) \equiv \mathsf{tr}[\varrho] = \sum_{\mathsf{n}} \mathsf{p_n} = 1$$

für normierte Zustände.

Ein Beispiel für die Berechnung von Erwartungswerten von Operatoren, wie des Operators $\hat{A}$, bezüglich des Ensembles ist

$$\begin{aligned} < \hat{A} >= \mathsf{tr}[[A][\varrho]] &= \int \mathrm{d}^3 k \, \langle \boldsymbol{k} | \hat{A} \hat{\varrho} | \boldsymbol{k} \rangle \\ &= \int \mathrm{d}^3 k \int \mathrm{d}^3 k' \, \langle \boldsymbol{k} | \hat{A} | \boldsymbol{k}' \rangle \langle \boldsymbol{k}' | \hat{\varrho} | \boldsymbol{k} \rangle . \end{aligned} \qquad (6.3)$$

6.1.1 Elastische Streuung von zwei Teilchen

Ausgangspunkt der Diskussion sind die Streuamplituden, die in Abschn. 1.4 eingeführt wurden, entweder in der μ_s-oder der Kanalspindarstellung S, M_S. So beschreibt zum Beispiel die Streuamplitude $f^S_{M'_S M_S}(\boldsymbol{k}', \boldsymbol{k})$ für einen Kanalspin S die Wahrscheinlichkeit für einen Übergang von einem Spinzustand mit der *Projektion*

[1] Die Matrizen werden in der Form $\mathsf{[A]}$ notiert. Die Spur einer Matrix $\mathsf{[A]}$ wird mit $\mathsf{tr[A]}$ bezeichnet. Wird die Matrix $\mathsf{[A]}$ explizit durch die Angabe ihrer Elemente charakterisiert, so ist die Notation $\mathsf{[A]} = (\mathrm{A_{ik}})$.

M_S in einen Zustand mit der Projektion M'_S. Die asymptotische Wellenfunktion ist (vergleiche (1.46))

$$\langle \boldsymbol{r}, 12|\boldsymbol{\psi}_A\rangle \overset{r\to\infty}{\longrightarrow} \left\{ \mathrm{e}^{ikz}\boldsymbol{\chi}_{M_S} + \sum_{M'_S} f^S_{M'_S M_S}(\boldsymbol{k}', \boldsymbol{k})\frac{\mathrm{e}^{ikr}}{r}\boldsymbol{\chi}_{M'_S} \right\}.$$

Man interpretiert die einzelnen Streuamplituden als die Elemente einer quadratischen Matrix der Dimension $(2S+1)$

$$[F^S(\boldsymbol{k}', \boldsymbol{k})] = (f^S_{M'_S M_S}(\boldsymbol{k}', \boldsymbol{k})) \Longrightarrow (f^S_{mn}(\boldsymbol{k}', \boldsymbol{k})),$$

wobei die letzte Aussage zur Abkürzung dient. Charakterisiert man auch die Spinoren für einen beliebigen Anfangs- und Endzustand durch eine einspaltige Matrix

$$\boldsymbol{\chi}_i = \begin{pmatrix} c_{i_1} \\ c_{i_2} \\ \vdots \\ c_{i_{(2S+1)}} \end{pmatrix} \quad \text{bzw.} \quad \boldsymbol{\chi}_f = \begin{pmatrix} c_{f_1} \\ c_{f_2} \\ \vdots \\ c_{f_{(2S+1)}} \end{pmatrix},$$

so kann der differentielle Wirkungsquerschnitt (eine reelle Größe) für den Übergang von einem Anfangszustand i in einen Endzustand f als Betragsquadrat der entsprechenden Matrixelemente im Spinorraum

$$\frac{\mathrm{d}\sigma}{\mathrm{d}\Omega} = (\boldsymbol{\chi}^\dagger_f[F^S]\boldsymbol{\chi}_i)^\dagger(\boldsymbol{\chi}^\dagger_f[F^S]\boldsymbol{\chi}_i) \tag{6.4}$$

oder in Matrix/Spinor-Form

$$\frac{\mathrm{d}\sigma}{\mathrm{d}\Omega} = \boldsymbol{\chi}^\dagger_i\,[F^S]^\dagger\,\boldsymbol{\chi}_f\,\boldsymbol{\chi}^\dagger_f\,[F^S]\,\boldsymbol{\chi}_i$$

angegeben werden. Der Term $\boldsymbol{\chi}_f\,\boldsymbol{\chi}^\dagger_f$ ist eine $(2S+1)$-dimensionale Matrix

$$\begin{aligned} [\boldsymbol{\chi}_f\,\boldsymbol{\chi}^\dagger_f] &= \begin{pmatrix} c_{f_1} \\ c_{f_2} \\ \vdots \\ c_{f_{(2S+1)}} \end{pmatrix} (c^*_{f_1}\, c^*_{f_2} \ldots c^*_{f_{(2S+1)}}) \\ &= \begin{pmatrix} c_{f_1}c^*_{f_1} & \cdots & c_{f1}c^*_{f_{(2S+1)}} \\ \vdots & \vdots & \vdots \\ c_{f_{(2S+1)}}c^*_{f_1} & \cdots & c_{f_{(2S+1)}}c^*_{f_{(2S+1)}} \end{pmatrix}, \end{aligned} \tag{6.5}$$

die als *Spindichtematrix* $[\varrho_f] = [\boldsymbol{\chi}_f\,\boldsymbol{\chi}^\dagger_f]$ bezeichnet wird.

Die Gl. (6.4) für den differentiellen Wirkungsquerschnitt kann mit einer Abkürzung für die Matrix

$$[B] = [[F^S]^\dagger[\varrho_f][F^S]]$$

explizit als

$$\frac{\mathrm{d}\sigma}{\mathrm{d}\Omega} = \sum_{nn'} c^*_{i_n} B_{nn'} c_{i_{n'}}$$

beziehungsweise als

$$\frac{\mathrm{d}\sigma}{\mathrm{d}\Omega} = \sum_n \left[\sum_{n'} B_{nn'} \left\{ c_{i_{n'}} c^*_{i_n} \right\} \right]$$

geschrieben werden. Der Ausdruck in der geschweiften Klammer ist die Spindichtematrix für die Anfangssituation, die Summe über n' entspricht dem Matrixprodukt von $[\varrho_i]$ mit der Matrix $[B]$, die Summe über n bezeichnet die Spurbildung, sodass man als Endresultat für den differentiellen Wirkungquerschnitt die Spur eines Matrixprodukts

$$\frac{\mathrm{d}\sigma}{\mathrm{d}\Omega} = \mathrm{tr}[[\varrho_i][F^S]^\dagger[\varrho_f][F^S]] \tag{6.6}$$

angeben kann. Die Relation (6.6) ist der Angelpunkt für die Beschreibung der verschiedenen experimentellen Möglichkeiten mit polarisierten Strahlen und Targets. Es können sowohl reine Zustände als auch statistische Ensemble für die Anfangs- und die Endsituation vorgegeben werden. Diese Aussage wird anhand einer Reihe von Beispielen illustriert.

6.1.2 Spin-1/2 Teilchen streuen an Spin-0 Teilchen

Es ist nicht notwendig anzugeben, welche Teilchensorte den Strahl oder das Target bildet. Die Rollen sind austauschbar. In diesem einfachen Beispiel werden alle relevanten Aspekte angesprochen, sodass es sich bestens für eine Einführung in die Notation und dem Umgang damit empfiehlt.

6.1.2.1 Spin-1/2 Teilchen ist in einem reinem Zustand

Das Spin-0 Teilchen hat keine Orientierung im Spinraum, seine Spinwellenfunktion ist $\chi(0) = 1$. Die für diesen Prozess zuständige Dichtematrix wird alleine durch den Spinor des Spin-1/2 Teilchens

$$\chi = \begin{pmatrix} c_1 \\ c_2 \end{pmatrix} \qquad \text{mit} \quad \chi^\dagger\chi = c_1^* c_1 + c_2^* c_2 = 1$$

bestimmt. Die Spindichtematrix hat die Form

$$[\varrho] = [\chi\chi^\dagger] = \begin{pmatrix} c_1c_1^* & c_1c_2^* \\ c_2c_1^* & c_2c_2^* \end{pmatrix}, \tag{6.7}$$

und es gilt $\mathrm{tr}[\varrho] = 1$.

Weitere Eigenschaften der Matrix (6.7) sind:

- Jede (2×2)-Matrix kann als Linearkombination der drei Paulimatrizen (siehe Band 3, Kap. 7)

  $$[\sigma]_1 \equiv [\sigma]_x = \begin{pmatrix} 0 & 1 \\ 1 & 0 \end{pmatrix}, \quad [\sigma]_2 \equiv [\sigma]_y = \begin{pmatrix} 0 & -\mathrm{i} \\ \mathrm{i} & 0 \end{pmatrix}, \quad [\sigma]_3 \equiv [\sigma]_z = \begin{pmatrix} 1 & 0 \\ 0 & -1 \end{pmatrix}$$

  und der (2×2)-Einheitsmatrix

  $$[I] = \begin{pmatrix} 1 & 0 \\ 0 & 1 \end{pmatrix}$$

  dargestellt werden. Für die Dichtematrix (6.7) findet man

  $$[\varrho] = \frac{1}{2}([I] + \boldsymbol{P} \cdot [\boldsymbol{\sigma}]). \tag{6.8}$$

  Die drei Komponenten des Vektors $\boldsymbol{P}$ sind

  $$\begin{aligned} P_1 &= c_1c_2^* + c_2c_1^* = 2\mathrm{Re}(c_1c_2^*), \\ P_2 &= \mathrm{i}(c_1c_2^* - c_2c_1^*) = -2\mathrm{Im}(c_1c_2^*), \\ P_3 &= c_1c_1^* - c_2c_2^*. \end{aligned}$$

- Der Spindichtematrix hat die Eigenwerte 0 und 1, denn man findet

  $$\begin{vmatrix} c_1c_1^* - r & c_1c_2^* \\ c_2c_1^* & c_2c_2^* - r \end{vmatrix} = r(r-1) \stackrel{!}{=} 0.$$

  Die entsprechenden Eigenvektoren sind

  $$\boldsymbol{\varrho}_0 = \begin{pmatrix} c_2^* \\ -c_1^* \end{pmatrix} \quad \text{und} \quad \boldsymbol{\varrho}_1 = \begin{pmatrix} c_1 \\ c_2 \end{pmatrix}.$$

  Sie sind orthogonal und auf 1 normiert

  $$\begin{aligned} \boldsymbol{\varrho}_0^\dagger\boldsymbol{\varrho}_0 &= \boldsymbol{\varrho}_1^\dagger\boldsymbol{\varrho}_1 = 1, \\ \boldsymbol{\varrho}_0^\dagger\boldsymbol{\varrho}_1 &= \boldsymbol{\varrho}_1^\dagger\boldsymbol{\varrho}_0 = 0. \end{aligned}$$

- Der Spindichteoperator ist ein Projektor mit der Eigenschaft
$$\hat{\varrho}^2 = \hat{\varrho}. \tag{6.9}$$
Zum Beweis benutzt man z. B. die Definition in Matrixform wie in (6.5) mit geeigneter Zusammenfassung der Faktoren
$$[\varrho]^2 = [\chi\left(\chi^\dagger][\chi\right)\chi^\dagger] = [\chi\chi^\dagger] = [\varrho].$$
- Berechnet man $[\varrho]^2$ mit der Darstellung von $[\varrho]$ durch die Paulimatrizen (6.8), so erhält man
$$[\varrho]^2 = \frac{1}{4}\left\{[I] + 2(\boldsymbol{P}\cdot[\boldsymbol{\sigma}]) + (\boldsymbol{P}\cdot[\boldsymbol{\sigma}])(\boldsymbol{P}\cdot[\boldsymbol{\sigma}])\right\}.$$
Für die Paulimatrizen gelten die Antivertauschungsrelationen
$$\{[\sigma_k],[\sigma_l]\} = [\sigma_k][\sigma_l] + [\sigma_l][\sigma_k] = \delta_{kl}[I].$$
Auf der Basis dieser Relationen findet man für den letzten Term in der vorherigen Gleichung
$$(\boldsymbol{P}\cdot[\boldsymbol{\sigma}])(\boldsymbol{P}\cdot[\boldsymbol{\sigma}]) = P^2[I].$$
Die Projektionseigenschaft (6.9) liefert dann die Bedingung
$$\frac{1}{4}([I] + P^2[I] + 2(\boldsymbol{P}\cdot[\boldsymbol{\sigma}]) = \frac{1}{2}([I] + (\boldsymbol{P}\cdot[\boldsymbol{\sigma}]),$$
aus der $P^2 = 1$ folgt. Der Vektor $\boldsymbol{P}$ ist ein Vektor der Länge 1.
- Für den Erwartungswert des Operators $\hat{\boldsymbol{\sigma}}$ berechnet man
$$< \hat{\boldsymbol{\sigma}} > = \mathrm{tr}[[\varrho][\boldsymbol{\sigma}]] = \boldsymbol{P},$$
da die Spur von $\boldsymbol{\sigma}$ verschwindet, $\mathrm{tr}[\boldsymbol{\sigma}] = \boldsymbol{0}$, und die Spur eines Produktes von zwei Paulimatrizen proportional zu einem Kroneckersymbol ist
$$\mathrm{tr}[[\sigma]_k[\sigma]_l] = 2\delta_{kl}.$$
Das bedeutet, dass der Vektor $\boldsymbol{P}$ ein Vektor *in Richtung* von $\boldsymbol{\sigma}$ ist. Man bezeichnet $\boldsymbol{P}$ als den Polarisationsvektor eines (in diesem Abschnitt reinen) Zustandes.

6.1.2.2 Explizite Fallbeispiele

Das Target besteht zum Beispiel aus Spin-0 Teilchen, die Projektile sind Spin-1/2 Fermionen. Um den physikalischen Gehalt eines *Experiments* herauszustellen, ist es nützlich, die Komponenten des Spinors χ in geeigneter Weise zu parametrisieren. Die Wahl

$$c_1 = \cos\frac{\theta}{2}, \qquad c_2 = \mathrm{e}^{\mathrm{i}\delta}\sin\frac{\theta}{2} \tag{6.10}$$

erfüllt alle Anforderungen. Es folgt dann für die Komponenten des Polarisationsvektors

$$P_1 = \sin\theta\cos\delta, \quad P_2 = \sin\theta\sin\delta, \quad P_3 = \cos\theta .$$

Die folgenden Beispiele deuten einen Überblick über die Möglichkeiten an.

- Der Polarisationsvektor hat nur eine x-Komponente. Entsprechend zeigt der Spinvektor *im Mittel* in die x-Richtung. Die Aussage

  $$P_1 = 1, \quad P_2 = P_3 = 0$$

  entspricht

  $$\theta = \pi/2, \; \delta = 0.$$

  Die Polarisation in x-Richtung wird durch einen Spinor der Form

  $$\chi_x = \frac{1}{\sqrt{2}}\begin{pmatrix}1\\1\end{pmatrix},$$

  bzw. die Dichtematrix

  $$[\varrho]_x = \begin{pmatrix}\frac{1}{2} & \frac{1}{2}\\ \frac{1}{2} & \frac{1}{2}\end{pmatrix}$$

  charakterisiert.
- Für eine Polarisation in die negative x-Richtung findet man entsprechend

  $$P_1 = -1, \quad P_2 = P_3 = 0 \quad \longrightarrow \quad \theta = -\pi/2, \; \delta = 0$$
  $$\chi_{(-x)} = \tfrac{1}{\sqrt{2}}\begin{pmatrix}1\\-1\end{pmatrix}, \qquad [\varrho]_{(-x)} = \begin{pmatrix}\frac{1}{2} & -\frac{1}{2}\\ -\frac{1}{2} & \frac{1}{2}\end{pmatrix}.$$

- Eine Standardsituation im Experiment ist die Polaristion in z-Richtung (Projektion des Spins auf die Strahlachse). Hier erhält man

  $$P_1 = P_2 = 0, \quad P_3 = 1 \quad \longrightarrow \quad \theta = 0,$$
  $$\chi_z = \begin{pmatrix}1\\0\end{pmatrix}, \qquad [\varrho]_z = \begin{pmatrix}1 & 0\\ 0 & 0\end{pmatrix}.$$

- Die Polarisation in die negative z-Richtung wird durch

$$P_1 = P_2 = 0, \quad P_3 = -1 \quad \longrightarrow \quad \theta = \pi,$$
$$\chi_{(-z)} = \begin{pmatrix} 0 \\ 1 \end{pmatrix}, \qquad [\varrho]_{(-z)} = \begin{pmatrix} 0 & 0 \\ 0 & 1 \end{pmatrix}$$

  beschrieben.

Die berechneten Dichtematrizen bestimmen die zugehörigen differentiellen Wirkungsquerschnitte. Zur Illustration kann man die Situation betrachten, dass die Fermionen anfänglich mit einer bestimmten Polarisation präpariert werden. Im Endzustand wird die Spinpolarisation in der z-Richtung nicht gemessen. Gemäß (6.6) ist der differentielle Wirkungsquerschnitt für dieses Szenario

$$\frac{d\sigma}{d\Omega} = \mathrm{tr}[[\varrho_i][F^{1/2}]^\dagger[\varrho_z][F^{1/2}]] + \mathrm{tr}[[\varrho_i][F^{1/2}]^\dagger[\varrho_{-z}][F^{1/2}]].$$

Da jedoch die Summe $[\varrho_z] + [\varrho_{(-z)}]$ der Einheitsmatrix entspricht, ist nur

$$\frac{d\sigma}{d\Omega} = \mathrm{tr}[[\varrho_i][F^{1/2}]^\dagger[F^{1/2}]]$$

zu berechnen.

Die Streumatrizen (unterdrücke den oberen Index)

$$[F^{1/2}] = \begin{pmatrix} f_{1/2,1/2} & f_{1/2,-1/2} \\ f_{-1/2,1/2} & f_{-1/2,-1/2} \end{pmatrix} \equiv \begin{pmatrix} f_{1,1} & f_{1,2} \\ f_{2,1} & f_{2,2} \end{pmatrix}$$

vermitteln Übergänge von dem zweiten Index zu dem ersten, wobei in der abgekürzten Form $1/2 \to 1$ und $-1/2 \to 2$ gesetzt wurde. Zu berechnen ist noch das Produkt der Matrizen $[F]$ und $[F]^\dagger$. Man findet

$$[F]^\dagger[F] = \begin{pmatrix} f_{1,1}^* f_{1,1} + f_{2,1}^* f_{2,1} & f_{1,1}^* f_{1,2} + f_{2,1}^* f_{2,2} \\ f_{1,2}^* f_{1,1} + f_{2,2}^* f_{2,1} & f_{1,2}^* f_{1,2} + f_{2,2}^* f_{2,2} \end{pmatrix}$$

und schreibt zur (weiteren) Abkürzung

$$[F]^\dagger[F] = [A] = \begin{pmatrix} A_{1,1} & A_{1,2} \\ A_{2,1} & A_{2,2} \end{pmatrix}.$$

Die Angabe der differentiellen Wirkungsquerschnitte für verschiedene Szenarien ist nun kein Problem.[2] Die folgenden Beispiele, wobei die positive z-Richtung als Strahlrichtung gewählt wurde, vermitteln einen Eindruck von den Möglichkeiten.

---

[2]Beachte auch weiterhin: Die Streuamplituden $f_{m,n}$ sind Funktionen der Energie und der Streuwinkel $f_{m,n} = f_{m,n}(\boldsymbol{k}, \boldsymbol{k}')$.

- Bei einer anfänglichen Polarisation in Strahlrichtung (das heißt, die Projektion des quantenmechanisch fluktuierenden Spinvektors auf die Strahlachse ist $+1/2$ für jedes Teilchen in dem Strahl, Abb. 6.1) findet man für den differentiellen Wirkungsquerschnitt

$$\frac{d\sigma}{d\Omega}_z = \mathrm{tr}[[\varrho_z][A]] = tr\left[\begin{pmatrix} 1 & 0 \\ 0 & 0 \end{pmatrix}\begin{pmatrix} A_{1,1} & A_{1,2} \\ A_{2,1} & A_{2,2} \end{pmatrix}\right] = A_{1,1}.$$

- Im Fall einer anfänglichen Polarisation in der negativen Strahlachse ist

$$\frac{d\sigma}{d\Omega}_{(-z)} = \mathrm{tr}[[\varrho_{-z}][A]] = A_{2,2}.$$

- Der Strahl ist anfänglich entlang der negativen x-Richtung polarisiert (Abb. 6.2 mit, wie angedeutet, einem rechtshändigem Koordinatensystem). Hier findet man

$$\frac{d\sigma}{d\Omega}_{(-x)} = \mathrm{tr}[[\varrho_{(-x)}][A]] = \frac{1}{2}\left(A_{1,1} + A_{2,2} - A_{2,1} - A_{1,2}\right).$$

- Entsprechend gilt für eine Polarisation in Richtung der positiven x-Achse

$$\frac{d\sigma}{d\Omega}_x = \mathrm{tr}[[\varrho_x][A]] = \frac{1}{2}\left(A_{1,1} + A_{2,2} + A_{2,1} + A_{1,2}\right).$$

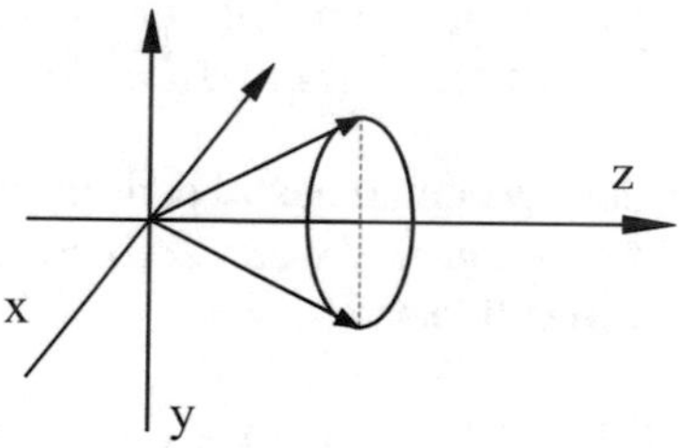

Abb. 6.1 Spinpolarisation $m_{s_z} = +1/2$

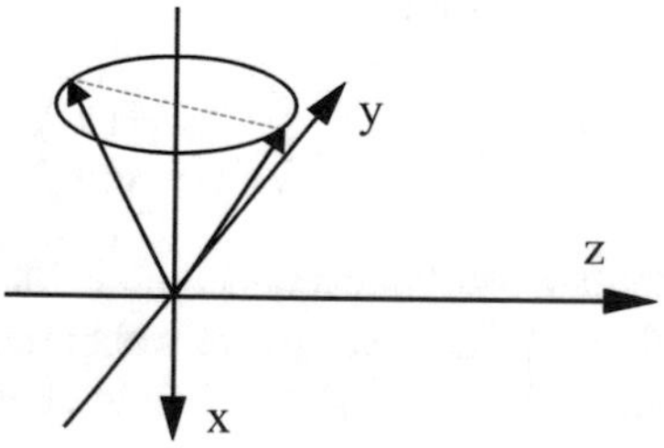

Abb. 6.2 Spinpolarisation: $m_{s_x} = -1/2$

- Eine Messgröße, die recht sensitiv auf feinere Spineffekte anspricht, ist der Asymmetrieparameter (kurz die Asymmetrie genannt), der durch

$$A_x = \frac{\left(\frac{d\sigma}{d\Omega}\right)_x - \left(\frac{d\sigma}{d\Omega}\right)_{(-x)}}{\left(\frac{d\sigma}{d\Omega}\right)_x + \left(\frac{d\sigma}{d\Omega}\right)_{(-x)}} = \frac{A_{2,1} + A_{1,2}}{A_{1,1} + A_{2,2}}$$

beziehungsweise durch

$$A_z = \frac{\left(\frac{d\sigma}{d\Omega}\right)_z - \left(\frac{d\sigma}{d\Omega}\right)_{(-xz)}}{\left(\frac{d\sigma}{d\Omega}\right)_z + \left(\frac{d\sigma}{d\Omega}\right)_{(-z)}} = \frac{A_{1,1} - A_{2,2}}{A_{1,1} + A_{2,2}}$$

definiert ist. In einem Experiment wird der *Polarisator*, der die Ausrichtung des Spins einstellt, um 180° gedreht und die entsprechenden Teilchenzahlen für die zwei Einstellungen in dem Detektor gemessen

$$A_{x,z}(\text{experiment}) = \frac{N_+ - N_-}{N_+ + N_-}.$$

6.1.2.3 Statistisches Gemisch für die Spin-1/2 Teilchen

Liegt ein statistisches Gemisch vor, so ist der statistische Dichteoperator durch eine Linearkombination von Dichteoperatoren mit reinen Zuständen

$$\hat{\varrho}_{\text{ens}} \equiv \hat{\varrho} = \sum_n p_n \hat{\chi}_n \hat{\chi}_n^\dagger = \sum_n p_n \hat{\varrho}_n \tag{6.11}$$

gegeben. Ein Beispiel ist der Dichteoperator für einen unpolarisierten Strahl – ein Gemisch von gleich vielen, entgegengesetzt polarisierten Teilchen (entweder in x- oder in z-Richtung)

$$\hat{\varrho}_{\text{unpol}} = \frac{1}{2}\hat{\varrho}_x + \frac{1}{2}\hat{\varrho}_{(-x)} = \frac{1}{2}\hat{\varrho}_z + \frac{1}{2}\hat{\varrho}_{(-z)} = \frac{1}{2}\begin{pmatrix} 1 & 0 \\ 0 & 1 \end{pmatrix}.$$

Die Zustände, die zu einem Ensemble (6.11) beitragen, müssen nicht unbedingt orthogonal sein. Jedoch selbst wenn sie es sind, gilt die Aussage

$$\hat{\varrho}^2 \neq \hat{\varrho}.$$

So gilt z. B. für ein Gemisch aus zwei Spinzuständen

$$\hat{\varrho}^2 = (p_1 \hat{\chi}_1 \hat{\chi}_1^\dagger + p_2 \hat{\chi}_2 \hat{\chi}_2^\dagger)(p_1 \hat{\chi}_1 \hat{\chi}_1^\dagger + p_2 \hat{\chi}_2 \hat{\chi}_2^\dagger).$$

Sind die zwei Spinoren orthogonal, so findet man

$$\hat{\varrho}^2 = p_1^2 \hat{\chi}_1 \hat{\chi}_1^\dagger + p_2^2 \hat{\chi}_2 \hat{\chi}_2^\dagger \neq \hat{\varrho},$$

wie zum Beispiel für das oben genannte Szenario

$$\hat{\varrho}^2_{\text{unpol}} = \frac{1}{2} \hat{\varrho}_{\text{unpol}}.$$

Einige explizite Beispiele für die Berechnung von differentiellen Wirkungsquerschnitten sind:

- Für einen unpolarisierten Strahl (z. B. bezüglich der z-Richtung) gilt

$$\begin{aligned}
\frac{d\sigma}{d\Omega}_{\text{unpol}} &= \frac{1}{2}\{\text{tr}[[\varrho_z][A]] + \text{tr}[[\varrho_{-z}][A]]\} \\
&= \frac{1}{2}\text{tr}\left\{\begin{pmatrix} 1 & 0 \\ 0 & 1 \end{pmatrix}\begin{pmatrix} A_{1,1} & A_{1,2} \\ A_{2,1} & A_{2,2} \end{pmatrix}\right\} = \frac{1}{2}\left(A_{1,1} + A_{2,2}\right) \\
&= \frac{1}{2}\left\{f_{1,1}^* f_{1,1} + f_{2,1}^* f_{2,1} + f_{1,2}^* f_{1,2} + f_{2,2}^* f_{2,2}\right\} \\
&= \frac{1}{2}\sum_{\mu_i,\mu_f} f_{\mu_i,\mu_f}^* f_{\mu_i,\mu_f}.
\end{aligned}$$

  Dieses Ergebnis wurde schon in Abschn. 1.4 mit elementaren Mitteln gewonnen.
- Der Strahl ist zu 30 % in der $+x$- (oder $-x$-) Richtung und zu je 35 % in die $\pm z$-Richtungen polarisiert. Der Dichteoperator ist in diesen Fällen

$$[\varrho_{x,z}] = \frac{3}{10}\begin{pmatrix} \frac{1}{2} & \frac{1}{2} \\ \frac{1}{2} & \frac{1}{2} \end{pmatrix} + \frac{35}{100}\begin{pmatrix} 1 & 0 \\ 0 & 0 \end{pmatrix} + \frac{35}{100}\begin{pmatrix} 0 & 0 \\ 0 & 1 \end{pmatrix} = \frac{1}{2}\begin{pmatrix} 1 & \frac{3}{10} \\ \frac{3}{10} & 1 \end{pmatrix},$$

$$[\varrho_{-x,-z}] = \frac{3}{10}\begin{pmatrix} \frac{1}{2} & -\frac{1}{2} \\ -\frac{1}{2} & \frac{1}{2} \end{pmatrix} + \frac{35}{100}\begin{pmatrix} 1 & 0 \\ 0 & 1 \end{pmatrix} = \frac{1}{2}\begin{pmatrix} 1 & -\frac{3}{10} \\ -\frac{3}{10} & 1 \end{pmatrix}.$$

  Mit diesen Vorgaben folgt für den Wirkungsquerschnitt

$$\frac{d\sigma}{d\Omega}_{(\pm x)} = \text{tr}[[\varrho_{(\pm x)}][A]] = \frac{1}{2}\left(A_{1,1} + A_{2,2} \pm \frac{3}{10}\{A_{2,1} + A_{1,2}\}\right)$$

  und für den Asymmetrieparameter

$$A_x = \frac{\left(\frac{d\sigma}{d\Omega}\right)_+ - \left(\frac{d\sigma}{d\Omega}\right)_-}{\left(\frac{d\sigma}{d\Omega}\right)_+ + \left(\frac{d\sigma}{d\Omega}\right)_-} = \frac{3}{10}\frac{(A_{2,1} + A_{1,2})}{(A_{1,1} + A_{2,2})}.$$

Diesen Resultaten kann man, im Vergleich zu Resultaten von Experimenten mit reinen Strahlen, Aussagen bezüglich der Zusammensetzung der zwei Strahlen entnehmen.

6.1.3 Spin-1/2 Teilchen streuen an Spin-1/2 Teilchen

Hier wird die μ_s-Darstellung mit vier Spinkombinationen benutzt. Die Form der Spinoren des Zweifermionensystems ist

$$\chi = \begin{pmatrix} c_1(1)c_1(2) \\ c_1(1)c_2(2) \\ c_2(1)c_1(2) \\ c_2(1)c_2(2) \end{pmatrix} \equiv \begin{pmatrix} c_1 \\ c_2 \\ c_3 \\ c_4 \end{pmatrix} .$$

Der Index bezeichnet den Spinzustand, das Argument das Teilchen. Die Spindichtematrix ist eine (4×4)-Matrix

$$[\varrho] = [\chi \chi^\dagger] = \begin{pmatrix} c_1c_1^* & c_1c_2^* & c_1c_3^* & c_1c_4^* \\ c_2c_1^* & c_2c_2^* & c_2c_3^* & c_2c_4^* \\ c_3c_1^* & \cdots & & \cdots \\ c_4c_1^* & \cdots & & c_4c_4^* \end{pmatrix} .$$

Die Schreibarbeit wird somit etwas erhöht.

Die Wirkungsquerschnitte berechnen sich, wie in (6.6), gemäß

$$\frac{\mathrm{d}\sigma}{\mathrm{d}\Omega} = \mathrm{tr}[[\varrho_i][F^S]^\dagger[\varrho_f][F^S]],$$

beziehungsweise gemäß

$$\frac{\mathrm{d}\sigma}{\mathrm{d}\Omega} = \mathrm{tr}[[\varrho_i][F^S]^\dagger[F^S]] \equiv \mathrm{tr}[[\varrho_i][A]],$$

falls die Endsituation nicht spinanalysiert wird. Die Matrix $[A]$ ist ebenfalls eine (4×4)-Matrix, entsprechend den 16 möglichen Übergängen in dem Stoßsystem.

Es folgen die Angaben für vier Beispiele zum Nachrechnen. Bei den ersten zwei Beispielen sind die Anfangszustände rein, bei den letzten zwei handelt es sich um Ensembles.

- Beide Teilchen sind in einem Zustand mit der Projektion $+1/2$ in z-Richtung, mit der Vorgabe

$$c_1(1) = 1, \ c_2(1) = 0, \ c_1(2) = 1, \ c_2(2) = 0.$$

Die Spindichtematrix ist somit

$$[\varrho]_{++} = \begin{pmatrix} 1\,0\,0\,0 \\ 0\,0\,0\,0 \\ 0\,0\,0\,0 \\ 0\,0\,0\,0 \end{pmatrix},$$

der Wirkungsquerschnitt

$$\frac{\mathrm{d}\sigma}{\mathrm{d}\Omega} = A_{11} = f_{11}^* f_{11} + f_{21}^* f_{21} + f_{31}^* f_{31} + f_{41}^* f_{41}.$$

Die Teilchen gehen mit einer von der Energie und dem Streuwinkel abhängigen Wahrscheinlichkeit von dem Zustand (++) in die Zustände (++), (+−), (−+) und (−−) über.

- Teilchen 1 ist in dem Zustand $+1/2$, Teilchen 2 in dem Zustand $-1/2$ bezüglich der z-Richtung. Hier ist die Vorgabe

$$c_1(1) = 1,\; c_2(1) = 0,\; c_1(2) = 0,\; c_2(2) = 1.$$

Über die Dichtematrix

$$[\varrho]_{+-} = \begin{pmatrix} 0\,0\,0\,0 \\ 0\,1\,0\,0 \\ 0\,0\,0\,0 \\ 0\,0\,0\,0 \end{pmatrix}$$

berechnet man den Wirkungsquerschnitt

$$\frac{\mathrm{d}\sigma}{\mathrm{d}\Omega} = A_{22} = f_{12}^* f_{12} + f_{22}^* f_{22} + f_{32}^* f_{32} + f_{42}^* f_{42}.$$

Vier mögliche Endzustände werden ausgehend von dem Anfangszustand (+−) erreicht.

- Ein unpolarisierter Strahl streut an einem unpolarisierten Target. Der Ausgangspunkt ist hier

$$[\varrho]_{\text{unpol}} = \frac{1}{4}\left([\varrho]_{++} + [\varrho]_{+-} + [\varrho]_{-+} + [\varrho]_{--}\right) = \frac{1}{4}[I],$$

sodass man

$$\frac{\mathrm{d}\sigma}{\mathrm{d}\Omega} = \frac{1}{4}\left(A_{11} + A_{22} + A_{33} + A_{44}\right)$$

erhält. Das System geht von allen möglichen Ausgangszuständen in alle möglichen Endzustände über. Das Gewicht für einen der Anfangszustände ist $1/4$. Da keine Messung der Endspinkonfiguration stattfindet, ist $[\varrho]_f = [I]$.

- Der Strahl ist zu P % in der positiven x-Richtung und zu $(100 - P)$ % in der positiven z-Richtung polarisiert, das Target in der positiven z-Richtung. Für die reinen Zustände hat man hier

$$\chi_A = \begin{pmatrix} \frac{1}{\sqrt{2}} \\ 0 \\ \frac{1}{\sqrt{2}} \\ 0 \end{pmatrix}$$

und

$$\chi_B = \begin{pmatrix} 1 \\ 0 \\ 0 \\ 0 \end{pmatrix}.$$

Daraus folgt

$$[\varrho]_A = \begin{pmatrix} \frac{1}{2} & 0 & \frac{1}{2} & 0 \\ 0 & 0 & 0 & 0 \\ \frac{1}{2} & 0 & \frac{1}{2} & 0 \\ 0 & 0 & 0 & 0 \end{pmatrix} \quad \text{und} \quad [\varrho]_B = \begin{pmatrix} 1 & 0 & 0 & 0 \\ 0 & 0 & 0 & 0 \\ 0 & 0 & 0 & 0 \\ 0 & 0 & 0 & 0 \end{pmatrix}.$$

Die Dichtematrix für dieses Beispiel wird aus den Dichteoperatoren der reinen Zustände gewonnen, die jeweils mit

$$p_A = \frac{P}{100} = p \quad \text{bzw.} \quad p_B = 1 - p$$

gewichtet werden, sodass sich

$$[\varrho] = p[\varrho]_A + (1 - p)[\varrho]_B = \begin{pmatrix} 1 - \frac{p}{2} & 0 & \frac{p}{2} & 0 \\ 0 & 0 & 0 & 0 \\ \frac{p}{2} & 0 & \frac{p}{2} & 0 \\ 0 & 0 & 0 & 0 \end{pmatrix}$$

ergibt. Der Wirkungsquerschnitt ist

$$\frac{\mathrm{d}\sigma}{\mathrm{d}\Omega} = (1 - \frac{p}{2})A_{11} + \frac{p}{2}(A_{13} + A_{31} + A_{33}).$$

Der beschriebene Formalismus findet nicht nur Anwendung in Einzelstreuexperimenten, sondern auch in Doppelstreuexperimenten. In diesem Fall hat man typischerweise zunächst einen unpolarisierten Strahl, der an einem Target gestreut wird und dadurch eine Polarisation $P_1(\theta_1)$ in der θ_1-Richtung erhält. Zur Bestimmung dieser Polarisation, die über die Wechselwirkung zwischen Target und Projektil eine Aussage machen kann, streut man noch einmal an einem zweiten Target der gleichen Art und misst die Asymmetrie unter den Winkeln $\pm\theta_2$. Diese ist dann

$$A = P_1(\theta_1)P_1(\theta_2),$$

sodass man durch Variation der zwei Winkel die Funktion $P_1(\theta)$ bestimmen kann.

7 Bemerkungen zu Vielkanalproblemen

Entsprechend der Vielfalt der Möglichkeiten sollte die Diskussion von Vielkanalproblemen mehr Raum einnehmen als die Diskussion der elastischen Streuung. Dieses letzte, relativ kurze Kapitel enthält nur eine erste Andeutung des Themas. Das Stichwort ist das Wort *Kanal,* das die möglichen Verzweigungen in Anregungen, Teilchentransfer, Ionisation, ... anschaulich charakterisiert. Der Parameter, der bei der Sortierung der möglichen Reaktionskanäle hilfreich ist, ist die Energie.

Anstelle eines realen Stoßsystems wird der Übersicht wegen ein System mit drei verschiedenen Teilchen betrachtet. Neben der kinetischen Energie der Teilchen existiert eine Wechselwirkung zwischen jedem Teilchenpaar. Die Teilchen werden als verschieden gewählt, um eine Diskussion der Antisymmetrisierung (oder Symmetrisierung) zu vermeiden. Nach der Sortierung der Reaktionskanäle werden die Mølleroperatoren für mögliche Eingangskanäle und Ausgangskanäle definiert. Die Mølleroperatoren für die Eingangskanäle $\hat{\Omega}_{+}^{\alpha}$ beschreiben die Zeitentwicklung in dem Kanal α von dem Anfangszeitpunkt $t = -\infty$ bis zu dem Zeitpunkt $t = 0$, die Operatoren $\hat{\Omega}_{-}^{\beta}$ für die Ausgangskanäle von dem Zeitpunkt $t = \infty$ zurück bis zu dem Zeitpunkt $t = 0$. Diese Operatoren erlauben den Aufbau einer formalen Theorie, deren Anwendung sich aber, wie anhand des Faddeev-Dreikörperproblems gezeigt wird, nicht in einfacher Weise umsetzen lässt.

Wie im einfachen Fall kann man mithilfe der Mølleroperatoren zugehörige S-Matrixoperatoren $S_{\alpha \to \beta}$ konstruieren, die den Übergang von einem Anfangskanal α in einen Endkanal β vermitteln, und anschließend T-Matrixelemente diskutieren. Dies sind Matrixelemente eines Operators mit ebenen Wellenzuständen in den zwei auftretenden Kanälen $\langle \alpha \boldsymbol{K}' | \hat{T} | \beta \boldsymbol{K} \rangle$. Infolge der Zweiteilung des Reaktionsablaufs ist es möglich zwei verschiedene T-Matrixelemente zu betrachten:

- Die *Eingangskanalform* (Prior-Form), in der das T-Matrixelement durch die Wechselwirkung ausgedrückt wird, die in dem asymptotischen Hamiltonoperator des Eingangskanal nicht auftritt.

R. M. Dreizler et al., *Streutheorie in der nichtrelativistischen Quantenmechanik,*
https://doi.org/10.1007/978-3-662-57897-1_7

- In der *Ausgangskanalform* (Post-Form) wird das T-Matrixelement durch die Wechselwirkung ausgedrückt, die in dem asymptotischen Hamiltonoperator des Ausgangskanal nicht auftritt.

Entsprechend diskutiert man auch zwei Varianten für die Lippmann-Schwinger Gleichungen, mit deren Hilfe man Näherungen angeben kann. Exakte Lösungen dieser Gleichungen stimmen überein, doch ergeben Näherungen mit der Post- und der Prior-Form oft unterschiedliche Resultate.

Das von Faddeev formulierte Dreikörperstoßproblem basiert auf einer Variante des oben angegebenen Modellsystems. Man muss zunächst feststellen (am direktesten durch eine Darstellung mittels Feynmangraphen), dass die Standardformen der zugehörigen Integralgleichungen singuläre Lösungen liefern. Es ist jedoch möglich, die Struktur der Gleichungen so zu verändern, dass derartige Lösungen nicht auftreten. Die Methode, die man dazu benutzt, ist eine Entwicklung nach T-Matrixelementen der Zweiteilchensubsysteme anstelle der Entwicklung nach Matrixelementen von Potentialen. Neben dem expliziten Dreikörperproblem wird zur Illustration der Anwendungen der Vielkanalformulierung ein kurzer Ausflug in die Kernphysik angeboten: Die Diskussion von direkten Kernreaktionen anhand einer Skizzierung des Zugangs zu (d, p)-Reaktionen.

7.1 Kanäle und Kanal-Mølleroperatoren

Ein Streusystem mit mehreren Endkanälen aus dem Bereich der Atomphysik ist die Streuung eines Elektrons an einem Wasserstoffatom. Mögliche Prozesse sind

e + H	$\longrightarrow$ e + H	elastische Streuung
	$\longrightarrow$ e + H*	Anregung
	$\longrightarrow$ e +e + p	Ionisation
	$\longrightarrow$ ...	...

Mit wachsender Energie des Projektilelektrons wird eine immer größere Anzahl von gebundenen Zuständen des Atoms angeregt. Neben diesen individuellen Anregungskanälen tritt Ionisation auf. Die Ionisation eines Atomelektrons durch ein Projektilelektron wird als (e, 2e)-Prozess bezeichnet. Er wird von der Austauschsymmetrie der zwei Elektronen und der langreichweitigen Coulombwechselwirkung geprägt.

Anstelle eines realen Systems wird hier zur Illustration der Vielkanalsituation das folgende Dreikörperproblem benutzt: Das System besteht aus drei *unterscheidbaren* Teilchen a, b, c. Es entfällt somit die Implementierung der Austauschsymmetrie. Der Hamiltonoperator des Systems hat die Form

$$\hat{H} = -\frac{\hbar^2 \Delta_a}{2m_a} - \frac{\hbar^2 \Delta_b}{2m_b} - \frac{\hbar^2 \Delta_c}{2m_c} + V_{ab}(\boldsymbol{r}_{ab}) + V_{ac}(\boldsymbol{r}_{ac}) + V_{bc}(\boldsymbol{r}_{bc}). \quad (7.1)$$

Neben den kinetischen Energien der Teilchen treten nur Wechselwirkungen zwischen Teilchenpaaren auf, wobei vorausgesetzt wird, dass – im Gegensatz zu der Coulombwechselwirkung in realen Problemen – die Reichweite kurz ist. Die Wechselwirkungen sollen so beschaffen sein, dass die Subsysteme

$$(bc),\ (ac),\ (abc)$$

endlich viele, gebundene Zustände besitzen. In dem System $(ab) = a + b$ existieren keine gebundenen Zustände.

Wählt man als Eingangskanal einen Stoß des Teilchens a mit dem gebundenen System (bc) im Grundzustand, so sind die in der Tabelle aufgeführten Prozesse möglich. Die anfängliche kinetische Energie von a bei genügend großer Entfernung von dem gebundenen System (bc) ist E_a. Sie wird in Bezug auf die Grundzustandsenergie $E_0(bc) = 0$ gemessen. Die verschiedenen Kanäle sind in der Tabelle zusammengestellt.

Eingang		Ausgang	Kanalnummer
$a + (bc)$	$\longrightarrow$	$a + b + c$ (Aufbruch)	0
		$a + (bc)$ (elast. Streuung)	1
		$a + (bc)^*$ (Anregungen)	2
		$b + (ac)$ (Transfer)	3
		$b + (ac)^*$ (Transferanregungen)	4
		(abc) (Einfang)	5
		$(abc)^*$ (Einfang und Anregung)	6

Es ist zweckmäßig, die Ausgangskanäle durchzunummerieren, wobei

- die Reihenfolge willkürlich ist,
- in der Tabelle zwischen den verschiedenen Anregungsmoden nicht unterschieden wird. Dies könnte mittels der Nummerierung 2.1, 2.2, ..., 4.1, ... etc. einbezogen werden.

Für die verschiedenen Kanäle existieren verschiedene Schwellenenergien. Die elastische Streuung von a ist z. B. für alle Energien mit $E_a \geq 0$ möglich, bei Anregung in einen Zustand mit der Anregungsenergie $\Delta E_{(bc)}$ über dem Grundzustand von (bc) muss das Projektil wenigstens die Energie $E_a \geq \Delta E_{(bc)}$ einbringen.

Für den elastischen Kanal $a+(bc)$ ist der effektiv in dem asymmptotischen Bereich ($t \to \pm\infty$ in der zeitabhängigen Formulierung) wirksame Hamiltonoperator

$$\hat{H}^{(1)} = \hat{T}^a + \hat{T}^b + \hat{T}^c + \hat{V}_{(bc)}.$$

Eine Lösung der Schrödingergleichung für diesen Hamiltonoperator mit dem Kanalindex 1 beschreibt bei entsprechenden Randbedingungen die Bewegung von

a in Richtung des gebundenen Systems (bc) im Grundzustand. Die stationäre Wellenfunktion dieses asymptotischen Zustands hat in dem Bereich $|\boldsymbol{r}_a - \boldsymbol{R}_{(bc)}| \to \infty$ die Form

$$\langle \boldsymbol{r}_a \boldsymbol{r}_b \boldsymbol{r}_c | 1; \boldsymbol{k}_a, \boldsymbol{k}_{(bc)} \rangle \longrightarrow \phi_{\boldsymbol{k}_{(bc)},0}(\boldsymbol{r}_{(bc)}) \psi_{\boldsymbol{k}_a - \boldsymbol{k}_{(bc)}}(\boldsymbol{r}_a - \boldsymbol{R}_{(bc)}).$$

Die Funktion ϕ_0 stellt den Grundzustand des Systems (bc) dar, dessen Bewegung durch die Wellenzahl $\boldsymbol{k}_{(bc)}$ charakterisiert wird. Die Funktion ψ beschreibt die Bewegung von a in Bezug auf den Schwerpunkt von (bc). Der Kanal 2 wird in dem asymptotischen Bereich durch den gleichen Hamiltonoperator charakterisiert $\hat{H}^{(2)} = \hat{H}^{(1)}$. Die relevanten asymptotischen Zustände mit Anregung des Targets sind hier

$$\langle \boldsymbol{r}_a \boldsymbol{r}_b \boldsymbol{r}_c | 2.i; \boldsymbol{k}_a, \boldsymbol{k}_{(bc)} \rangle \longrightarrow \phi_{\boldsymbol{k}_{(bc)},i}(\boldsymbol{r}_{(bc)}) \psi_{\boldsymbol{k}_a - \boldsymbol{k}_{(bc)}}(\boldsymbol{r}_a - \boldsymbol{R}_{(bc)})$$
$$i = 1,\, 2,\, \ldots$$

Der asymptotische Hamiltonoperator für die Transferkanäle 3 und 4 ist

$$\hat{H}^{(3)} \equiv \hat{H}^{(4)} = \hat{T}^a + \hat{T}^b + \hat{T}^c + \hat{V}_{(ac)}.$$

Die zugehörigen asymptotischen Zustände (mit $|\boldsymbol{r}_b - \boldsymbol{R}_{(ac)}| \to \infty$) für die Einzelkanäle von 4 sind zum Beispiel

$$\langle \boldsymbol{r}_a \boldsymbol{r}_b \boldsymbol{r}_c | 4.i; \boldsymbol{k}_b, \boldsymbol{k}_{(ac)} \rangle \longrightarrow \phi_{\boldsymbol{k}_{(ac)},i}(\boldsymbol{r}_{(ac)}) \psi_{\boldsymbol{k}_b - \boldsymbol{k}_{(ac)}}(\boldsymbol{r}_b - \boldsymbol{R}_{(ac)})$$
$$i = 0,\, 1,\, 2,\, \ldots$$

Eine nützliche, pauschale Bezeichnung der asymptotischen Zustände in einem Kanal γ ist $|\gamma \boldsymbol{K}\rangle$ mit

$$\hat{H}^{(\gamma)} |\gamma \boldsymbol{K}\rangle = E(\gamma \boldsymbol{K}) |\gamma \boldsymbol{K}\rangle.$$

Die Größe $\boldsymbol{K}$ charakterisiert alle zur Beschreibung des Kanals benötigten Wellenzahlen. Die Energie $E(\gamma, \boldsymbol{K})$ wird als Kanalenergie bezeichnet. Anstelle der vollständigen Charakterisierung der Energie und der Zustände kann man die Abkürzung

$$\hat{H}^{(\gamma)} |\gamma\rangle = E(\gamma) |\gamma\rangle$$

benutzen.

Für jeden der möglichen *Ausgangs*kanäle β kann man Mølleroperatoren $\hat{\Omega}_-^{(\beta)}$ definieren. Diese Kanal-Mølleroperatoren mit

$$|\beta, -\rangle = \hat{\Omega}_-^{(\beta)} |\beta\rangle = \lim_{t \to +\infty} \mathrm{e}^{\mathrm{i}\frac{\hat{H}t}{\hbar}} \mathrm{e}^{-\mathrm{i}\frac{\hat{H}^{(\beta)}t}{\hbar}} |\beta\rangle \tag{7.2}$$

entsprechen der Bedingung, dass für diesen Kanal zu späten Zeiten nur der Kanal-β Hamiltonoperator wirksam ist. Sie stellen eine direkte Erweiterung der Definitionen in Abschn. 3.1 dar. Für den *Eingangs*kanal α gilt entsprechend

$$|\alpha, +\rangle = \hat{\Omega}_+^{(\alpha)} |\alpha\rangle = \lim_{t \to -\infty} \mathrm{e}^{\frac{\mathrm{i}\hat{H}t}{\hbar}} \mathrm{e}^{-\frac{\mathrm{i}\hat{H}^{(\alpha)}t}{\hbar}} |\alpha\rangle. \tag{7.3}$$

Wie im Fall eines einzigen Kanals beschreibt die Wirkung der Mølleroperatoren auf die asymptotischen Zustände den exakten Streuzustand. Die Bezeichnung $\pm$ gibt an, ob ein *einlaufender* oder ob ein *auslaufender* Zustand vorliegt. So stellt der Zustand $|3, \boldsymbol{K}, +\rangle \equiv |3, +\rangle$ einen Eingangskanal dar, in dem Teilchen b auf das System (ac) im Grundzustand stößt – und sich aus diesem Zustand bis zu der Zeit $t \to +\infty$, dem Ende des Streuvorgangs, unter dem Einfluss des gesamten Hamiltonoperators weiterentwickelt.

7.2 Die Multikanal S-Matrix

Die Kanal-Mølleroperatoren in (7.2) und (7.3) ermöglichen eine Verallgemeinerung der S-Matrix, die in Abschn. 3.2 und 3.3 für elastische Streuung diskutiert wurde. Der Operator

$$\hat{S}_{\alpha\to\beta} \equiv \hat{S}_{\alpha\beta} = \left(\hat{\Omega}_-^{(\beta)}\right)^\dagger \hat{\Omega}_+^{(\alpha)} \tag{7.4}$$

charakterisiert einen Übergang von einem Eingangskanal α in einen Kanal β. In Erweiterung der Situation in Kap. 3 tritt hier ein Produkt von verschiedenen Kanal-Mølleroperatoren auf.

Die Matrixelemente dieser Operatoren sind ein Maß für die Wahrscheinlichkeit eines Übergangs von dem Kanal α in den Kanal β

$$W_{\alpha\to\beta} = |\langle\beta\boldsymbol{K}' - |\alpha\boldsymbol{K}+\rangle|^2 = |\langle\beta\boldsymbol{K}'|\hat{S}_{\alpha\beta}|\alpha\boldsymbol{K}\rangle|^2. \tag{7.5}$$

Die Matrixelemente beinhalten, im Sinn der Diskussion in Kap. 3, eine Projektion: Der Zustand $|\alpha\boldsymbol{K}\rangle$ entwickelt sich von dem Zeitpunkt $t = -\infty$ bis zu dem Zeitpunkt $t = 0$. Zu dem Zeitpunkt $t = 0$ wird auf einen Zustand projiziert, der sich aus $|\beta\boldsymbol{K}\rangle$ zu dem Zeitpunkt $t = +\infty$ rückwärts in der Zeit entwickelt hat.

Analog zu dem Beweis der Relation (3.23) zeigt man, dass für die Kanal-Mølleroperatoren die Aussage

$$\hat{H}\hat{\Omega}_\pm^{(\alpha)} = \hat{\Omega}_\pm^{(\alpha)}\hat{H}^{(\alpha)} \tag{7.6}$$

gilt. Mit einigen Schritten (Details in Abschn. 7.7.1) folgt daraus für die S-Matrixelemente

$$\left[E(\alpha, \boldsymbol{K}) - E(\beta, \boldsymbol{K}')\right]\langle\beta\boldsymbol{K}'|\hat{S}_{\alpha\beta}|\alpha\boldsymbol{K}\rangle = 0.$$

Die S-Matrixelemente sind nur dann von null verschieden, wenn die asymptotischen Anfangs- und Endenergien übereinstimmen. Eine weitere Konsequenz der Relation (7.6) ist die Aussage

$$\begin{aligned}\hat{H}|\alpha\boldsymbol{K}\pm\rangle &\stackrel{!}{=} \bar{E}(\alpha\boldsymbol{K})|\alpha\boldsymbol{K}\pm\rangle = \hat{H}\hat{\Omega}_\pm^{(\alpha)}|\alpha\boldsymbol{K}\rangle = \hat{\Omega}_\pm^{(\alpha)}\hat{H}|\alpha\boldsymbol{K}\rangle \\ &= E(\alpha\boldsymbol{K})\hat{\Omega}_\pm^{(\alpha)}|\alpha\boldsymbol{K}\rangle = E(\alpha\boldsymbol{K})|\alpha\boldsymbol{K}\pm\rangle.\end{aligned}$$

Die Gesamtenergie $\bar{E}$ in einem Kanal ist identisch mit der Kanalenergie E. Vorgegeben wird die Energie durch den Eingangskanal. In jedem Ausgangskanal wird diese Energie dann auf die benötigte Bindungsenergie und die kinetischen Energien der Fragmente verteilt. Dies ist der Grund für das erwähnte Auftreten von Energieschwellen. So ist z. B. für ein Dreiteilchensystem mit der Sequenz

$$E_{(bc)} < E^*_{(bc)} < \ldots < E_{(ac)} < E^*_{(ac)} < \ldots$$

für einen Energiewert $E = E_{(bc)} + E_{\text{kin},a}$ im Anfangskanal[1]

- nur elastische Streuung möglich, falls $E_{(bc)} \leq E \leq E^*_{(bc)}$ ist.
- Bei einer höheren Energie des Projektils a mit $E^*_{(bc)} \leq E \leq E_{(ac)}$ findet (in Abhängigkeit von der Einschussenergie) neben der elastische Streuung Anregung des Systems (bc) statt.
- Ist $E \geq E_{(ac)}$, so findet, jeweils mit einer bestimmten Wahrscheinlichkeit, neben der elastischen Streuung auch Anregung des Systems (bc) und Teilchentransfer statt.

7.3 Die Multikanal-Lippmann-Schwinger Gleichung

Der Zeitentwicklungsoperator, der der Definition der Kanal-Mølleroperatoren zugrunde liegt, ist

$$\hat{O}^{(\gamma)}(t) = \mathrm{e}^{\mathrm{i}\hat{H}t/\hbar}\mathrm{e}^{-\mathrm{i}\hat{H}^{(\gamma)}t/\hbar}.$$

Differentiation nach der Zeit ergibt

$$-\mathrm{i}\hbar\,\partial_t\,\hat{O}^{(\gamma)}(t) = \mathrm{e}^{\mathrm{i}\hat{H}t/\hbar}\left[\hat{H} - \hat{H}^{(\gamma)}\right]\mathrm{e}^{-\mathrm{i}\hat{H}^{(\gamma)}t/\hbar} = \mathrm{e}^{\mathrm{i}\hat{H}t/\hbar}\,\hat{V}^{(\gamma)}\,\mathrm{e}^{-\mathrm{i}\hat{H}^{(\gamma)}t/\hbar}.$$

Das Potential $\hat{V}^{(\gamma)} = [\hat{H} - \hat{H}^{(\gamma)}]$ ist der Anteil des Hamiltonoperators, der in dem Kanal γ *nicht* wirksam ist (kurze Reichweite wird dabei vorausgesetzt). Die Ableitung von $\hat{O}^{(\gamma)}(t)$ kann mit $\hat{O}^{(\gamma)}(0) = \hat{1}$ in

$$\hat{O}^{(\gamma)}(t) = \hat{1} + \frac{\mathrm{i}}{\hbar}\int_0^t \mathrm{d}t'\,\mathrm{e}^{\mathrm{i}\hat{H}t'/\hbar}\,\hat{V}^{(\gamma)}\,\mathrm{e}^{-\mathrm{i}\hat{H}^{(\gamma)}t'/\hbar}$$

umgeschrieben werden. Der Grenzwert für $t \to \pm\infty$ ergibt eine brauchbare Darstellung der Mølleroperatoren

$$\hat{O}^{(\gamma)}_{\pm}(t = \mp\infty) \to \hat{\Omega}^{(\gamma)}_{\pm},$$

[1] $E_{(bc)} = 0$, falls das gebundene System (bc) zur Anfangszeit im Grundzustand ist.

falls die Operatoren auf Wellenpakete einwirken. Wenn sie (wie oben vorgesehen) auf ebene Wellenzustände einwirken, ist adiabatisches Ein-/Ausschalten mit dem Konvergenzfaktor

$$\lim_{\epsilon\to 0}\int \ldots \mathrm{e}^{\pm\epsilon t/\hbar}\ldots$$

notwendig. Berücksichtigt man diese Vorsichtsmaßnahme, so folgt

$$\begin{aligned}|\gamma,\pm\rangle &= \hat{\Omega}_{\pm}^{(\gamma)}\,|\gamma\rangle\\ &= |\gamma\rangle + \frac{\mathrm{i}}{\hbar}\lim_{\epsilon\to 0}\int_0^{\mp\infty} \mathrm{d}t\;\mathrm{e}^{\pm\epsilon t/\hbar}\mathrm{e}^{\mathrm{i}\hat{H}t/\hbar}\,\hat{V}^{(\gamma)}\,\mathrm{e}^{-\mathrm{i}\hat{H}^{(\gamma)}t/\hbar}|\gamma\rangle\\ &= |\gamma\rangle + \frac{\mathrm{i}}{\hbar}\lim_{\epsilon\to 0}\int_0^{\mp\infty} \mathrm{d}t\;\mathrm{e}^{[-\mathrm{i}(E(\gamma)\pm\mathrm{i}\epsilon-\hat{H})t/\hbar]}\,\hat{V}^{(\gamma)}\,|\gamma\rangle.\end{aligned} \tag{7.7}$$

Der Ausdruck (7.7) führt auf die Fourierdarstellung der *exakten* Green'schen Funktionen in dem Kanal γ

$$\hat{G}^{(\pm)}(E(\gamma)) = \frac{1}{(E(\gamma)-\hat{H}\pm\mathrm{i}\epsilon)}. \tag{7.8}$$

Man kann somit der Gl. (7.7) die formale *Kanal*-Lippmann-Schwinger Gleichung entnehmen. Diese lautet

$$|\gamma,\pm\rangle = |\gamma\rangle + \hat{G}^{(\pm)}(E(\gamma))\,\hat{V}^{(\gamma)}\,|\gamma\rangle. \tag{7.9}$$

Die Gl. (7.9) erlaubt eine Umschreibung der in (7.5) definierten S-Matrixelemente

$$\langle\beta|\hat{S}_{\alpha\beta}|\alpha\rangle = \langle\beta,-|\alpha,+\rangle. \tag{7.10}$$

Aus den Lippmann-Schwinger Gleichungen für einen Kanal α folgt

$$|\alpha,+\rangle = |\alpha,-\rangle + \left[\hat{G}^{(+)}(E(\alpha)) - \hat{G}^{(-)}(E(\alpha))\right]\hat{V}^{(\alpha)}|\alpha\rangle.$$

Setzt man diese Relation auf der rechten Seite von (7.10) ein und setzt voraus, dass die (exakten) Streuzustände zu gleichen Randbedingungen orthogonal sind,[2] so findet man

$$\begin{aligned}\langle\beta\boldsymbol{K}'|\hat{S}_{\alpha\beta}|\alpha\boldsymbol{K}\rangle &= \delta_{\alpha\beta}\,\delta(\boldsymbol{K}-\boldsymbol{K}')\\ &\quad+\langle\beta\boldsymbol{K}'-|\left[\hat{G}^{(+)}(E(\alpha)) - \hat{G}^{(-)}(E(\alpha))\right]\hat{V}^{(\alpha)}|\alpha\boldsymbol{K}\rangle.\end{aligned}$$

Die δ-Funktion mit der Differenz der $\boldsymbol{K}$-Wellenzahlen steht für das Produkt der δ-Funktionen aller relevanten Wellenzahlen in den Kanälen α und β. Da der Zustand

[2]Ist diese Aussage korrekt? Überprüfe.

$|\beta \boldsymbol{K}'-\rangle$ ein Eigenzustand des Hamiltonoperators $\hat{H}$ mit der Energie $E(\beta, \boldsymbol{K}')$ ist, folgt mit der Diracidentität (2.25) die explizite Relation

$$\begin{aligned}\langle \beta \boldsymbol{K}'|\hat{S}_{\alpha\beta}|\alpha \boldsymbol{K}\rangle &= \delta_{\alpha\beta}\delta(\boldsymbol{K}-\boldsymbol{K}') \\ &\quad -2\pi \mathrm{i}\,\delta(E(\beta,\boldsymbol{K}')-E(\alpha,\boldsymbol{K}))\langle \beta \boldsymbol{K}'-|\hat{V}^{(\alpha)}|\alpha \boldsymbol{K}\rangle.\end{aligned} \tag{7.11}$$

In Analogie zu der Definition in Abschn. 2.2 erkennt man hier das *On-shell* (genauer on-energy-shell) T-Matrixelement des Multikanalproblems

$$\langle \beta \boldsymbol{K}'|\hat{T}_{\alpha\beta}|\alpha \boldsymbol{K}\rangle = \langle \beta \boldsymbol{K}'-|\hat{V}^{(\alpha)}|\alpha \boldsymbol{K}\rangle. \tag{7.12}$$

Zur Angabe der S-Matrixelemente werden nur On-shell T-Matrixelemente benötigt.

7.4 Die Multikanal T-Matrix

Das Potential $\hat{V}^{(\alpha)}$ in der Gl. (7.12) ist das Potential, das in dem asymptotischen Hamiltonoperator $\hat{H}^{(\alpha)}$ nicht auftritt. Man bezeichnet die Form des entsprechenden T-Matrixelementes

$$\langle \beta \boldsymbol{K}'|\hat{T}_{\alpha\beta}^{(pr)}|\alpha \boldsymbol{K}\rangle = \langle \beta \boldsymbol{K}'-|\hat{V}^{(\alpha)}|\alpha \boldsymbol{K}\rangle$$

als die

- Eingangskanalform oder Prior-Form.

Die Umformung des S-Matrixelements mittels der Darstellung des bra-Vektors $\langle \beta \boldsymbol{K}'-|$ durch Green'sche Funktionen kann in analoger Weise durchgeführt werden. Man erhält dann

$$\langle \beta \boldsymbol{K}'|\hat{T}_{\alpha\beta}^{(po)}|\alpha \boldsymbol{K}\rangle = \langle \beta \boldsymbol{K}'|\hat{V}^{(\beta)}|\alpha \boldsymbol{K}+\rangle, \tag{7.13}$$

die als

- Ausgangskanalform oder Post-Form

bezeichnet wird. Beide Formen liefern, wie weiter unten gezeigt wird, bei einer exakten Behandlung des Problems das gleiche Resultat für die On-shell T-Matrixelemente.

Die Lippmann-Schwinger Gleichung (7.9) mit der exakten Greensfunktion ist für allgemeine Untersuchungen nützlich, nicht jedoch für die Formulierung von praktischen Näherungen. Zu diesem Zweck betrachtet man Kanal-Greensfunktionen, die für einen Kanal γ formal durch

$$\hat{G}_{\gamma}^{(\pm)}(E(\gamma)) = (E(\gamma) - \hat{H}^{(\gamma)} \pm \mathrm{i}\epsilon)^{-1}$$

definiert sind. Die in Abschn. 2.1.1 benutzte Operatoridentität

$$\hat{A}^{-1} = \hat{B}^{-1} + \hat{B}^{-1}(\hat{B} - \hat{A})\hat{A}^{-1}$$

liefert für $\hat{A} = (E - \hat{H} \pm \mathrm{i}\epsilon)$ und $\hat{B} = (E - \hat{H}^{(\gamma)} \pm \mathrm{i}\epsilon)$ einen Zusammenhang zwischen der exakten Greensfunktion und jeder der Kanal-Greensfunktionen (jeweils mit der Energie E)

$$\hat{G}^{(\pm)}(E) = \hat{G}_{\gamma}^{(\pm)}(E) + \hat{G}_{\gamma}^{(\pm)}(E)\hat{V}^{(\gamma)}\hat{G}^{(\pm)}(E). \tag{7.14}$$

Vertauscht man die Rolle der Operatoren $\hat{A}$ und $\hat{B}$, so findet man die alternative Integralgleichung

$$\hat{G}^{(\pm)}(E) = \hat{G}_{\gamma}^{(\pm)}(E) + \hat{G}^{(\pm)}(E)\hat{V}^{(\gamma)}\hat{G}_{\gamma}^{(\pm)}(E). \tag{7.15}$$

Man zeigt im nächsten Schritt mit (7.14), dass

$$\hat{G}_{\gamma}^{(\pm)}(E(\gamma))\hat{V}^{(\gamma)}|\gamma, \pm\rangle = \hat{G}^{(\pm)}(E(\gamma))\hat{V}^{(\gamma)}|\gamma\rangle$$

ist, und erhält anstelle von (7.9) die Integralgleichung

$$|\gamma, \pm\rangle = |\gamma\rangle + \hat{G}_{\gamma}^{(\pm)}(E(\gamma))\ \hat{V}^{(\gamma)}\ |\gamma, \pm\rangle, \tag{7.16}$$

die als Kanal Lippmann-Schwinger Gleichung für den Kanal γ bezeichnet wird. Dieser Satz von Gleichungen vermittelt den Eindruck, dass das N-Kanalproblem auf N Einkanalprobleme reduziert werden kann. Der Eindruck täuscht, denn der Zustand $|\gamma\pm\rangle$, der sich aus dem Anfangszustand $|\gamma\rangle$ entwickelt, entspricht nicht der exakten Lösung. Es gibt zwei Gründe, warum die Lösung des N-Kanalproblems deutlich schwieriger ist, als die Lösung von N Einkanalproblemen:

- Die Greensfunktionen, die in den Gl. (7.16) auftreten, können im Allgemeinen nicht exakt berechnet werden, da sie die Bewegung in einem Potential beschreiben. So ist zum Beispiel die Green'sche Funktion für den Kanal 1 des Beispiels in Abschn. 7.1

$$\hat{G}_{1}^{(\pm)}(E) = (E \pm \mathrm{i}\epsilon - \hat{T}_a - \hat{T}_b - \hat{T}_c - \hat{V}_{(bc)})^{-1}.$$

- Bei der Lösung der Integralgleichung (7.9) oder des Satzes von Integralgleichungen (7.16) können Singularitäten auftreten. Die Frage nach dem Grund für diese Schwierigkeit und deren Behebung wird in Abschn. 7.5 angesprochen.

Die Lippmann-Schwinger Gleichung (7.9) kann benutzt werden, um explizite Gleichungen für die T-Matrixoperatoren zu gewinnen. Beginnt man mit der Prior-Form

$$\langle\beta|\hat{T}_{\alpha\beta}^{(pr)}|\alpha\rangle = \langle\beta, -|\hat{V}^{(\alpha)}|\alpha\rangle \tag{7.17}$$

und ersetzt den bra-Vektor auf der rechten Seite durch die Lippmann-Schwinger Gleichung (7.9)

$$\langle\beta,-| = \langle\beta| + \langle\beta|\hat{V}^{(\beta)}\hat{G}^{(+)},$$

so erhält man (benutze $E(\beta) = E(\alpha) = E$)

$$\langle\beta|\hat{T}^{(pr)}_{\alpha\beta}|\alpha\rangle = \langle\beta|\left\{\hat{V}^{(\alpha)} + \hat{V}^{(\beta)}\hat{G}^{(+)}(E)\hat{V}^{(\alpha)}\right\}|\alpha\rangle$$

beziehungsweise die entsprechende Operatorgleichung

$$\hat{T}^{(pr)}_{\alpha\beta} = \hat{V}^{(\alpha)} + \hat{V}^{(\beta)}\hat{G}^{(+)}(E)\hat{V}^{(\alpha)}. \tag{7.18}$$

Geht man von der Post-Form

$$\langle\beta|\hat{T}^{(po)}_{\alpha\beta}|\alpha\rangle = \langle\beta|\hat{V}^{(\beta)}|\alpha,+\rangle \tag{7.19}$$

aus, so gewinnt man in analoger Weise

$$\hat{T}^{(po)}_{\alpha\beta} = \hat{V}^{(\beta)} + \hat{V}^{(\beta)}\hat{G}^{(+)}(E)\hat{V}^{(\alpha)}. \tag{7.20}$$

Vergleich von (7.18) und (7.20) zeigt, dass für den T-Matrixoperator, der den Übergang von Kanal α in den Kanal β beschreibt, zwei verschiedene Gleichungen existieren. Sie ergeben jedoch, wie die Kette von Umformungen

$$\begin{aligned}\langle\beta\boldsymbol{K}'|(\hat{T}^{(po)}_{\alpha\beta} - \hat{T}^{(pr)}_{\alpha\beta})|\alpha\boldsymbol{K}\rangle &= \langle\beta\boldsymbol{K}'|(\hat{V}^{(\beta)} - \hat{V}^{(\alpha)})|\alpha\boldsymbol{K}\rangle\\ &= \langle\beta\boldsymbol{K}'|(\hat{H}^{(\alpha)} - \hat{H}^{(\beta)})|\alpha\boldsymbol{K}\rangle = (E(\alpha,\boldsymbol{K}) - E(\beta,\boldsymbol{K}'))\langle\beta\boldsymbol{K}'|\alpha\boldsymbol{K}\rangle\\ &= 0 \quad \text{für} \quad E(\alpha,\boldsymbol{K}) = E(\beta,\boldsymbol{K}')\end{aligned}$$

zeigt, das gleiche On-shell Matrixelement.

Explizite Integralgleichungen für die T-Matrixoperatoren gewinnt man auf die folgende Weise:

- Prior-Form: Multipliziert man (7.18) von *links* mit $\hat{G}^{(+)}_{\beta}(E)$, so erhält man mit der Dysongleichung (7.14) für die Greensfunktion

$$\begin{aligned}\hat{G}^{(+)}_{\beta}(E)\hat{T}^{(pr)}_{\alpha\beta} &= \left(\hat{G}^{(+)}_{\beta}(E) + \hat{G}^{(+)}_{\beta}(E)\hat{V}^{(\beta)}\hat{G}^{(+)}(E)\right)\hat{V}^{(\alpha)}\\ &= \hat{G}^{(+)}(E)\hat{V}^{(\alpha)}.\end{aligned}$$

Ersetzt man das Produkt $\hat{G}\hat{V}$ in (7.18) mit diesem Resultat, so findet man die gesuchte Integralgleichung

$$\hat{T}^{(pr)}_{\alpha\beta} = \hat{V}^{(\alpha)} + \hat{V}^{(\beta)}\hat{G}^{(+)}_{\beta}(E)\hat{T}^{(pr)}_{\alpha\beta}. \tag{7.21}$$

- Post-Form: Multiplikation von (7.20) von *rechts* mit $\hat{G}_\alpha^{(+)}(E)$ ergibt mit (7.15) für die Greensfunktion

$$\hat{T}_{\alpha\beta}^{(po)}\hat{G}_\alpha^{(+)}(E) = \hat{V}^{(\beta)}\left(\hat{G}_\alpha^{(+)}(E) + \hat{G}^{(+)}(E)\hat{V}^{(\alpha)}\hat{G}_\alpha^{(+)}(E)\right)$$
$$= \hat{V}^{(\beta)}\hat{G}^{(+)}(E).$$

Setzt man dieses Resultat wieder in (7.20) ein, so findet man

$$\hat{T}_{\alpha\beta}^{(po)} = \hat{V}^{(\beta)} + \hat{T}_{\alpha\beta}^{(po)}\hat{G}_\alpha^{(+)}(E)\hat{V}^{(\alpha)}. \tag{7.22}$$

Zusätzlich kann man Relationen gewinnen, die die T-Matrixoperatoren $\hat{T}_{\alpha\beta}^{(pr)}$ und $\hat{T}_{\alpha\beta}^{(po)}$ mit dem Operator

$$\hat{T}_{\alpha\alpha} = \hat{V}^{(\alpha)} + \hat{V}^{(\alpha)}\hat{G}^{(+)}(E)\hat{V}^{(\alpha)}$$

beziehungsweise mit $\hat{T}_{\beta\beta}$ verknüpfen. Zu diesem Zweck bildet man

$$\hat{G}_\alpha^{(+)}(E)\hat{T}_{\alpha\alpha} = \hat{G}^{(+)}(E)\hat{V}^{(\alpha)}$$

und

$$\hat{T}_{\beta\beta}\hat{G}_\beta^{(+)}(E) = \hat{V}^{(\beta)}\hat{G}^{(+)}(E)$$

und erhält

$$\hat{T}_{\alpha\beta}^{(pr)} = \hat{V}^{(\alpha)} + \hat{V}^{(\beta)}\hat{G}_\alpha^{(+)}(E)\hat{T}_{\alpha\alpha} \tag{7.23}$$

sowie

$$\hat{T}_{\alpha\beta}^{(po)} = \hat{V}^{(\beta)} + \hat{T}_{\beta\beta}\hat{G}_\beta^{(+)}(E)\hat{V}^{(\alpha)}. \tag{7.24}$$

Wie im Fall der reinen elastischen Streuung sind die Integralgleichungen für die T-Matrixoperatoren zur Formulierung von Näherungen geeignet. Die einfachste ist die Born'sche Näherung

$$\langle\beta \boldsymbol{K}'|\hat{T}_{\alpha\beta}|\alpha \boldsymbol{K}\rangle_{\text{Born}} = \langle\beta \boldsymbol{K}'|\hat{V}^{(\alpha)}|\alpha \boldsymbol{K}\rangle = \langle\beta \boldsymbol{K}'|\hat{V}^{(\beta)}|\alpha \boldsymbol{K}\rangle.$$

Zur Illustration von möglichen Ergebnissen in dieser Näherung kann man

- die elastische Streuung $a + (bc) \rightarrow a + (bc)$ und
- die Anregung des Targets $a + (bc) \rightarrow a + (bc)^*$

für den Fall betrachten, dass c ein schweres Teilchen ist, sodass man die Position von c als Ursprung des Koordinatensystems wählen kann. Es treten dann anstelle von $\boldsymbol{r}_{ac} = \boldsymbol{r}_a - \boldsymbol{r}_c$ und $\boldsymbol{r}_{bc} = \boldsymbol{r}_b - \boldsymbol{r}_c$ nur die Koordinaten $\boldsymbol{r}_a$ und $\boldsymbol{r}_b$ auf. Die Wechselwirkung in den zwei Kanälen ist

$$\hat{V}^{(1)} + \hat{V}^{(2)} = \hat{V}_{(ac)}(\boldsymbol{r}_{ac}) + \hat{V}_{(ab)}(\boldsymbol{r}_{ab}) \rightarrow v_{(ac)}(\boldsymbol{r}_a) + v_{(ab)}(\boldsymbol{r}_{ab}).$$

Die asymptotische Wellenfunktion (kurzreichweitige Wechselwirkung vorausgesetzt) für die elastische Streuung ist

$$\langle \boldsymbol{r}_a, \boldsymbol{r}_b | 1, \boldsymbol{k} \rangle = \frac{1}{(2\pi)^{3/2}} \mathrm{e}^{\mathrm{i}\boldsymbol{k}\cdot\boldsymbol{r}_a} \phi_0(\boldsymbol{r}_b).$$

Der erste Faktor beschreibt die (freie) Bewegung von a relativ zu c, der zweite Faktor die Bindung von b an c im Grundzustand. Das T-Matrixelement in Born'scher Näherung ist

$$\langle 1, \boldsymbol{k}' | \hat{T}_{11} | 1, \boldsymbol{k} \rangle_{\mathrm{Born}} = \frac{1}{(2\pi)^3} \int \mathrm{d}^3 r_a \int \mathrm{d}^3 r_b \mathrm{e}^{-\mathrm{i}\boldsymbol{k}'\cdot\boldsymbol{r}_a} \phi_0^*(\boldsymbol{r}_b) \\ \cdot \left[v_{(ac)}(\boldsymbol{r}_a) + v_{(ab)}(\boldsymbol{r}_{ab}) \right] \mathrm{e}^{\mathrm{i}\boldsymbol{k}\cdot\boldsymbol{r}_a} \phi_0(\boldsymbol{r}_b).$$

Der erste Term beschreibt die elastische Streuung von a an dem schweren Teilchen

$$\langle 1, \boldsymbol{k}' | \hat{T}_{11} | 1, \boldsymbol{k} \rangle_{\mathrm{B1}} = \frac{1}{(2\pi)^3} \int \mathrm{d}^3 r_a v_{(ac)}(\boldsymbol{r}_a) \mathrm{e}^{\mathrm{i}\boldsymbol{q}\cdot\boldsymbol{r}_a} = v_{(ac)}(\boldsymbol{q})$$

durch die Fouriertransformierte des Streupotentials als Funktion des Impulstransfers $\hbar\boldsymbol{q} = \hbar(\boldsymbol{k} - \boldsymbol{k}')$. Der zweite Term kann folgendermaßen ausgewertet werden: Man schreibt nach Umformung des Integranden mit

$$\exp(\mathrm{i}\boldsymbol{q} \cdot \boldsymbol{r}_b) \exp(-\mathrm{i}\boldsymbol{q} \cdot \boldsymbol{r}_b) = 1$$

das Integral in der Form

$$\langle 1, \boldsymbol{k}' | \hat{T}_{11} | 1, \boldsymbol{k} \rangle_{\mathrm{B2}} = \frac{1}{(2\pi)^3} \int \mathrm{d}^3 r_{ab} v_{(ab)}(\boldsymbol{r}_{ab}) \mathrm{e}^{\mathrm{i}\boldsymbol{q}\cdot\boldsymbol{r}_{ab}} \int \mathrm{d}^3 r_b \mathrm{e}^{\mathrm{i}\boldsymbol{q}\cdot\boldsymbol{r}_b} |\phi_0(\boldsymbol{r}_b)|^2 \\ = v_{(ab)}(\boldsymbol{q}) F_{00}(\boldsymbol{q}).$$

Die Fouriertransformierte des Potentials $v_{(ab)}$ beschreibt die elastische Streuung von a an dem *freien* Teilchen b. Die Tatsache, dass b nicht frei ist, äußert sich in dem zweiten Faktor, der Fouriertransformierten der Wahrscheinlichkeitsverteilung des Teilchens b im Grundzustand. Die Größe F_{00} wird als der *elastische Formfaktor* bezeichnet. Die Messung des Formfaktors als Funktion des Impulstransfers liefert, im Rahmen der Bornschen Näherung, eine Information über die räumliche Verteilung von b in dem System (bc), also die Targetstruktur.

Bei der Anregung ist die asymptotische Wellenfunktion des Endzustands

$$\langle \boldsymbol{r}_a, \boldsymbol{r}_b | 2, \boldsymbol{k} \rangle = \frac{1}{(2\pi)^{3/2}} \mathrm{e}^{\mathrm{i}\boldsymbol{k}\cdot\boldsymbol{r}_a} \phi_i(\boldsymbol{r}_b) \qquad i = 1,\, 2,\, \ldots$$

Infolge der Orthogonalität der Wellenfunktionen von Grundzustand und angeregten Zuständen trägt nur der Term in der Wechselwirkung $v_{(ab)}$ bei, sodass man

$$\langle 2, \boldsymbol{k}' | \hat{T}_{12} | 1, \boldsymbol{k} \rangle_{\mathrm{B}} = \frac{1}{(2\pi)^3} \int \mathrm{d}^3 r_{ab} v_{(ab)}(\boldsymbol{r}_{ab}) \mathrm{e}^{\mathrm{i}\boldsymbol{q}\cdot\boldsymbol{r}_{ab}} \cdot \int \mathrm{d}^3 r_b \mathrm{e}^{\mathrm{i}\boldsymbol{q}\cdot\boldsymbol{r}_b} \phi_i^*(\boldsymbol{r}_b) \phi_0(\boldsymbol{r}_b) = v_{(ab)}(\boldsymbol{q}) F_{0i}(\boldsymbol{q})$$

erhält. Anstelle des elastischen tritt ein inelastischer Formfaktor auf. Zu beachten ist auch, dass die Wellenzahlen der zwei Zustände verschieden sein müssen.

Die Frage nach den Vorfaktoren bei der Angabe der differentiellen Wirkungsquerschnitte durch das Betragsquadrat der T-Matrixelenente wird nur kurz angesprochen. Im Allgemeinen kann man davon ausgehen, dass im Anfangskanal nur zwei Stoßpartner auftreten. Die Massenfaktoren werden durch die reduzierte Masse μ, die Impulsfaktoren (oder Wellenzahlen) durch die Relativimpulse im Laborsystem der jeweiligen Kanäle bestimmt, so zum Beispiel für den Eingangskanal $a + (bc)$

$$\mu_\alpha = \frac{m_a m_{(bc)}}{m_a + m_{(bc)}},$$
$$\boldsymbol{\kappa}_\alpha = \frac{m_{(bc)} \boldsymbol{k}_a - m_a \boldsymbol{k}_{(bc)}}{m_a + m_{(bc)}}.$$

Für einen Endkanal β mit zwei Partnern lautet der differentielle Wirkungsquerschnitt

$$\left(\frac{\mathrm{d}\sigma}{\mathrm{d}\Omega}\right)_{\alpha\to\beta} = \frac{(2\pi)^4}{\hbar^4} \mu_\alpha \mu_\beta \frac{\kappa_\beta}{\kappa_\alpha} |\langle \beta | \hat{T}_{\alpha\beta} | \alpha \rangle|^2.$$

Im Fall der elastischen Streuung sind $\mu_\alpha = \mu_\beta = \mu$ und $k_\alpha = k_\beta = k$, sodass man die in den früheren Kapiteln benutzte Form wiedergewinnt.

Für Endkanäle mit drei Teilchen existieren zwei vektorielle Relativkoordinaten und entsprechende Relativimpulse. Eine mögliche Koordinatenwahl stellen in diesem Fall hypersphärische Koordinaten[3] oder Jacobi Koordinaten[4] dar.

7.5 Die Faddeevgleichungen

In Abschn. 7.3 wurde angemerkt, dass die in diesem Kapitel hergeleiteten Integralgleichungen des Dreikörperstoßproblems nicht direkt verwendet werden können. Eine praktikable Formulierung des Dreikörperstoßproblems wurde von Faddeev[5]

[3]Siehe z. B. L. E. Espinola Lopez and J. J. Soares Neto, Int. J. Theor. Phys. **39**, S. 1129 (2000).
[4]Siehe z. B. A. G. Sitenko: Lectures in Scattering Theory. Pergamon Press, Oxford (1971), S. 192.
[5]L.D. Faddeev, JETP **12**, S. 1014 (1961), C. Lovelace, Phys. Rev. **135**, S. B1225 (1964) siehe auch W. Glöckle: The Quantum Mechanical Few-Body Problem. Springer Verlag, Heidelberg (1983).

angegeben. Das Stoßsystem, das in diesem Zusammenhang betrachtet werden soll, besteht aus drei unterscheidbaren Teilchen $(a,\ b,\ c) \equiv (1,\ 2,\ 3)$ mit den möglichen Kanälen:

(0) $(a,\ b,\ c)$ bewegen sich frei.
(1) a ist frei, (bc) sind gebunden.
(2) b ist frei, (ac) sind gebunden.
(3) c ist frei, (ab) sind gebunden.
(4) Der mögliche Kanal, in dem (abc) gebunden sind, wird mit dem Hinweis auf die Energiesituation nicht berücksichtigt.

Die Wechselwirkungen in den vier Kanälen 0 bis 3 können entweder

- wie in Abschn. 7.1 durch eine Kanalnummer
- oder wie in Abschn. 7.3 durch die explizit auftretenden Wechselwirkungen zwischen den Teilchen

charakterisiert werden:

$$\begin{array}{ll} \text{Kanal} & \text{explizit} \\ \hat{V}^{(0)} = & \hat{v}_{(12)} + \hat{v}_{(23)} + \hat{v}_{(13)}, \\ \hat{V}^{(1)} = & \hat{v}_{(12)} + \hat{v}_{(13)}, \\ \hat{V}^{(2)} = & \hat{v}_{(12)} + \hat{v}_{(23)}, \\ \hat{V}^{(3)} = & \hat{v}_{(23)} + \hat{v}_{(13)}. \end{array}$$

Die Notwendigkeit, die in dem vorherigen Abschnitt bereitgestellten Lippmann-Schwinger Gleichungen für die T-Matrixelemente weiter zu untersuchen, ergibt sich aus der Tatsache, dass die Gleichungen singuläre T-Matrixelemente und somit singuläre Wirkungsquerschnitte liefern. Dies kann in einfacher Weise anhand der Prior-Form der T-Matrixgleichung (7.21) für den Fall eines Übergangs von Kanal 0 in den Kanal 0 aufgezeigt werden[6]. Der entsprechende T-Matrixoperator[7] wird durch die Gleichung

$$\hat{T}_{00} = \hat{V}^{(0)} + \hat{V}^{(0)} \hat{G}_0^{(+)} \hat{T}_{00} \tag{7.25}$$

mit

$$\hat{G}_0^{(+)} = (E + \mathrm{i}\epsilon - \hat{T}_1 - \hat{T}_2 - \hat{T}_3)^{-1}$$

bestimmt. Iteration der Gl. (7.25) in diagrammatischer Form ergibt für das Matrixelement in der Impulsdarstellung

[6]Experimentell ist dies vielleicht nicht so einfach umzusetzen, da im Eingangskanal drei Strahlen gekreuzt werden müssen.
[7]Die Argumentation für die nächsten Schritte basiert auf der Prior-Form.

$$\langle 0,\ \boldsymbol{k}'_1, \boldsymbol{k}'_2, \boldsymbol{k}'_3 | \hat{T}_{00} | 0,\ \boldsymbol{k}_1, \boldsymbol{k}_2, \boldsymbol{k}_3 \rangle$$

das in Abb. 7.1 angedeutete Resultat. Diese Störungsreihe enthält Subdiagramme, in denen ein Teilchen nicht mit den anderen Teilchen wechselwirkt. Die Resummation dieser unverbundenen Diagramme, wie zum Beispiel für die in Abb. 7.2 angedeutete Summe

$$\langle \boldsymbol{k}'_1, \boldsymbol{k}'_2, \boldsymbol{k}'_3 | \hat{T}_{00} | \boldsymbol{k}_1, \boldsymbol{k}_2, \boldsymbol{k}_3 \rangle_{\text{partial}} = \delta(\boldsymbol{k}'_1 - \boldsymbol{k}_1) \langle \boldsymbol{k}'_2, \boldsymbol{k}'_3 | \hat{t}_{12} | \boldsymbol{k}_2, \boldsymbol{k}_3 \rangle,$$

bedingt das Auftreten von δ-Funktionen und somit letztlich von schlecht konditionierten Integralkernen in den Lippmann-Schwinger Gleichungen wie in dem Beispiel (7.25). Eine Elimination der Divergenzen erreicht man durch schrittweise Resummation von bestimmten Klassen von Beiträgen der direkten Störungsentwicklung. Um die gewünschte Umordnung der Störungsentwicklung zu gewinnen, hat Faddeev das folgende Vorgehen vorgeschlagen:

Die Kanal Lippmann-Schwinger Gleichung (7.16)

$$|\alpha, +\rangle = |\alpha\rangle + \hat{G}_{\alpha}^{(+)}(E(\alpha))\ \hat{V}^{(\alpha)}\ |\alpha, +\rangle$$

wurde aus der Gl. (7.9)

$$|\alpha, +\rangle = |\alpha\rangle + \hat{G}^{(+)}(E(\alpha))\ \hat{V}^{(\alpha)}\ |\alpha\rangle$$

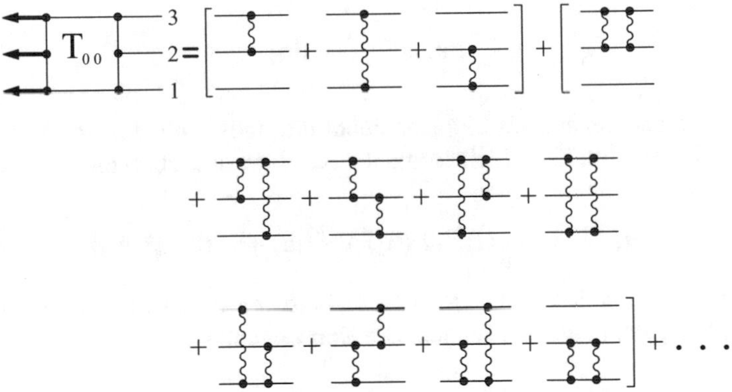

Abb. 7.1 Störungsentwicklung eines Matrixelementes des Operators $\hat{T}_{00}$

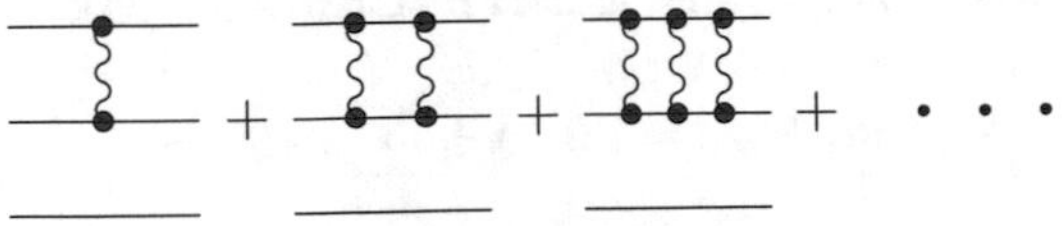

Abb. 7.2 Partielle Resummation eines divergenten Beitrags

durch Anwendung der Relation (7.14)

$$\hat{G}^{(+)}(E) = \hat{G}_\alpha^{(+)}(E) + \hat{G}_\alpha^{(+)}(E)\hat{V}^{(\alpha)}\hat{G}^{(+)}(E)$$

gewonnen. Eine Umordnung der Störungsreihe ergibt sich, wenn man die exakte Greensfunktion in (7.9) mithilfe von (7.14) durch eine Kanal-Greensfunktion in einem Kanal $\beta \neq \alpha$ ersetzt. Man erhält zunächst (benutze, da die Gesamtenergie in allen Kanälen gleich ist, zur Abkürzung $E(\alpha) = E(\beta) = E$)

$$\begin{aligned}\hat{G}^{(+)}(E)\,\hat{V}^{(\alpha)}\,|\alpha\rangle &= \left\{\hat{G}_\beta^{(+)}(E)\,\hat{V}^{(\alpha)} + \hat{G}_\beta^{(+)}(E)\,\hat{V}^{(\beta)}\hat{G}^{(+)}(E)\,\hat{V}^{(\alpha)}\right\}|\alpha\rangle \\ &= \hat{G}_\beta^{(+)}(E)(\hat{V}^{(\alpha)} - \hat{V}^{(\beta)})|\alpha\rangle + \hat{G}_\beta^{(+)}(E)\,\hat{V}^{(\beta)}|\alpha, +\rangle.\end{aligned}$$

Setzt man diesen Ausdruck nun in die α-Kanal Lippmann-Schwinger Gleichung (7.9) ein, so erhält man mit einer direkten Erweiterung

$$|\alpha, +\rangle = \hat{G}_\beta^{(+)}(E)(E - \hat{H}^{(\beta)} + \mathrm{i}\epsilon + \hat{V}^{(\alpha)} - \hat{V}^{(\beta)})|\alpha\rangle + \hat{G}_\beta^{(+)}(E)\,\hat{V}^{(\beta)}|\alpha, +\rangle.$$

Der Faktor von $\hat{G}_\beta^{(+)}$ in dem ersten Term reduziert sich auf

$$(E - \hat{H}^{(\beta)} + \mathrm{i}\epsilon + \hat{V}^{(\alpha)} - \hat{V}^{(\beta)})|\alpha\rangle = (E + \mathrm{i}\epsilon - \hat{H}^{(\alpha)})|\alpha\rangle = \mathrm{i}\epsilon|\alpha\rangle.$$

Der Nachweis, dass der Grenzwert

$$\lim_{\epsilon\to 0} \mathrm{i}\epsilon\hat{G}_\beta^{(+)}(E)|\alpha\rangle$$

den Wert null hat (bekannt als Lippmannidentität), falls β nicht gleich α ist, wird in Abschn. 7.7.3 geführt. Es verbleibt somit die Aussage, dass zusätzliche Gleichungen wie

$$|\alpha, +\rangle = \lim_{\epsilon\to 0} \hat{G}_\beta^{(+)}(E(\alpha))\,\hat{V}^{(\beta)}|\alpha, +\rangle \quad \text{für} \quad \beta \neq \alpha \tag{7.26}$$

zu der für den gewählten Eingangskanal zuständigen Kanal Lippmann-Schwinger Gleichung hergeleitet werden können. Die Konsequenz ist:

- Ohne Berücksichtigung der zusätzlichen homogenen Gl. (7.26) erhält man als Lösung der Eingangskanal Lippmann-Schwinger Gleichung (7.9) im Fall von Mehrkanalproblemen keine eindeutige Lösung. Die gewonnene Lösung ist eine Superposition von Lösungen aller in dem Problem angesprochenen Kanäle

$$|\alpha, +\rangle_{\text{real}} = |\alpha, +\rangle + \sum_{\beta\neq\alpha} c_\beta|\beta, +\rangle.$$

- Um eine eindeutige Lösung zu gewinnen, muss man neben der Lösung der inhomogenen Lippmann-Schwingergleichung (7.9) zusätzlich die Erfüllung der homogenen Gl. (7.26)

$$|\alpha, +\rangle = \hat{G}_{\beta}^{(+)}(E(\alpha))\, \hat{V}^{(\beta)}|\alpha, +\rangle \quad \beta \neq \alpha$$

fordern. Da die Zustände $|\beta, +\rangle$ die inhomogenen Gleichungen

$$|\beta, +\rangle = |\beta\rangle + \hat{G}_{\beta}^{(+)}(E(\alpha))\, \hat{V}^{(\beta)}|\beta, +\rangle$$

erfüllen, werden sie durch die Umsetzung dieser Forderung als Komponenten in der Darstellung von $|\alpha, +\rangle$ ausgeschlossen.

Das oben aufgeführte Beispiel mit vier Kanälen – mit einem Eingangskanal charakterisiert durch die Ziffer 1, in dem das Teilchen a auf das gebundene System (bc) stößt – kann zur Illustration der expliziten Schritte dienen. In diesem Beispiel sind die T-Matrixelemente

$$\langle\beta|\hat{T}_{1\beta}|1\rangle \quad \beta = 0, \ldots, 3$$

zu betrachten. Nur die Transferkanäle müssen berücksichtigt werden, da man das T-Matrixelement für den Aufbruchkanal 0, wie unten gezeigt wird, aus den T-Matrixelementen für die Kanäle 1 bis 3 gewinnen kann. Es ist auch zweckmäßig die zyklische Notation

$$\hat{v}_1 = \hat{v}_{(23)}, \quad \hat{v}_2 = \hat{v}_{(13)}, \quad \hat{v}_3 = \hat{v}_{(12)}$$

zu benutzen. Die Lippmann-Schwinger Gleichung (7.16) und die Zusatzbedingungen (7.26) haben somit die Form[8]

$$\begin{aligned}
|1, +\rangle &= |1\rangle \;+ \hat{G}_1^{(+)}(E)(\hat{v}_2 + \hat{v}_3)|1, +\rangle, \\
|1, +\rangle &= \qquad\; \hat{G}_2^{(+)}(E)(\hat{v}_3 + \hat{v}_1)|1, +\rangle, \\
|1, +\rangle &= \qquad\; \hat{G}_3^{(+)}(E)(\hat{v}_1 + \hat{v}_2)|1, +\rangle.
\end{aligned} \tag{7.27}$$

Auf der rechten Seite von (7.27) erkennt man die T-Matrixoperatoren für den elastischen Kanal ($\hat{T}_{11}$) und die Transferkanäle ($\hat{T}_{12}$ und $\hat{T}_{13}$). Es ist gemäß (7.19)

$$\begin{aligned}
\hat{T}_{11}|1\rangle &= (\hat{v}_2 + \hat{v}_3)|1, +\rangle, \\
\hat{T}_{12}|1\rangle &= (\hat{v}_3 + \hat{v}_1)|1, +\rangle, \\
\hat{T}_{13}|1\rangle &= (\hat{v}_1 + \hat{v}_2)|1, +\rangle,
\end{aligned}$$

[8] Diese Argumentation wird in der Post-Form geführt.

sodass man das Gleichungssystem (7.27) in der Form

$$\begin{aligned}\hat{T}_{11}|1\rangle &= \left[\hat{v}_2\hat{G}_2^{(+)}(E)\hat{T}_{12} + \hat{v}_3\hat{G}_3^{(+)}(E)\hat{T}_{13}\right]|1\rangle,\\ \hat{T}_{12}|1\rangle &= \left[\hat{v}_3\hat{G}_3^{(+)}(E)\hat{T}_{13} + \hat{v}_1 + \hat{v}_1\hat{G}_1^{(+)}(E)\hat{T}_{11}\right]|1\rangle,\\ \hat{T}_{13}|1\rangle &= \left[\hat{v}_1 + \hat{v}_1\hat{G}_1^{(+)}(E)\hat{T}_{11} + \hat{v}_2\hat{G}_2^{(+)}(E)\hat{T}_{12}\right]|1\rangle\end{aligned} \tag{7.28}$$

sortieren kann. Der asymptotische Zustand $|1\rangle$ erfüllt die Schrödingergleichung

$$(\hat{H}_0 + \hat{v}_1)|1\rangle = E|1\rangle,$$

sodass man den treibenden Term in (7.28) in der Form

$$\hat{v}_1|1\rangle = (E - \hat{H}_0|1\rangle = (\hat{G}_0^{(+)}(E))^{-1}|1\rangle$$

notieren kann. Das nach dieser Umschreibung gewonnene Gleichungssystem für die T-Matrixoperatoren

$$\hat{T}_{1\beta} = (1-\delta_{1\beta})(\hat{G}_0^{(+)}(E))^{-1} + \sum_{\gamma}(1-\delta_{\beta\gamma})\hat{v}_\gamma\hat{G}_\gamma^{(+)}(E)\hat{T}_{1\gamma} \tag{7.29}$$

ist als das Alt-Grassberger-Sandhas System[9] bekannt.

Eine Variante von (7.28), beziehungsweise (7.29), erhält man durch Einführung der T-Matrixoperatoren der *Zweiteilchensubsysteme* im Dreiteilchenraum. Sie erfüllen die Lippmann-Schwinger Gleichung

$$\hat{t}_\gamma = \hat{v}_\gamma + \hat{v}_\gamma\hat{G}_0^{(+)}(E)\hat{t}_\gamma, \quad \gamma = 1,\ 2,\ 3,$$

mit der freien Greensfunktion des *Dreiteilchenproblems*

$$\hat{G}_0^{(+)}(E) = (E + \mathrm{i}\epsilon - \hat{T}_1 - \hat{T}_2 - \hat{T}_3)^{-1}.$$

Die Gleichung für diese Operatoren ergibt sich aus der Definition

$$\hat{v}_\gamma\hat{G}_\gamma^{(+)}(E) = \hat{t}_\gamma\hat{G}_0^{(+)}(E) \tag{7.30}$$

und der Relation

$$\hat{G}_\gamma^{(+)}(E) = \hat{G}_0^{(+)}(E) + \hat{G}_0^{(+)}(E)\hat{v}_\gamma\hat{G}_\gamma^{(+)}(E).$$

[9]E.O. Alt, P. Grassberger, W. Sandhas, Nucl. Phys. **B2**, S.167 (1967).

Führt man diese Operatoren in das Gleichungssystem (7.29) ein, so findet man die *Faddeevgleichungen*

$$\hat{T}_{1\beta} = (1 - \delta_{1\beta})v_1 + \sum_{\gamma}(1 - \delta_{\beta\gamma})\hat{t}_{\gamma}\hat{G}_0^{(+)}(E)\hat{T}_{1\gamma}. \qquad (7.31)$$

Im Detail lauten sie

$$\begin{pmatrix} \hat{T}_{11} \\ \hat{T}_{12} \\ \hat{T}_{13} \end{pmatrix} = \begin{pmatrix} \hat{0} \\ \hat{v}_1 \\ \hat{v}_1 \end{pmatrix} + \begin{pmatrix} \hat{0} & \hat{t}_2 & \hat{t}_3 \\ \hat{t}_1 & \hat{0} & \hat{t}_3 \\ \hat{t}_1 & \hat{t}_2 & \hat{0} \end{pmatrix} \hat{G}_0^{(+)}(E) \begin{pmatrix} \hat{T}_{11} \\ \hat{T}_{12} \\ \hat{T}_{13} \end{pmatrix}. \qquad (7.32)$$

Die erste Iteration dieses Gleichungssystems

$$\begin{pmatrix} (\hat{T}_{11})_{[1]} \\ (\hat{T}_{12})_{[1]} \\ (\hat{T}_{13})_{[1]} \end{pmatrix} = \begin{pmatrix} \hat{t}_2\hat{G}_0^{(+)}\hat{v}_1 + \hat{t}_3\hat{G}_0^{(+)}\hat{v}_1 \\ \hat{t}_3\hat{G}_0^{(+)}\hat{v}_1 \\ \hat{t}_2\hat{G}_0^{(+)}\hat{v}_1 \end{pmatrix}$$

zeigt, dass infolge der Reorganisation der Terme (bis auf die trivialen Terme in nullter Ordnung) keine unverbundenen Diagramme auftreten.

Das T-Matrixelement für den Aufbruchkanal $\langle 0|\hat{T}_{10}|1\rangle$ kann mittels (7.24) mit den T-Matrixelementen für die anderen Kanäle verknüpft werden. Der Ausgangspunkt ist

$$\langle 0|\hat{T}_{10}|1\rangle = \sum_{\gamma=1}^{3}\langle 0|\hat{v}_{\gamma}|1,+\rangle.$$

Der Gl. (7.27) entnimmt man das Resultat

$$\begin{aligned}\langle 0|\hat{T}_{10}|1\rangle &= \sum_{\gamma=1}^{3}\langle 0|v_{\gamma}\hat{G}_{\gamma}^{(+)}(E)\hat{T}_{1\gamma}|1\rangle \\ &= \sum_{\gamma=1}^{3}\langle 0|t_{\gamma}\hat{G}_0^{(+)}(E)\hat{T}_{1\gamma}|1\rangle.\end{aligned}$$

Benutzt wurde bei dieser Argumentation die Aussage, dass on-shell

$$\langle 0|v_1|1\rangle = \langle 0|\hat{H}^{(1)} - \hat{H}^{(0)}|1\rangle = (E - E)\langle 0||1\rangle = 0$$

gilt.

Die gewonnenen Resultate können ohne weitere Rechnung verallgemeinert werden. Bezeichnet man den Eingangszustand wie zuvor mit α, so lauten die Gleichungen für die T-Matrixoperatoren anstelle von (7.29)

$$\hat{T}_{\alpha\beta} = (1 - \delta_{\alpha\beta})(\hat{G}_0^{(+)}(E))^{-1} + \sum_{\gamma}(1 - \delta_{\alpha\gamma})\hat{v}_{\gamma}\hat{G}_{\gamma}^{(+)}(E)\hat{T}_{\alpha\gamma}. \qquad (7.33)$$

In der ursprünglichen Arbeit von Faddeev wurden die Zustände, die die Kanäle beschreiben, statt die T-Matrixoperatoren genauer analysiert. Für das diskutierte Beispiel bietet sich die Zerlegung

$$|\alpha, +\rangle = \sum_{\mu=1}^{3} \hat{G}_0^{(+)}(E)\hat{v}_\mu|\alpha, +\rangle \tag{7.34}$$

an. Man schreibt die Schrödingergleichung

$$\left(\hat{H}_0 + \sum_{\mu=1}^{3} \hat{v}_\mu\right)|\Psi\rangle = E|\Psi\rangle$$

als Integralgleichung

$$|\Psi\rangle = \left(\frac{1}{E - \hat{H}_0 + \mathrm{i}\epsilon}\right)\sum_{\mu=1}^{3} \hat{v}_\mu)|\Psi\rangle$$

und iteriert

$$|\Psi\rangle = \hat{G}_0^{(+)}(E)\sum_{\mu_1=1}^{3} \hat{v}_{\mu_1}\hat{G}_0^{(+)}(E)\sum_{\mu_2=1}^{3} \hat{v}_{\mu_2}\hat{G}_0^{(+)}(E)\sum_{\mu_3=1}^{3} \hat{v}_{\mu_3}\hat{G}_0^{(+)}(E)\ldots|\Psi\rangle.$$

Es treten Wechselwirkungen zwischen allen Paaren in beliebiger Reihenfolge auf. In dem Ansatz von Faddeev werden die Wechselwirkungen zwischen jedem der Paare *zuerst* bis zur Ordnung unendlich summiert. Der Ansatz stellt somit eine Umordnung der direkten Entwicklung dar.

Zur weiteren Auswertung des Ansatzes wirkt man mit den Operatoren

$$\hat{G}_0^{(+)}(E)\hat{v}_\alpha,\ \hat{G}_0^{(+)}(E)\hat{v}_\beta,\ \hat{G}_0^{(+)}(E)\hat{v}_\gamma$$

auf die drei Gleichungen (Verallgemeinerung von (7.27))

$$\begin{aligned} |\alpha, +\rangle &= |\alpha\rangle \ + \hat{G}_\alpha^{(+)}(E)\hat{V}^{(\alpha)}|\alpha, +\rangle, \\ |\alpha, +\rangle &= \hat{G}_\beta^{(+)}(E)\hat{V}^{(\beta)}|\alpha, +\rangle, \\ |\alpha, +\rangle &= \hat{G}_\gamma^{(+)}(E)\hat{V}^{(\gamma)}|\alpha, +\rangle. \end{aligned} \tag{7.35}$$

Man benutzt die Bezeichnung

$$|\alpha, \mu\rangle = \hat{G}_0^{(+)}(E)\hat{v}_\mu|\alpha, +\rangle$$

sowie die umsortierte asymptotische Schrödingergleichung

$$\hat{G}_0^{(+)}(E)\hat{v}_\alpha|\alpha\rangle = |\alpha\rangle$$

als auch die Relation

$$\hat{G}_0^{(+)}(E)\hat{v}_\alpha \hat{G}_\alpha^{(+)}(E) = \hat{G}_\alpha^{(+)}(E)\hat{v}_\alpha \hat{G}_0^{(+)}(E)$$

und findet

$$\begin{aligned}
|\alpha, \alpha\rangle &= |\alpha\rangle + \hat{G}_\alpha^{(+)}(E)\hat{v}_\alpha\{|\alpha, \beta\rangle + |\alpha, \gamma\rangle\}, \\
|\alpha, \beta\rangle &= \qquad + \hat{G}_\beta^{(+)}(E)\hat{v}_\beta\{|\alpha, \gamma\rangle + |\alpha, \alpha\rangle\}, \\
|\alpha, \gamma\rangle &= \qquad + \hat{G}_\gamma^{(+)}(E)\hat{v}_\gamma\{|\alpha, \alpha\rangle + |\alpha, \beta\rangle\}.
\end{aligned} \tag{7.36}$$

Mit den T-Matrixoperatoren für zwei Teilchen erhält man gemäß (7.30) eine Standardform der Faddeevgleichungen für die Zustände $|\alpha, \mu\rangle$

$$\begin{pmatrix} |\alpha, \alpha\rangle \\ |\alpha, \beta\rangle \\ |\alpha, \gamma\rangle \end{pmatrix} = \begin{pmatrix} |\alpha\rangle \\ \hat{0} \\ \hat{0} \end{pmatrix} + \hat{G}_0^{(+)}(E) \begin{pmatrix} \hat{0} & \hat{t}_1 & \hat{t}_1 \\ \hat{t}_2 & \hat{0} & \hat{t}_2 \\ \hat{t}_3 & \hat{t}_3 & \hat{0} \end{pmatrix} \begin{pmatrix} |\alpha, \alpha\rangle \\ |\alpha, \beta\rangle \\ |\alpha, \gamma\rangle \end{pmatrix}. \tag{7.37}$$

Die Matrix, die aus den T-Matrizen gebildet wird, ist die gespiegelte der Matrix in (7.32). Dies deutet die Verwandtschaft der zwei Stränge der Argumentation an. Mit (7.37) kann man (7.32) in anderer Weise herleiten.

Die Struktur dieser Matrizen mit dem Wert null für die Diagonalelemente ist der Grund für die Tatsache, dass die multiplen Streuentwicklungen vernünftige Ergebnisse liefern. Die erste Iteration des Kerns der Integralgleichungen führt auf einen Kern vom Schmidt-Hilbert-Typ, der nur verbundene Diagramme zulässt.

Zur eigentlichen Anwendung der Faddeevformulierung müssen noch geeignete Koordinaten im Orts- oder Impulsraum gewählt und gegebenenfalls die Austauschsymmetrie einbezogen werden. Es kann auch noch angemerkt werden, dass die von Faddeev (und anderen) entwickelte Methode zu vielen Varianten (die hier nicht angesprochen werden) geführt hat und dass es im Prinzip auf Systeme mit mehr als drei Teilchen angewandt werden kann.

7.6 Transferreaktionen

7.6.1 Eine kurze Notiz über Kernreaktionen

Ein weiteres Beispiel zu dem Thema *Vielkanalprobleme,* sind Transferreaktionen in der Kernphysik, die hier anhand der Erläuterung der (d, p)-Reaktion vorgestellt werden. Insbesondere soll in diesem Zusammenhang die Umsetzung der Born'schen Näherung mit modifizierten Wellen – der DWBA – für dieses Beispiel illustriert werden. In der Reaktion

$${}^{208}_{82}\mathrm{Pb} + {}^{2}_{1}\mathrm{H} \longrightarrow {}^{209}_{82}\mathrm{Pb} + {}^{1}_{1}\mathrm{H},$$

die man auch in der Kurzform

$$^{208}\mathrm{Pb}\ (\mathrm{d},\ \mathrm{p})\ ^{209}\mathrm{Pb} \tag{7.38}$$

schreibt, wird das relativ schwach gebundene Deuteronprojektil in seine Bestandteile zerlegt. Das Neutron wird von dem Bleikern eingefangen, sodass das Bleiisotop 209 gebildet wird. Das Proton wird infolge seiner Ladung abgestoßen und entkommt. Für den Ablauf dieser Reaktion kann man sich zwei grundverschiedene Szenarien vorstellen:

- Die Reaktion wird als *direkt* bezeichnet, wenn der Einfang des Neutrons ohne weitere Zwischenschritte zum Beispiel an der Kernoberfläche stattfindet. Ein Maß für die Dauer der Reaktion ist dann die Vorbeiflugzeit des Projektils

$$T_{\mathrm{dir}} = \frac{2R_{\mathrm{Kern}}}{v_{\mathrm{Proj}}} \approx 10^{-22}s.$$

  Die angegebene Zahl entspricht einem Kernradius in der Größenordnung von 10^{-12}cm und einer kinetischen Energie des Deuterons von 100 MeV (einer Geschwindigkeit von $v_{\mathrm{Proj}} \approx 10^{10}\mathrm{cm/s}$).
- Die Reaktion wird als ein *Compound*prozess bezeichnet, wenn das eingefangene Neutron mehrfach mit den Nukleonen in dem Kern wechselwirkt, sodass es seine Energie zum großen Teil an den Kern abgibt. Die Zeit, die für die Bildung des in dieser Weise gebildeten Compoundkerns notwendig ist, ist im Mittel größer als die Zeit für den Ablauf eines direkten Prozesses.

Man kann jedoch die verschiedenen Prozessabläufe auf der Basis der Zeitskala nicht trennen. Die Prozesse laufen, zusammen mit der elastischen Streuung, gleichzeitig ab. Ein Teil der Strahlteilchen folgt dem direkten Reaktionspfad, ein Teil bildet Compoundkerne. Eine formale Trennung ist aber aus der Sicht der theoretischen Behandlung möglich. Die gesamte Zustandsvektor $|\Psi^{(+)}\rangle$ des Stoßsystems kann mithilfe von zwei Projektionsoperatoren

$$\hat{P} \quad \text{und} \quad \hat{Q}$$

mit den Eigenschaften

$$\hat{P} + \hat{Q} = \hat{1}, \qquad \hat{P}^2 = \hat{P} \quad \hat{Q}^2 = \hat{Q}, \qquad \hat{P}\hat{Q} = \hat{Q}\hat{P} = \hat{0}$$

zerlegt werden. Durch die Summe der zwei Operatoren in der ersten Aussage wird der gesamte Hilbertraum des Problems erfasst. Die zweite Aussage weist die zwei Operatoren als Projektionsoperatoren aus, die dritte garantiert eine vollständige Trennung der zwei Sektoren. Die Schrödingergleichung

$$(E - \hat{H})|\Psi^{(+)}\rangle = 0$$

kann mit den zwei Projektoren in einen Satz von zwei gekoppelten Gleichungen zerlegt werden

$$(E - \hat{H}_{PP})|\Psi_P^{(+)}\rangle = \hat{H}_{PQ}|\Psi_Q^{(+)}\rangle,$$
$$(E - \hat{H}_{QQ})|\Psi_P^{(+)}\rangle = \hat{H}_{QP}|\Psi_P^{(+)}\rangle.$$

Ein Zustand wie $|\Psi_P^{(+)}\rangle$ spannt einen Teilraum auf, zum Beispiel den Raum der Zustände, die direkte Prozesse charakterisieren. Der Zustand $|\Psi_Q^{(+)}\rangle$ umfasst dann alle anderen Prozesse, einschließlich der Compoundprozesse. Operatoren wie $\hat{H}_{PP}$ wirken nur in dem jeweiligen Unterraum, Operatoren wie $\hat{H}_{PQ}$ verknüpfen die zwei Räume.

7.6.2 Die Born'sche Näherung

Diese formale Trennung scheitert jedoch in der Praxis an der Schwierigkeit, die Operatoren, die die Übergänge vermitteln, für die vorliegende Vielteilchensituation nicht nur anzugeben, sondern auch anzuwenden. Um einen Hinweis über Auswege aus diesen Schwierigkeiten zu bekommen, ist die Betrachtung der einfachsten Näherung nützlich. Das ist die PWBA – die Born'sche Näherung mit ebenen Wellen. Bezieht man sich auf das Schwerpunktsystem für eine Reaktion der Form (7.38) mit $(\mathrm{A}+2)$ Nukleonen

$$\mathrm{d} + \mathrm{A} \longrightarrow \mathrm{p} + (\mathrm{A} + \mathrm{n}),$$

so sind die Anfangs- und Endzustände

$$|i\rangle = |\boldsymbol{k}_d\rangle\ |\phi_d\rangle\ |\Phi_A\rangle,$$
$$|f\rangle = |\boldsymbol{k}_p\rangle\ |\Phi_{(A+1)}\rangle.$$

Die Wechselwirkung, die für den Übergang zwischen diesen Zuständen verantwortlich ist, ist die Wechselwirkung zwischen dem Neutron und dem Proton

$$V(|\boldsymbol{r}_n - \boldsymbol{r}_p|) = V(r).$$

Das T-Matrixelement dieser Wechselwirkung

$$\langle f|\hat{T}|i\rangle^*_{\mathrm{Born}} = \int \mathrm{d}^3r_1 \ldots \mathrm{d}^3r_A\ \mathrm{d}^3r_p\ \mathrm{d}^3r_n\ \mathrm{e}^{(-\mathrm{i}\boldsymbol{k}_d\cdot\boldsymbol{r}_d)}\mathrm{e}^{(\mathrm{i}\boldsymbol{k}_p\cdot\boldsymbol{r}_p)}$$
$$\phi_d^*(\boldsymbol{r})\Phi_A^*(1\ldots A)V(r)\Phi_{(A+1)}(1\ldots A,\, n)$$

kann in einfacher Weise berechnet werden, wenn man für die Wellenfunktionen der Zustände der zwei Kerne die Gültigkeit des Schalenmodells[10] voraussetzt. Das

[10] Siehe z. B. A. de Shalit und I. Talmi: Nuclear Shell Theory. Academic Press, New York (1963).

Integral über die A Koordinaten der Kernteilchen ergibt dann die Schalenmodellwellenfunktion des Neutrons

$$\int \mathrm{d}^3 r_1 \, \ldots \, \mathrm{d}^3 r_A \Phi_A^*(1 \ldots A)\Phi_{(A+1)}(1 \ldots A,\, n) = \phi_{njl}(\boldsymbol{r}_n).$$

Die T-Matrix in der Bornnäherung ist somit

$$\langle f|\hat{T}|i\rangle^*_{\mathrm{Born}} = \int \mathrm{d}^3 r_p \, \mathrm{d}^3 r_n \, \mathrm{e}^{(-\mathrm{i}\boldsymbol{k}_d \cdot \boldsymbol{r}_d)} \mathrm{e}^{(\mathrm{i}\boldsymbol{k}_p \cdot \boldsymbol{r}_p)} \phi_d^*(\boldsymbol{r}) V(r) \phi_{njl}(\boldsymbol{r}_n).$$

Um diesen Ausdruck zu diskutieren, ist es notwendig, die Koordinaten

$$\boldsymbol{r}_p = \frac{A}{(A+1)}\boldsymbol{r}_n - \boldsymbol{r},$$
$$\boldsymbol{r}_d = \boldsymbol{r}_n - \frac{1}{2}\boldsymbol{r}$$

zu sortieren (Abb. 7.3). Die Position des eingefangenen Neutrons in Bezug auf den Kern A wird durch den Vektor $\boldsymbol{r}_n$ markiert. Der Vektor $\boldsymbol{r}_p$ bezeichnet die Position des Protons in Bezug auf den Kern im Endkanal (A+1). Der Schwerpunkt des Deuterons in Bezug auf den Kern A ist der Endpunkt des Vektors $\boldsymbol{r}_d$. Den Abstand des Neutrons von dem Proton in dem Deuteron beschreibt der Vektor $\boldsymbol{r}$.

Für die Summe der Exponenten der ebenen Wellen im Eingangskanal und im Ausgangskanal findet man somit

$$\begin{aligned} -\boldsymbol{k}_d \cdot \boldsymbol{r}_d + \boldsymbol{k}_p \cdot \boldsymbol{r}_p &= -\left(\boldsymbol{k}_p - \frac{1}{2}\boldsymbol{k}_d\right) \cdot \boldsymbol{r} - \left(\boldsymbol{k}_d - \frac{A}{(A+1)}\boldsymbol{k}_p\right) \cdot \boldsymbol{r}_n \\ &= -\boldsymbol{K} \cdot \boldsymbol{r} - \boldsymbol{q} \cdot \boldsymbol{r}_n \end{aligned}$$

und das T-Matrix kann in

$$\langle f|\hat{T}|i\rangle^*_{\mathrm{Born}} = \left[\int \mathrm{d}^3 r \phi_d^*(\boldsymbol{r}) V(r) \mathrm{e}^{(-\mathrm{i}\boldsymbol{K} \cdot \boldsymbol{r})}\right] \left[\int \mathrm{d}^3 r_n \, \mathrm{e}^{(-\mathrm{i}\boldsymbol{q} \cdot \boldsymbol{r}_n)} \phi_{njl}(\boldsymbol{r}_n)\right] \quad (7.39)$$

umgeschrieben werden.

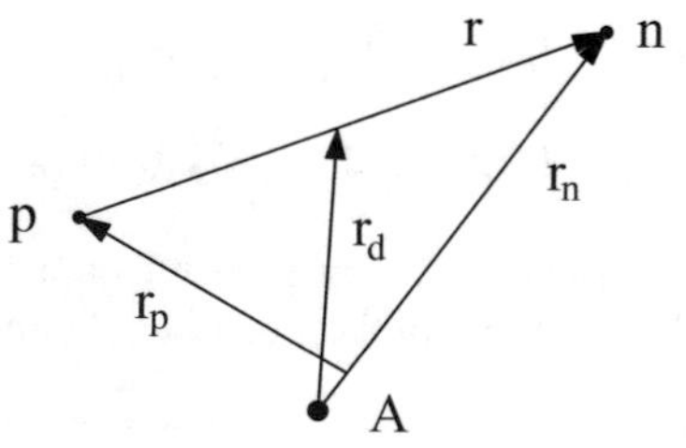

Abb. 7.3 Koordinatenwahl für die (d, p)-Reaktion

Die Gl. (7.39) ist das Resultat der frühen Strippingtheorie, die von Butler[11] formuliert wurde. Der erste Faktor in dem Resultat ist eine Fouriertransformierte, die nur das Deuteron betrifft. Der zweite ist der Anteil, der die Struktur der Zustände von Nukleonen (in der einfachsten Form) in dem Endkern anspricht. Die Tatsache, dass man über das T-Matrixelement in dem differentiellen Wirkungsquerschnitt Information über die Kernstruktur erhalten kann, ist der Grund für das Interesse an der (d, p)- und weiteren Transferreaktionen. Wertet man diesen Ausdruck weiter aus, so findet man mit der Partialwellenentwicklung der ebenen Welle und der Standardform der Schalenmodellwellenfunktion

$$\langle f|\hat{T}|i\rangle_{\text{Born}} \propto Y_{l,m}(\theta)\int_0^\infty \mathrm{d}r\; j_l(qr)R_{n,l}(r).$$

An diesem Ausdruck kann man den Drehimpulswert des eingefangenen Neutrons direkt ablesen oder durch das Integral mit der Besselfunktion und der Radialfunktion des Neutrons bestimmen. Das so aufgezeigte Muster wird durch die experimentellen Resultate andeutungsweise bestätigt, die Übereinstimmung ist jedoch nicht optimal. Einer der Punkte, an denen man ansetzen kann, um die Übereinstimmung zu verbessern, ist eine Korrektur der *Trajektorien* der einlaufenden und der auslaufenden Teilchen. Anschaulich interpretiert, beschreibt eine ebene Welle Teilchen, die in gerader Linie auf das Target zu oder von ihm weglaufen. Neben der *Bahnform* muss man aber auch die Tatsache berücksichtigen, dass ein deutlicher Anteil der Strahlteilchen Compoundprozesse initiiert und für direkte Prozesse nicht zur Verfügung steht. Um diesen Einwänden zu begegnen, werden durch optische Potentiale erzeugte *verzerrte Wellen* eingesetzt.

7.6.3 Optische Potentiale

Optische Potentiale wurden in der Kernphysik eingeführt, um die elastische Streuung von Nukleonen an Kernen (und von Kernen an Kernen) bei der Anwesenheit von offenen Kanälen in phänomenologischer Weise zu fassen. Sie hängen nur von der Relativkoordinate der zwei Stoßpartner (der Abstand der zwei Schwerpunkte) ab, der für den Fall a + A durch

$$\boldsymbol{r}_{aA} = \frac{1}{M_a}\sum_{i=1}^{a} m_i\boldsymbol{r}_i - \frac{1}{M_A}\sum_{i=a+1}^{A+a} m_i\boldsymbol{r}_i$$

berechnet werden könnte. Der Operator für die kinetische Energie der Relativbewegung ist (in einfacher Schreibweise)

$$T_{aA} = -\frac{\hbar^2}{2\mu_{aA}}\nabla_{aA}^2$$

[11] S. T. Butler, Phys. Rev. **80**, S. 1095 (1950), Proc. R. Soc. (London) **A208**, S. 559 (1951), Phys. Rev. **88**, S. 685 (1952).

mit der reduzierten Masse

$$\mu_{aA} = \frac{M_a M_A}{M_a + M_A}.$$

Die Schrödingergleichung für die Relativbewegung

$$(T_{aA} + U_{aA} - E_{aA})\chi_{aA}(\boldsymbol{r}_{aA}) = 0$$

beschreibt nicht nur die elastische Streuung der zwei Kerne, sondern auch den Abfall des Teilchenflusses, falls das optische Potential eine komplexe Größe ist. Zum Nachweis dieser Aussage bildet man die Kontinuitätsgleichung über

$$-\frac{\hbar^2}{2\mu_{aA}}\left(\chi^*_{aA}[\nabla^2_{aA}\chi_{aA}] - \chi_{aA}[\nabla^2_{aA}\chi^*_{aA}]\right) = \left(U^*_{aA} - U_{aA}\right)\chi^*_{aA}\chi_{aA}$$

und findet mit der Definition von Stromdichte und Dichte

$$\hbar\nabla_{aA}\cdot \boldsymbol{j}_{aA} = 2\rho_{aA}\mathrm{Im}(U_{aA}).$$

Die Stromdichte nimmt ab, falls der Imaginärteil des optischen Potentials *negativ* ist.

Das optische Potential muss aus zwei Anteilen bestehen: einem Anteil, der durch die Auswirkung der starken, aber kurzreichweitigen Kernkräfte bestimmt wird, und einem Anteil, der die Auswirkung der schwachen, aber langreichweitigen Coulombwechselwirkung beschreibt. Für solche Potentiale werden oft, wenn nicht meist, parametrisierte Ansätze benutzt. Die Parameter in diesen Ansätzen werden anhand der elastischen Streudaten für das System von Interesse bestimmt. Die gewonnenen Streulösungen sind zunächst eine Basis für die Berechnung der elastischen T-Matrixelemente und Wirkungsquerschnitte. Sie werden dann für die Berechnung der Wirkungsquerschnitte für die Transferreaktionen eingesetzt.

Die einfachste Situation, die von Interesse ist, ist die Reaktion eines leichten Teilchens mit einem Kern. Die Dichte der Nukleonen in dem Kern wird durch eine Woods-Saxon Verteilung[12]

$$\rho(r) = \frac{\rho_0}{1 + \exp[(r-R)/a]}$$

beschrieben. Der Kernradius R variiert mit der Teilchenzahl A wie

$$R = r_0 A^{1/3}, \quad r_0 \approx (1.2 - 1.4)10^{-12}\,\mathrm{cm},$$

der Parameter a bestimmt die Oberflächendicke. Nimmt man an, dass der Anteil der Kernkräfte an dem optischen Potential eine entsprechende Form hat, so lautet

[12] R. D. Woods und D. S. Saxon, Phys. Rev. **95**, S. 577 (1954).

der Ansatz für das komplexe optische Potential (mit sechs Parametern) durch die nukleare Wechselwirkung

$$U(r) = \frac{V}{1+\exp[(r-R_v)/a_v]} + \frac{\mathrm{i}W}{1+\exp[(r-R_w)/a_w]}.$$

Eine einfache Form des Beitrags der Z_t geladenen Teilchen in dem Kern und der Z_p geladenen Teilchen in einem punktförmigen Projektil zu dem optischen Potential ist das Coulombpotential einer uniformen Ladungsverteilung bis zu dem Radius R_c

$$V_c(r) = \begin{cases} \frac{Z_t Z_p e^2}{2R_c}\left[3 - \left(\frac{r}{R_c}\right)^2\right] & \text{für } r < R_c, \\ \frac{Z_t Z_p e^2}{r} & \text{für } r > R_c. \end{cases}$$

Neben der einfachen Form des optischen Potentials wird eine große Anzahl von Varianten benutzt, so zum Beispiel:

- eine Oberflächenform des Imaginärteils des Kernbeitrags mittels der Ableitung des Woods-Saxon Potentials,
- Terme mit zusätzlicher Spin-Bahn Wechselwirkung im Fall von Kernen mit einer ungeraden Nukleonenzahl,
- nichtlokale Potentiale statt der meist benutzten lokalen Potentiale.

Weitere Information kann man zum Beispiel dem Buch von P. E. Hodgson: The Nucleon Optical Model. World Scientific, Singapore (1994) entnehmen.

7.6.4 DWBA: Born'sche Näherung mit verzerrten Wellen

Die Gleichungen für die Berechnung der T-Matrixelemente in der DWBA können anhand des Materials in den Kapiteln Abschn. 2.2.1 und 7.4 gewonnen werden. Der erste Schritt auf dem Weg zu einer Zweipotentialformel ist eine Auffächerung der Potentialfunktion $\hat{V}_\beta$ in einem Kanal β durch das optische Potential $\hat{U}_\beta$ in diesem Kanal

$$\hat{V}^{(\beta)} = \hat{V}_1^{(\beta)} + \hat{V}_2^{(\beta)} = \hat{U}_\beta + \left[\hat{V}^{(\beta)} - \hat{U}_\beta\right]. \tag{7.40}$$

Die weitere Argumentation kann in der Post- oder der Prior-Form geführt werden. Die relevanten, exakten T-Matrixelemente findet man in Abschn. 7.4. Der Ausgangspunkt für die Diskussion der Post-Form[13] ist die Gl. (7.13)

$$\langle \beta \boldsymbol{K}' | \hat{T}_{\alpha\beta}^{(po)} | \alpha \boldsymbol{K} \rangle = \langle \beta \boldsymbol{K}' | \hat{V}^{(\beta)} | \alpha \boldsymbol{K}+ \rangle.$$

[13]Zur Erinnerung: Ein Zustand $|\alpha \boldsymbol{K}\rangle$ ist ein Eigenzustand des asymptotischen Kanal-Hamiltonoperators $\hat{H}^{(\alpha)}|\alpha \boldsymbol{K}\rangle = E(\alpha)|\alpha \boldsymbol{K}\rangle$. Ein Zustand $|\alpha \boldsymbol{K}+\rangle$ ist ein exakter Zustand des Problems, der sich in dem Zeitraumvon $t = -\infty$ bis zu $t = 0$, ein Zustand $|\beta \boldsymbol{K}-\rangle$ ist ein exakter Zustand, der sich von $t = +\infty$ bis zu $t = 0$ entwickelt hat.

Setzt man in diesem Ausdruck die Gl. (7.40) ein, so folgt

$$\langle\beta \boldsymbol{K}'|\hat{T}^{(po)}_{\alpha\beta}|\alpha \boldsymbol{K}\rangle = \langle \boldsymbol{K}'|\hat{U}_{(\beta)}|\boldsymbol{K}\rangle\delta_{\alpha,\beta} + \langle\beta \boldsymbol{K}'|\hat{V}_2^{(\beta)}|\alpha \boldsymbol{K}+\rangle, \tag{7.41}$$

da das optische Potential nur eine Funktion des Abstands der Stoßpartner ist. Der Zustand $|\boldsymbol{K}\rangle$ ist eine Lösung des Stoßproblems für die Relativbewegung in dem optischen Modell. Die formale Schrödingergleichung für die Relativbewegung lautet

$$(\hat{T}_\beta + \hat{U}_\beta - E(K))|\boldsymbol{K}\rangle = 0,$$

die explizite Gleichung mit der Angabe der Randbedingungen

$$(T_\beta + U_\beta(\boldsymbol{r}) - E(K))\chi^{(\pm)}_{\boldsymbol{K}}(\boldsymbol{r}) = 0.$$

Die Gl. (7.41) ist exakt.

Man erhält die gesuchte DWBA-Formel für eine Transferreaktion, z. B. für eine (d, p)-Reaktion, wenn man den exakten Zustand durch einen asymptotischen ersetzt. Da der Endzustand nicht mit dem Anfangszustand übereinstimmt, entfällt der erste Term auf der rechten Seite. Der zweite Term wird mit den Lösungen des optischen Potentialproblems ausgewertet

$$\langle\beta \boldsymbol{K}'|\hat{T}^{(po)}_{\alpha\beta}|\alpha \boldsymbol{K}\rangle_{\mathrm{DWBA}} = \langle\beta, \chi^{(-)}_\beta|(\hat{V}^{(\beta)} - \hat{U}_\beta)|\alpha, \chi^{(+)}_\alpha\rangle. \tag{7.42}$$

Eine entsprechende Formel kann mit der Prior-Form, ausgehend von der Gl. (7.12)

$$\langle\beta \boldsymbol{K}'|\hat{T}^{(pr)}_{\alpha\beta}|\alpha \boldsymbol{K}\rangle = \langle\beta \boldsymbol{K}' - |\hat{V}^{(\alpha)}|\alpha \boldsymbol{K}\rangle$$

gewonnen werden. Die mit den zwei Formeln berechneten T-Matrixelemente liefern, wie in Abschn. 7.4 gezeigt, nur identische Resultate für exakte Zustände. Inwieweit sich die Resultate im Fall von Näherungen unterscheiden, muss im Einzelnen überprüft werden.

Die Endresultate sehen genauso kompakt aus wie die Formeln der einfachen Born'schen Näherung. Die Auswertung ist jedoch deutlich aufwendiger: Unter anderem muss die Lösung der Wellengleichungen mit optischen Potentialen numerisch erfolgen und in der weiteren Verwendung numerisch umgesetzt werden. Die Nukleonen sind Fermionen. Antisymmetrisierung aller Nukleonen ist notwendig. Die Drehimpulskopplung des Bahndrehimpulses und des Spins der Nukleonen muss durchgeführt werden.[14]

[14]Diese technischen Aspekte, sowie weitere Entwicklungen der Theorie können anhand der in der weiterführenden Literatur zitierten Bücher erarbeitet werden. Die Bemerkungen zu der (d, p)-Reaktion fassen die Entwicklung der Theorie der direkten Kernreaktionen der ersten Jahre zusammen. Leser, die an der weiteren Entwicklung Interesse haben, können die Berichte der jährlich stattfindenden Tagungen über Kernreaktionen in *Varenna* benutzen. Diese Berichte werden vom CERN herausgegeben.

7.7 Detailrechnungen zu Kap. 7

7.7.1 Energieerhaltung für die S-Matrix

Die Vertauschungsrelation

$$\hat{H}\hat{\Omega}_{\pm}^{(\alpha)} = \hat{\Omega}_{\pm}^{(\alpha)}\hat{H}^{\alpha}$$

wird in dem Ausdruck

$$E(\alpha, \boldsymbol{K})\langle\beta, \boldsymbol{K}'|\hat{S}_{\alpha\beta}|\alpha, \boldsymbol{K}\rangle$$

angewandt und ergibt

$$\begin{aligned}
&E(\alpha, \boldsymbol{K})\langle\beta, \boldsymbol{K}'|\hat{S}_{\alpha\beta}|\alpha, \boldsymbol{K}\rangle = \\
&\langle\beta, \boldsymbol{K}'|(\hat{\Omega}_{-}^{(\beta)})^{\dagger}\hat{\Omega}_{+}^{(\alpha)}\hat{H}^{\alpha}|\alpha, \boldsymbol{K}\rangle = \langle\beta, \boldsymbol{K}'|(\hat{\Omega}_{-}^{(\beta)})^{\dagger}\hat{H}\hat{\Omega}_{+}^{(\alpha)}|\alpha, \boldsymbol{K}\rangle = \\
&\langle\beta, \boldsymbol{K}'|\hat{H}^{\beta}(\hat{\Omega}_{-}^{(\beta)})^{\dagger}\hat{\Omega}_{+}^{(\alpha)}|\alpha, \boldsymbol{K}\rangle = E(\beta, \boldsymbol{K}')\langle\beta, \boldsymbol{K}'|(\hat{\Omega}_{-}^{(\beta)})^{\dagger}\hat{\Omega}_{+}^{(\alpha)}|\alpha, \boldsymbol{K}\rangle.
\end{aligned}$$

Daraus folgt

$$\left[E(\alpha, \boldsymbol{K}) - E(\beta, \boldsymbol{K}')\right]\langle\beta, \boldsymbol{K}'|\hat{S}_{\alpha\beta}|\alpha, \boldsymbol{K}\rangle = 0.$$

Das S-Matrixelement hat den Wert null, wenn die Energiewerte der zwei Zustände verschieden sind.

7.7.2 Schritte zu einer alternativen Herleitung der Faddeev-Lovelace Gleichungen

Ausgangspunkt ist z. B. die Post-Form (7.20) der Kanal T-Matrixoperatoren (mit $i, k = 0, 1, \ldots, 3$)

$$\hat{T}_{ik} = \hat{V}^{(k)}\left(\hat{1} + \hat{G}^{(+)}(E)\hat{V}^{(i)}\right). \tag{7.43}$$

Das Potential $\hat{V}^{(i)}$ schreibt man in der zyklischen Form

$$\hat{V}^{(i)} = \sum_{l=1}^{3}(1 - \delta_{il})\hat{v}_l \tag{7.44}$$

und ersetzt es durch die T-Matrix $\hat{t}_l$

$$\hat{v}_l = \hat{t}_l - \hat{v}_l\hat{G}_0^{(+)}(E)\hat{t}_l.$$

Es ist dann

$$\hat{T}_{ik} = \hat{V}^{(k)}\left(\hat{1} + \sum_{l=1}^{3}(1 - \delta_{il})\hat{G}^{(+)}(E)[\hat{t}_l - \hat{v}_l\hat{G}_0^{(+)}(E)\hat{t}_l]\right). \tag{7.45}$$

Für den Term $\hat{G}^{(+)}\hat{t}_l$ schreibt man mithilfe der Dysongleichung für die Greensfunktion multipliziert mit $\hat{t}_l$ von rechts

$$\hat{G}^{(+)}\hat{t}_l = \hat{G}_0^{(+)}\hat{t}_l + \hat{G}^{(+)} \sum_{m=01}^{3} \hat{v}_m \hat{G}_0^{(+)}\hat{t}_l,$$

sodass der Term

$$\hat{G}^{(+)}(E)\left[\hat{t}_l - \hat{v}_l\hat{G}_0^{(+)}(E)\hat{t}_l\right]$$

in

$$\begin{aligned}\hat{G}^{(+)}(E)\left[\hat{t}_l - \hat{v}_l\hat{G}_0^{(+)}(E)\hat{t}_l\right] &= \hat{G}_0^{(+)}(E)\hat{t}_l + \hat{G}^{(+)}(E)\sum_{m=1}^{3}\hat{v}_m\hat{G}_0^{(+)}(E)\hat{t}_l \\ &\quad -\hat{G}^{(+)}(E)\hat{v}_l\hat{G}_0^{(+)}(E)\hat{t}_l\end{aligned}$$

übergeht. Zusammenfassung der letzten zwei Terme auf der rechten Seite ergibt

$$\hat{G}^{(+)}(E)\left[\hat{t}_l - \hat{v}_l\hat{G}_0^{(+)}(E)\hat{t}_l\right]\hat{G}_0^{(+)}(E)\hat{t}_l + \hat{G}^{(+)}(E)\sum_{m=1}^{3}(1-\delta_{lm})\hat{v}_m\hat{G}_0^{(+)}(E)\hat{t}_l$$

und mit (7.44)

$$\hat{G}^{(+)}(E)\left[\hat{t}_l - \hat{v}_l\hat{G}_0^{(+)}(E)\hat{t}_l\right] = \hat{G}_0^{(+)}(E)\hat{t}_l + \hat{G}^{(+)}(E)\hat{V}^{(l)}\hat{G}_0^{(+)}(E)\hat{t}_l.$$

Diese Umschreibung setzt man nun in (7.45) ein und findet

$$\hat{T}_{ik} = \hat{V}^{(k)}\left(\hat{1} + \sum_{l=0}^{3}(1-\delta_{il})\left[\hat{1} + \hat{G}^{(+)}(E)\hat{V}^{(l)}]\hat{G}_0^{(+)}(E)\hat{t}_l\right]\right).$$

In dem zweiten Term auf der rechten Seite erkennt man mit (7.43) noch einmal den T-Matrixoperator $\hat{T}_{lk}$. Das Endresultat ist also

$$\hat{T}_{ik} = \hat{V}^{(k)} + \sum_{l=1}^{3}(1-\delta_{il})\hat{T}_{lk}\hat{G}_0^{(+)}(E)\hat{t}_l. \tag{7.46}$$

7.7.3 Lippmann's Identität

Zum Nachweis der Gültigkeit der Relation

$$\lim_{\epsilon\to 0}\frac{\mathrm{i}\epsilon}{E_\alpha + \mathrm{i}\epsilon - \hat{H}_\beta}|\alpha,\rangle = 0, \quad \beta \neq \alpha$$

benötigt man die Spektraldarstellung der Resolvente $\hat{G}_\beta^{(+)}$. Auf der Basis der Vollständigkeitsrelation (mit Zuständen für gebundene Teilchenpaare plus ein freies Teilchen und mit Zuständen für drei freien Teilchen)

$$\sum_n \mathrm{d}^3 q_n \, |n\boldsymbol{q}_n\rangle\langle n\boldsymbol{q}_n| + \int\int \mathrm{d}^3 q \, \mathrm{d}^3 p \, |\boldsymbol{q}\,\boldsymbol{p}\rangle\langle\boldsymbol{q}\,\boldsymbol{p}| = 1$$

für die Lösungen von $\hat{H}_\beta$ findet man

$$\begin{aligned}\hat{G}_\beta^{(+)}|\alpha\rangle &= \sum_n \mathrm{d}^3 q_n \, |n\boldsymbol{q}_n\rangle \left(\frac{1}{E_\alpha + \mathrm{i}\epsilon - e_n - \frac{\hbar^2 q_n^2}{2m}}\right) \langle n\boldsymbol{q}_n|\alpha\rangle \\ &+ \int\int \mathrm{d}^3 q \, \mathrm{d}^3 p \, |\boldsymbol{q}\,\boldsymbol{p}\rangle \left(\frac{1}{E_\alpha + \mathrm{i}\epsilon - \frac{\hbar^2 q^2}{2m} - \frac{\hbar^2 p^2}{2m}}\right) \langle\boldsymbol{q}\,\boldsymbol{p}|\alpha\rangle .\end{aligned}$$

Infolge der Orthogonalität der Zustände und der Tatsache, dass die On-shell-Faktoren

$$\epsilon \hat{G}_\beta^{(+)}$$

im Grenzfall $\epsilon \to 0$ endlich sind, folgt die Behauptung.

7.8 Literatur in Kap. 7

1. L.E. Espinola Lopez, J.J. Soares Neto, Int. J. Theor. Phys. **39**, S. 1129 (2000)
2. A.G. Sitenko: Lectures in Scattering Theory. Pergamon Press, Oxford (1971)
3. L.D. Faddeev, JETP **12**, S. 1014 (1961)
4. C. Lovelace, Phys. Rev. **135**, S. B1225 (1964)
5. W. Glöckle: The Quantum Mechanical Few-Body Problem. Springer Verlag, Heidelberg (1983)
6. E.O. Alt, P. Grassberger, W. Sandhas, Nucl. Phys. **B2**, S.167 (1967)
7. A. de Shalit und I. Talmi: Nuclear Shell Theory. Academic Press, New York (1963)
8. S. T. Butler, Phys. Rev. **80**, S. 1095 (1950), Proc. R. Soc. (London) **A208**, S. 559 (1951) und Phys. Rev. **88**, S. 685 (1952)
9. R.D. Woods und D.S. Saxon, Phys. Rev. **95**, S. 577 (1954)
10. P. E. Hodgson: The Nucleon Optical Model. World Scientific, Singapore (1994)

Literatur

Weiterführende Literatur

Entsprechend der Rolle, die die *Streutheorie* in der Physik spielt, ist die Literatur zu diesem Thema sehr umfangreich. Für eine Einführung in den Bereich von nichtrelativistischen Stoßsystemen scheint es jedoch angemessen, sich auf die Angabe der Standardtexte zu beschränken. Die hier aufgeführte Liste enthält somit keine Beiträge zu speziellen Stoßsystemen, sowohl aus der theoretischen als auch der experimentellen Sicht. Auch die Literatur zu mathematisch orientierten Fragen wird hier nicht dokumentiert.

Zu der Streutheorie

1. N. F. Mott und H. S. W. Massey
   The Theory of Atomic Collisions.
   Oxford Clarendon Press, Oxford (1933)
   Letzte Ausgabe: Clarendon Press, Oxford (1965)
2. T-Y Wu und T. Ohmura
   Quantum Theory of Scattering.
   Prentice-Hall, Englewood Cliffs N. J. (1962)
   Letzte Ausgabe: Dover Publications, Mineola N. Y. (2011)
3. M. L. Goldberger und K. M. Watson
   Collision Theory.
   Wiley, New York (1964)
   Letzte Ausgabe: Dover, Mineola N. Y. (2004)
4. R. G. Newton
   Scattering Theory of Waves an Particles.
   McGraw-Hill Book Company, New York (1966)
   Letzte Ausgabe: Springer Science and Business Media, Heidelberg (2013)

R. M. Dreizler et al., *Streutheorie in der nichtrelativistischen Quantenmechanik*,
https://doi.org/10.1007/978-3-662-57897-1

5. L. S. Rodberg und R. M. Thaler
Introduction to the Quantum Theory of Scattering.
Academic Press, New York (1967)
6. A. G. Sitenko
Lectures in Scattering Theory.
Pergamon Press, Oxford (1971)
Translated and Edited by P. J. Shepherd
Letzte Ausgabe: Springer Verlag, Heidelberg (2012)
7. J. R. Taylor
Scattering Theory, the Quantum Theory of Nonrelativistic Collisions.
John Wiley, New York (1972)
Letzte Ausgabe: Dover Publications, Mineola N. Y. (2012)
8. C. J. Joachain
Quantum Collision Theory.
Reprint Edition: Elsevier Science, Amsterdam (1984)
9. H. Friedrich
Scattering Theory.
Springer Verlag, Heidelberg (2013)

Zu der Theorie der Direkten Reaktionen in der Kernphysik

1. N. Austern
Direct Nuclear Reaction Theories.
Wiley-Interscience, New York (1970)
2. G. R. Satchler
Direct Nuclear Reactions.
Clarendon Press, Oxford (1983)
3. N. K. Glendenning
Direct Nuclear Reactions.
Academic Press, New York (1983)
New Edition: World Scientific, Singapore (2004)

Literaturzitate in den einzelnen Kapiteln

Vorbemerkungen und Kap. 1

1. H. Geiger und E. Marsden, Phil. Mag. **25**, S. 604 (1913)
2. E. Rutherford, Phil. Mag. **21**, S.669 (1911).

1. N. Levinson, Danske Videnskab. Selskab, Mat.-fys. Medd. **25**, No 9 (1949)
2. S. Flügge, Practical Quantum Mechanics. SpringerVerlag, Heidelberg (1974)
3. M. Abramovitz, I. Stegun, Handbook of Mathematical Functions. Dover Publications, New York (1974)
4. P. Moon, D. Eberle, Field Theory Handbook. Springer Verlag, Heidelberg (1961)
5. J.R. Taylor: Scattering Theory, the Quantum Theory of Nonrelativistic Collisions. John Wiley, New York (1972)

Kap. 2

1. B. A. Lippmann, Phys. Rev. Lett. **79**, S. 461 (1950)
2. R.P. Feynman, Phys. Rev. **76**, S. 749 (1949)

Kap.3

1. C. Møller, Danske Videnskab. Selskab, Mat-fys. Medd. **23**, 1 (1948)
2. J. A. Wheeler, Phys. Rev. **52**, S. 1107 (1937)
3. W. Heisenberg, Z. Phys. **120**, S. 513 (1943)

Kap.4

1. M.E. Rose: Elementary Theory of Angular Momentum. J. Wiley, New York (1957). Nachdruck: Dover Publications, New York (1995)
2. C. Itzykson and J.-B. Zuber: Quantum Field Theory. McGraw-Hill, New York (1985)

Kap.5

1. H. Poincaré, Acta Math. **4**, S. 201 (1884)
2. R. Jost, Helv. Physica Acta **20**, S. 256 (1947)
3. R. Newton, J. Math.Phys. **1**, S. 319 (1960)
4. S. T. Ma, Phys. Rev. **69**, S. 668 (1946) und **71**, S. 195 (1947)
5. H. M. Nussenzveig, Nucl. Phys. **11**, S. 499 (1959)
6. K. Knopp: Theory of Functions. Dover Publications, New York (1996)

Kap.7

1. L.E. Espinola Lopez, J.J. Soares Neto, Int. J. Theor. Phys. **39**, S. 1129 (2000)
2. A.G. Sitenko: Lectures in Scattering Theory. Pergamon Press, Oxford (1971)
3. L.D. Faddeev, JETP **12**, S. 1014 (1961)
4. C. Lovelace, Phys. Rev. **135**, S. B1225 (1964)
5. W. Glöckle: The Quantum Mechanical Few-Body Problem. Springer Verlag, Heidelberg (1983)
6. E.O. Alt, P. Grassberger, W. Sandhas, Nucl. Phys. **B2**, S.167 (1967)
7. A. de Shalit und I. Talmi: Nuclear Shell Theory. Academic Press, New York (1963)
8. S. T. Butler, Phys. Rev. **80**, S. 1095 (1950), Proc. R. Soc. (London) **A208**, S. 559 (1951) und Phys. Rev. **88**, S. 685 (1952)
9. R.D. Woods und D.S. Saxon, Phys. Rev. **95**, S. 577 (1954)
10. P. E. Hodgson: The Nucleon Optical Model. World Scientific, Singapore (1994)

Wiederkehrende Literaturzitate

1. Abramovitz/Stegun:
   M. Abramovitz, I. Stegun: Handbook of Mathematical Functions. Dover Publications, New York (1974)
2. Buch 1:
   R.M. Dreizler, C.S. Lüdde: Theoretische Physik 1, Theoretische Mechanik. Springer Verlag, Heidelberg (2002 und 2008)
3. Buch 2:
   R.M. Dreizler, C.S. Lüdde: Theoretische Physik 2, Elektrodynamik und Spezielle Relativitätstheorie. Springer Verlag, Heidelberg (2005)
4. Buch 3:
   R.M. Dreizler, C.S. Lüdde: Theoretische Physik 3, Quantenmechanik 1. Springer Verlag, Heidelberg (2007)
5. Buch 4:
   R.M. Dreizler, C.S. Lüdde: Theoretische Physik 4, Statistische Mechanik und Thermodynamik. Springer Verlag, Heidelberg (2016)

Sachverzeichnis

R. M. Dreizler et al., *Streutheorie in der nichtrelativistischen Quantenmechanik*,
https://doi.org/10.1007/978-3-662-57897-1

Printed in the United States
By Bookmasters